易学易懂的理工科普丛书

极简图解
半导体技术基本原理

（原书第3版）

[日] 西久保 靖彦　著
王卫兵　张振宇　刘东举　等译

机械工业出版社

在半导体芯片被广泛关注的当下，本书旨在为广大读者提供一本通俗易懂和全面了解半导体芯片原理、设计、制造工艺的学习参考书。

本书以图解的形式，简单明了地介绍了什么是半导体以及半导体的物理特性，什么是IC、LSI以及其类型、工作原理和应用领域。在此基础上详细介绍了LSI的开发与设计、LSI制造的前端工程、LSI制造的后端工程，以使读者全面了解集成电路芯片的设计技术、制造工艺和测试、封装技术。最后，介绍了代表性半导体元件以及半导体工艺的发展极限。

本书面向电子技术，特别是半导体技术领域的工程技术人员、大专院校的学生，作为专业技术学习资料，同时也可作为广大科技爱好者了解半导体技术的科普读物。通过本书的阅读，读者可以快速了解半导体集成电路芯片技术的全貌，同时在理论上对其原理和制造方法进行全面分析和理解，从而为实际的开发打下深厚的理论基础，为技术创新提供具有启发性的方向和路径。

译 者 序

随着计算机、数码相机以及智能手机等电子设备的广泛应用，人类进入到了通信高度发达的信息社会，而构成这些电子设备的关键部件正是半导体元件。半导体一词原本是指电阻介于导电性良好的导体和不导电的绝缘体之间的材料。然而，本书中所称的半导体通常是指制造在半导体材料上的集成电路（IC、LSI）。半导体集成电路决定了电子设备的规格和性能，是电子产品的关键部件。

半导体技术的发展始于20世纪40年代末晶体管的发明。1947年12月，理论物理学家巴丁和实验物理学家布拉顿制成了世界上第一个点接触型锗晶体管，其具有电流放大的作用，该成果在1948年6月发表。点接触晶体管的发明虽然揭开了晶体管大发展的序幕，但由于它的结构复杂、性能差、体积大和难以制造等缺点，没有得到工业界的推广和应用，在社会上引起的反响也不够强烈。

1948年1月，理论物理学家肖克利在研究PN结理论的基础上发明了另一种面结合型晶体管，并于1948年6月取得了专利。面结合型晶体管又称场效应晶体管，呈平面状，可以通过平面工艺（如扩散、掩模等）进行大规模生产。因此在面结合型晶体管发明以后，晶体管的优越性才很好地被人认识，逐渐取代了真空电子管。由于巴丁、布拉顿和肖克利在晶体管发明上的贡献，开启了半导体技术的新时代，因此他们在1956年获得了诺贝尔物理学奖。作为半导体晶体管的第一个应用就是索尼公司的便携式收音机，它曾经风靡全球。虽然晶体管收音机比电子管收音机小得多，可以随身携带，但它是由焊在一块电路板上的晶体管、电阻、电容、磁性天线等构成，体积比较大，且装配工艺复杂。

1958 年美国政府设立了晶体管电路小型化基金。那时，得克萨斯公司的基尔比承担了这一任务，试图制造将晶体管、电阻和电容等包装在一起的小型化电路。1958 年 9 月，基尔比制成了世界上第一个集成电路振荡器，并于 1959 年 2 月取得了专利权，名称为“小型化电子电路”。

与此同时，美国加利福尼亚州菲切尔德（仙童）半导体公司的诺伊斯提出了用铝连接晶体管的想法。在基尔比发明集成电路 5 个月以后，即 1959 年 2 月，他采用霍尔尼提出的平面晶体管方法，在整个硅片上生成 SiO_2 掩模，应用光刻技术按模板刻成窗口和引线通路，通过窗口扩散杂质，构成基极、发射极和集电极，并将金或铝蒸发而制成集成电路。1959 年 7 月诺伊斯的集成电路取得了专利权，名称为“半导体元件与引线结构”。自此，集成电路走上了大规模发展的新时期。

半导体集成电路的出现是一项颠覆性的技术创新，其高集成度、高性能、低功耗和低成本的特点，为现代信息化社会发展奠定了物质基础。以英特尔创始人之一戈登·摩尔的经验之谈所著称的摩尔定律预测，集成电路上可以容纳的晶体管数量在每经过 18~24 个月便会增加一倍，处理器的性能大约每两年翻一倍，同时价格下降为之前的一半。由此可见，以集成电路为核心的半导体技术对社会经济和技术发展有多么重要，这也正是本书翻译出版的目的所在。

本书以图解的形式，简单明了地介绍了什么是半导体以及半导体的物理特性，什么是 IC、LSI 以及其类型、工作原理和应用领域。在此基础上详细介绍了 LSI 的开发与设计、LSI 制造的前端工程、LSI 制造的后端工程，以使读者全面了解集成电路的设计技术、制造工艺和测试、封装技术。最后，介绍了代表性半导体元件以及半导体工艺的发展极限。

本书由王卫兵、张振宇、刘东举等翻译，其中的原书前言和附录部分由徐倩翻译，第 1~5 章由王卫兵翻译，第 6~7 章由张振宇翻译，第 8、9 章由刘东举翻译。罗洪舟、邓强参与了本书的部分翻译工作。

全书由王卫兵统稿，并最终定稿。在本书的翻译过程中，全体翻译人员为了尽可能准确地翻译原书的内容，对书中的相关内容进行了大量的查证和佐证分析，以求做到准确无误。为方便读者对相关文献的查找和引用，在翻译过程中，本书保留了所有参考文献的原文信息。对书中所应用的专业术语采用了中英文对照的形式。对于本书的翻译，全体翻译人员付出了艰辛的努力，鉴于本书较强的专业性，并且具有一定的深度和难度，因此，翻译中的不妥和失误之处在所难免，望广大读者予以批评指正。

译　者

2024.1 于哈尔滨

原书前言

大学毕业几年后，我在 1970 年左右开始接触半导体，当时双极型晶体管正处于鼎盛时期。

当时的工艺从 1.5in（1in=25.4mm）晶圆开始。

在清洗晶圆的时候，我不小心把氢氟酸泼到了脚上，随即赶往医院。我记得膝盖以下肿得通红。之后我便尝试用业余无线电设备和线性放大器驱动手工制作的 CVD 设备。具体设计是使用铅笔在方格纸上进行绘制的。布局图修正是灾难性的，我曾经把位置弄错了一点，就尝到了用橡皮擦擦掉几天设计的无奈。

我自己做的第一个 IC 是 10μm 制程的。如果我没记错的话，分频电路的一级是 250μm×500μm。我看错了逻辑电路的正逻辑和负逻辑，结果搞反了输出的脉宽。由于不知道横向扩散的作用，使得完成的 MOS 管有效沟道长度极短（很久以后才知道原因）。在 32kHz 的振荡电路中竟然用 4MHz 的晶体进行振荡和分频操作，现在看来是非常少见的。但是，当它第一次运行时，我觉得自己仿佛在天堂一样。此时，IBM 宣布了一项 1μm 的制程，对此我不禁怀疑这是不是真的，着实太令人吃惊了。

我的第一个 CAD 软件是在过新年时从老板那里得到的。他在新年假期给我打来电话，“如果您愿意，我会买的!”。令人意外的是，一共花了一亿五千万日元（当时相同性能的软件要低于个人计算机的价格）。CAD 软件的便利让我的眼泪都流了下来。此外，我还买了一个 IC 测试仪。但是因为很难用，所以也难以熟练应用。

作　者

2003 年 2 月

第3版发行时

半导体工艺制程，在本书第1版（2003年）发行时为0.1μm，第2版（2011年）发行时为0.03μm，现在为0.01μm（10nm）。当今，在曝光技术、膜沉积技术和蚀刻技术的支持下，微细化的进步依然有增无减。当在制作我的第一个10μm MOSFET时，我从未想过会有当前这样的进步。未来10年，微细化的目标是1nm。到那时，我还不至于糊涂吧？

作　者

2021年6月

目　　录

第 1 章

什么是半导体？

需要了解的基本物理知识

随着计算机、数码相机以及智能手机等电子设备的广泛应用，人类进入到了通信高度发达的信息社会，而构成这些电子设备的关键部件正是半导体。一般来说，半导体指的就是集成电路（IC、LSI）[⊖]，是集成电路的同义词。在本章中，我们将介绍半导体的物理性质，讨论半导体的内在基本性质，以及半导体元件为什么会发生这种现象，IC、LSI 是如何制造的。

⊖ IC，即 Integrated Circuit，集成电路，也称为芯片；LSI，即 Large-Scale Integrated Circuit，大规模集成电路；VLSI，即 Very Large Scale Integration，超大规模集成电路。——译者注

1-1

什么是半导体?

半导体一词原本是指电阻介于导电性良好的导体和不导电的绝缘体之间的材料。然而，在本书中所称的半导体通常是指制造在半导体材料上的集成电路（IC、LSI），半导体材料决定了电子设备的规格和性能，是电子产品的关键部件。

半导体是超级电子元件

例如，一台计算器通常由液晶单元（面板）、键盘、电池和一个或多个集成电路电子元件组成。计算器的计算功能取决于所安装的半导体（集成电路）的性能。半导体一词本来是指电阻介于导电良好的导体和不导电的绝缘体之间的材料。然而，半导体一词通常也与集成了电子功能的集成电路（IC、LSI）是同义词。

集成电路的制造是在硅晶圆（半导体材料单晶硅切成圆盘状的薄片）的表面，使用照相印刷技术统一进行精细加工。此外，还有将杂质添加到硅晶圆中，通过多次重复形成绝缘膜和布线金属膜的步骤，从而在硅晶圆上制造出100万乃至数亿个半导体元件（相当于μm级传统晶体管、电阻和电容的电子元器件）。集成电路的制造不是一个一个地制造晶体管和电阻，再安装到硅晶圆上，而是在硅晶圆上通过批量处理制造出来的。

通常在一个硅晶圆上放置了数百个以上的小硅芯片（10mm×10mm左右的颗粒），看起来就像复眼一样。这些小硅芯片的功能与传统的电子成品印制电路板相同。从硅晶圆中把这些小硅芯片一个一个切割出来，再封装在芯片中，这就是集成电路。如此将小硅芯片经封装所得到的集成电路芯片的性能，远远超过了早前一台大型计算机的性能，它是一种超级电子元件。

在本章中，我想首先将半导体理解为原始物理意义上的原始材料。作为电子元件的半导体（即集成电路）将在后面的章节中详细介绍。如果不学习本章半导体材料的基本特征，将无法理解 IC 和 LSI，这在当前的 IT 时代至关重要。

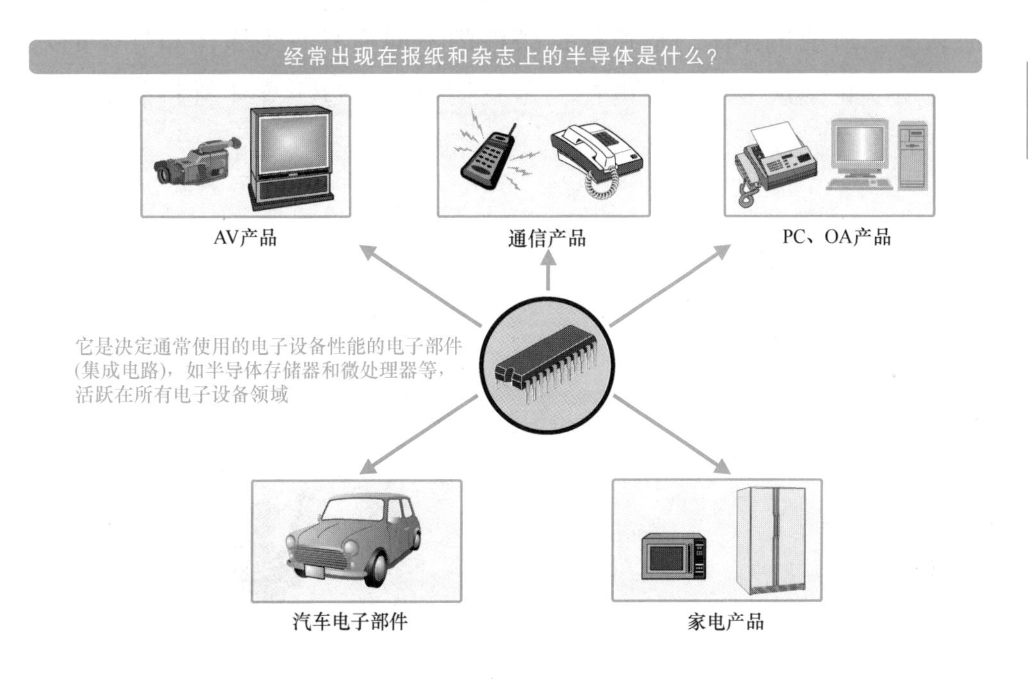

半导体的特性

单从字面上来看，我认为半导体一词是很难理解的。半导体是只允许输入电流的一半通过的物质吗？或者，一半是导体，一半是绝缘体这样的情况吗？

从衡量材料导电性能的电阻[⊖]来说，半导体是一种介于导电良好

⊖ 严格来说不是电阻（Ω）而是电阻率（ρ）。电阻率的相关知识参见本书“1-4 半导体材料硅”。

的导体和不导电的绝缘体之间的材料，即电阻介于导体和绝缘体之间的材料。

但是，仅仅因为电阻介于导体和绝缘体之间，还不能满足半导体材料的条件。如果某种材料具有介于中间的电阻，其能否显示出半导体作为电子元件的特性呢？其实并非如此。

我们将要学习的电子工业中半导体的最大特性是，通过向半导体中添加杂质，能使其电阻的性质从接近绝缘体的状态向接近导体的状态转变。所谓半导体，是指根据条件的不同而具有绝缘体和导体的双重性质。正是这个双重导电性，是我们能够通过半导体材料制造出作为超级电子元件集成电路（IC、LSI）的原因。

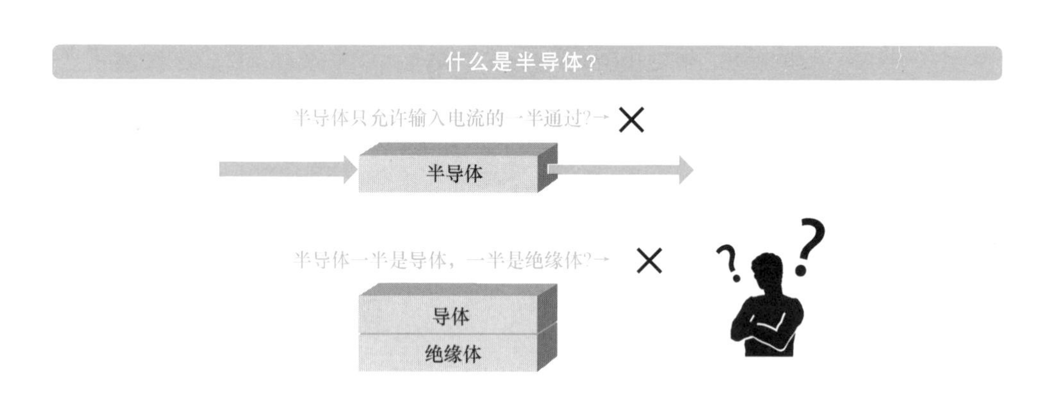

LSI 的最小构成单位是二极管和晶体管等部件。该二极管、晶体管的内部由 PN 结区域组成，PN 结区域则是在部分半导体中添加了杂质而形成。这种 PN 结是电子电路（二极管和晶体管）基本工作所必需的。因此，通过在绝缘体中添加杂质，可以制作导体（P 型和 N 型导体）的材料，进而使得半导体材料可以成为集成电路（IC 和 LSI）。

什么是电阻?

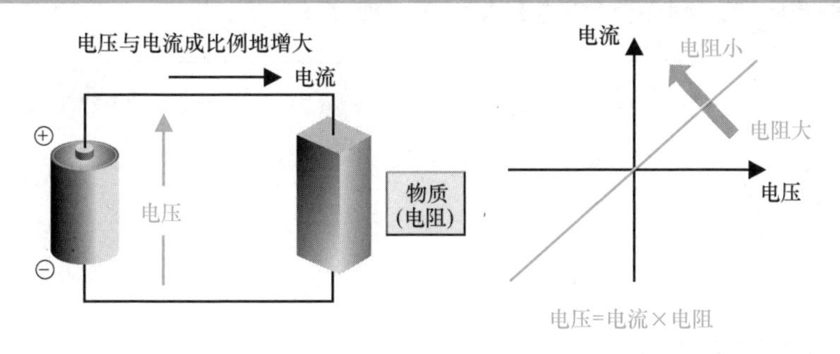

第1章

半导体的特性?

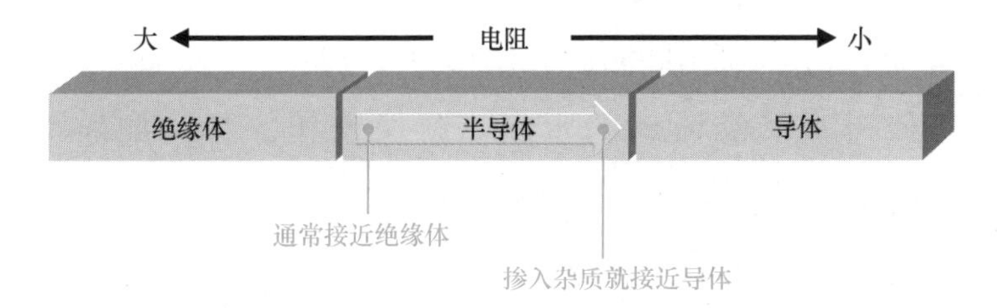

1-2

导体和绝缘体有什么不同？

导体是一种金属，如铁和铜，导电性非常好。相反，像塑料这样的绝缘体是不导电的。电流流动意味着物质中有一些自由电子（可以移动的电子），它们在移动。

自由电子和电阻

电流是怎么回事呢？

水以从大压力向小压力平衡的方式流动。在电的世界中，相当于水流的是电流，与流动的水相对应的是电子。电子流，即电流，是一团电子（电荷）在物质中的流动和移动。产生电子流动的原因是电压，相当于使得水能够流动的水压。就像水压一样，如果电压越大，就会有越多的电流流过。电子的移动方向与电流的方向相反[㊀]。

在此，我们从电子的角度来看看导体和绝缘体的不同。

导体中有很多可以移动的自由电子[㊁]。然后，通过施加电压，这

电压、电流与水流的对比

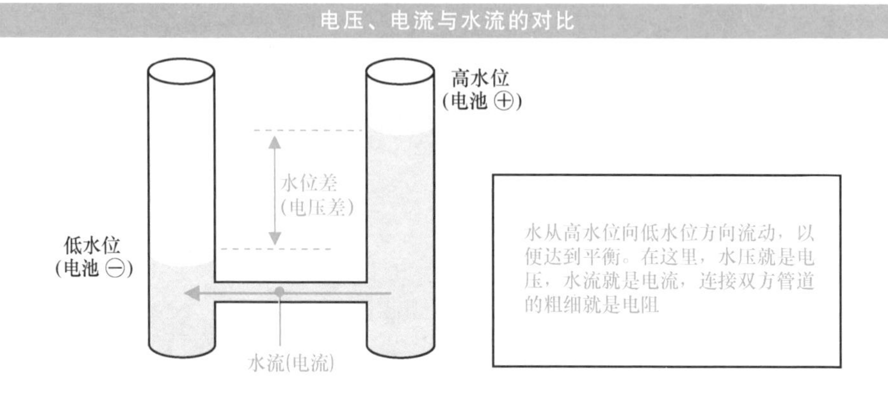

㊀ 电流和电子的流动方向相反，这是电子解释中一个棘手的部分，但首先请理解它是这样的。

㊁ 自由电子的相关知识参见本书“1-3 半导体的双重导电性”。

些自由电子被推动，从而移动成为电流。

绝缘体中没有这种可以移动的自由电子。即使有电子，也被原子束缚着，不能移动，不能成为自由电子。因此，电子不会移动，电流也不会形成。

电阻代表的是这种自由电子移动的难易程度。

电阻大的情况是指导体中的自由电子少，且容易与导体物质中的原子相碰撞而受到阻碍，电流难以通过。

相反，电阻小意味着与自由电子相比，导体物质中的原子较少，因此也不容易发生碰撞，电流能流畅地通过。

与自由电子相比，如果导体物质中的原子较多，电子通过时就会受到很多的碰撞阻力，从而产生热和光。电热器使用的镍铬丝的电阻很大，会产生热量，这是故意增大电阻，利用其产生热量的例子。灯泡的灯丝能够发光也是同样的道理。

对于表示电阻大小程度的电阻率，绝缘体的电阻率为 $10^{18} \sim 10^{8}\Omega \cdot cm$，导体的电阻率为 $10^{-4} \sim 10^{-8}\Omega \cdot cm$，半导体的电阻率介于两者之间，为 $10^{8} \sim 10^{-4}\Omega \cdot cm$。因此，半导体的电阻率位于导体和绝缘体的中间位置，电阻率是范围约为 10^{13} 数量级的中间范围，并具有受温度影响的特征。

什么是电阻？

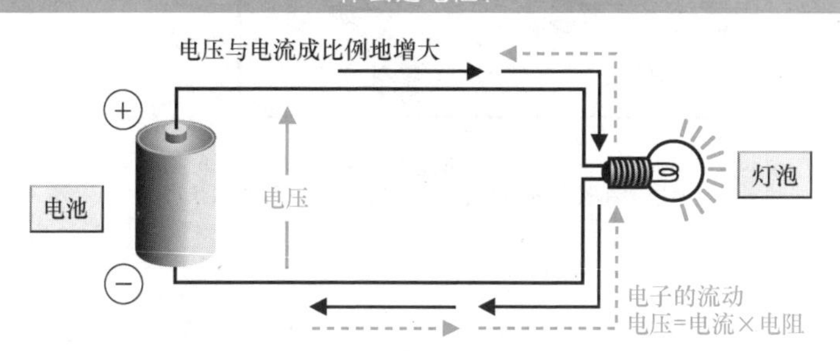

第1章

导体、绝缘体中的电子和自由电子

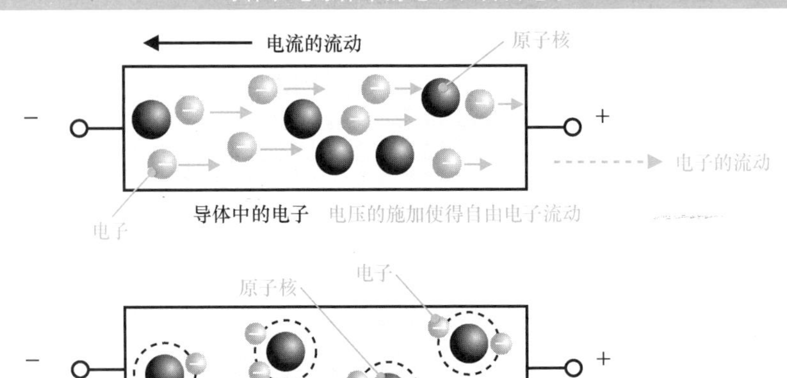

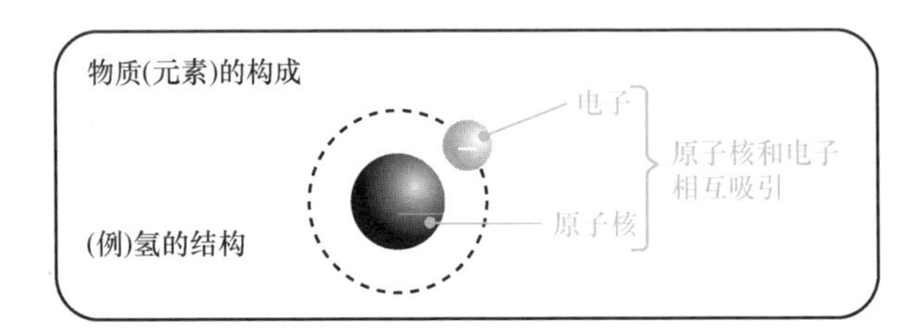

关于电阻

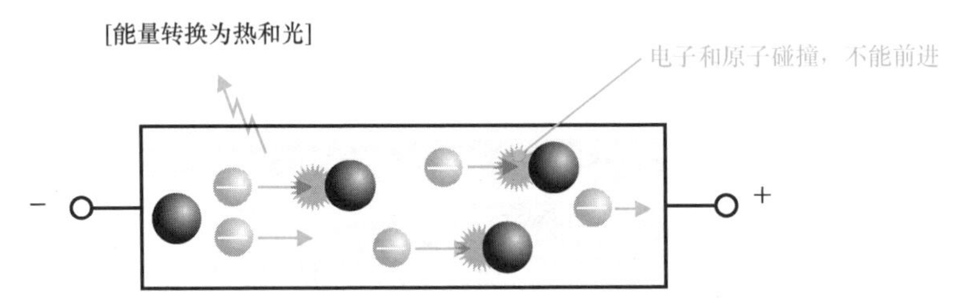

所谓电阻，是指虽然有自由电子，但因与原子发生碰撞，电流不能顺利流动的程度和状态(换句话说，就是自由电子较少的状态)

1-3

半导体的双重导电性：从绝缘体到导体的质变

半导体的电阻通常处于接近绝缘体的状态，但通过杂质的添加，能使其变成另一种性质的导体。这是因为杂质进入半导体结构后会产生自由电子，在自由电子的作用下转变成能够导电的导体。

了解能带结构

制作 IC 和 LSI 的基础是半导体材料，典型的半导体材料是硅[㊀]。本节以硅为例说明其能带结构，并说明其转变为导体的过程。

所有元素都由原子核和电子组成。硅元素（Si）的原子结构如下图所示。中间的是 Si 原子核，周围是电子轨道（电子）被原子核束缚着。由于这种束缚的存在，这样的电子不能自由移动。

这种被束缚的电子在能带结构图[㊁]的价带中。为了使这个价带的电子成为对电流有贡献的自由电子，存在一个被称为禁带的能带间隙。

硅原子的结构

㊀ 参见“1-7 搭载 LSI 的基板—硅晶圆的制造方法”。

㊁ 能带结构图表示晶体的电子能带状态。晶体中受到单个原子束缚的电子能级状态与不同的名称相对应，分别为电子可以自由移动的“导带”，电子被束缚存在的“价带”，以及导带和价带之间电子不能存在的“禁带”。禁带的宽度为能带间隙，该值因半导体材料而异。

如果电子要到达导带，我们就要越过这个禁带。在这里，如果对纯半导体（称为本征半导体）进行杂质添加，电子就可以越过通常无法跨越的禁带，去到自由电子可以存在的导带。这样，自由电子就存在于导带中，通过电压的施加，电流就会流动，从而使得半导体作为导体工作。

在此，我们将价带等同于地下停车场，禁带等同于通往地上的坡道，导带等同于道路，电子等同于汽车，以这样的替代来解释这一点。

首先，汽车（电子）被整齐地排队停放（绑定）在地下停车场（价带）的规定车位内。

在导体中，由于到这个地面出口的距离（禁带）很短，所以坡度很平缓，即使在常温下也可以很容易地上道路（导带）行驶（成为电流）。

然而在绝缘体中，由于到地面出口的距离（禁带）较长，坡道陡峭，无法攀升，汽车（电子）无法驶上道路（导带），无法正常行驶（没有电流）。

电子的能级结构及示例

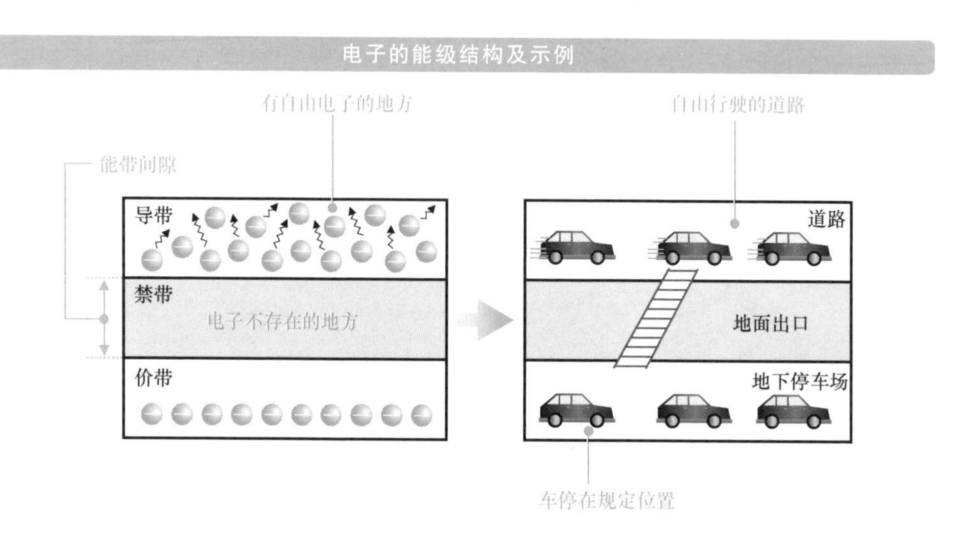

在半导体的情况下，由于到地面出口的距离（禁带）介于导体和

绝缘体之间，因此，如果使用高氧汽油增加动力（添加杂质），则可以爬上坡到达行驶道路（导带）。然后就可以像导体一样在道路（导带）上正常行驶（电流流过）了。

这里使用高氧汽油（添加杂质）提高动力的作用就好像给价带中的电子提升了能级（更详细的说明请参见本书“1-6 N 型半导体和 P 型半导体的能带结构”）。

通常，在导体中，温度是跨越能带间隙的能源，即使在常温下，也充满自由电子，电阻很小。本征半导体在高温下也会产生一些自由电子，电阻比常温时小。

导体、绝缘体和半导体的能级比较

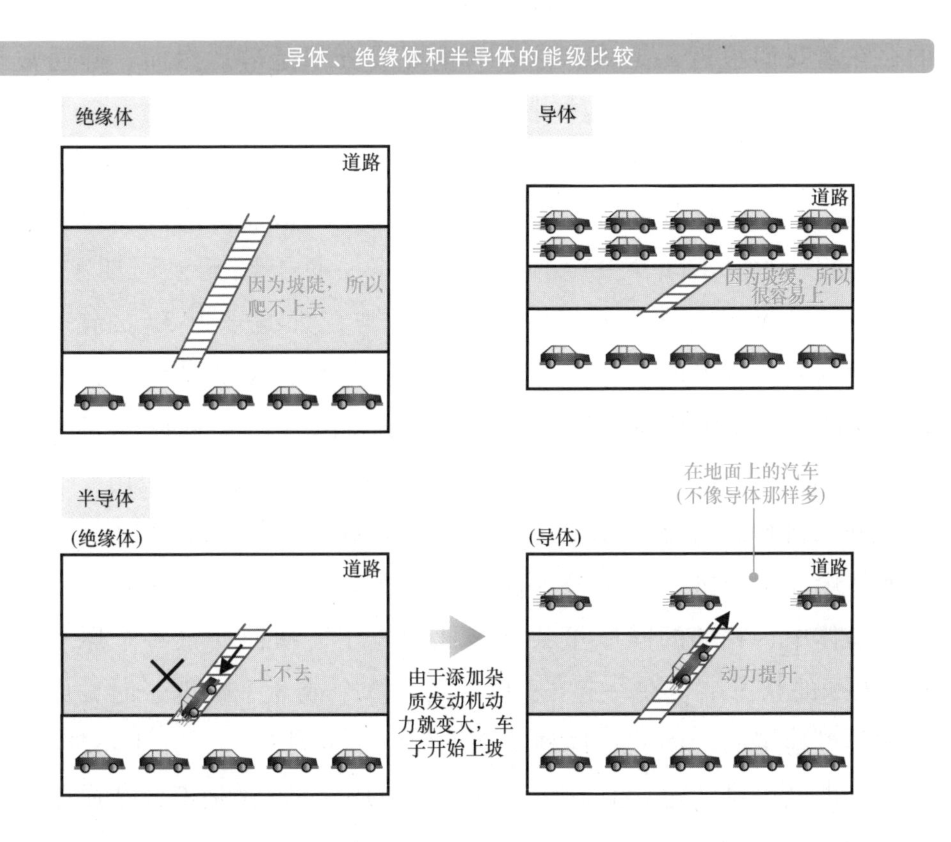

1-4

半导体材料硅是什么?

作为目前电子设备中采用的集成电路用半导体材料，使用最多的是硅(硅晶圆)。半导体用硅材料由地球上天然存在的氧化硅生产，具有超高纯度的单晶结构。

硅的特性

半导体材料硅是地球上存在第二多的元素[一]，元素符号为 Si。它的存在离我们很近，土壤、沙石的主要成分都是硅。然而，硅通常与氧结合存在，大部分以一种叫作硅石（石英砂）的氧化物（SiO_2）的形式存在。

用作半导体材料的硅，通过硅石的还原、精馏，使硅的纯度达到99.999999999%（11个9）的纯度。如下一页上图元素周期表所示，硅（Si）是Ⅳ族元素，原子序数为14。与元素编号为32的锗（Ge）一起分别用作单质的半导体材料。另外，使用Ⅲ-Ⅴ族2种元素的砷化镓（GaAs）、磷化镓（GaP）等化合物半导体（由2种以上元素组成的半导体），近年来也作为激光通信相关的半导体被经常使用。

硅晶格具有与锗（Ge）和碳（C）相同的金刚石晶体结构，在正四面体中非常稳定。位于最外面的电子轨道上，硅原子有4个电子[二]。在硅晶体中，相邻的硅原子共享彼此的电子，从而使得每个原子均以8个电子的状态结合在一起[三]。只有具有2个或8个价电子时，原子的键才是最稳定的。因此，这种状态下的电子非常稳定，几乎不能导电。因此，电流很难通过，其电阻率约为$10^3\Omega\cdot cm$。这是不含杂质的高纯

㊀ 顺便说一下，地球上存在最多的元素是氧。

㊁ 位于最外侧电子轨道的价电子，有助于导电。

㊂ 原子的结合参见本书“1-5 根据杂质类型的不同变成P型半导体和N型半导体”。

度单晶硅半导体（本征半导体），既不是导体也不是绝缘体。

元素周期表

Ⅱ	Ⅲ	Ⅳ	Ⅴ	Ⅵ
	$_{5}$B	$_{6}$C	$_{7}$N	$_{8}$O
	$_{13}$Al	$_{14}$Si	$_{15}$P	$_{16}$S
$_{30}$Zn	$_{31}$Ga	$_{32}$Ge	$_{33}$As	$_{34}$Se
$_{48}$Cd	$_{49}$In	$_{50}$Sn	$_{51}$Sb	$_{52}$Te

色的部分主要作为单质半导体材料使用

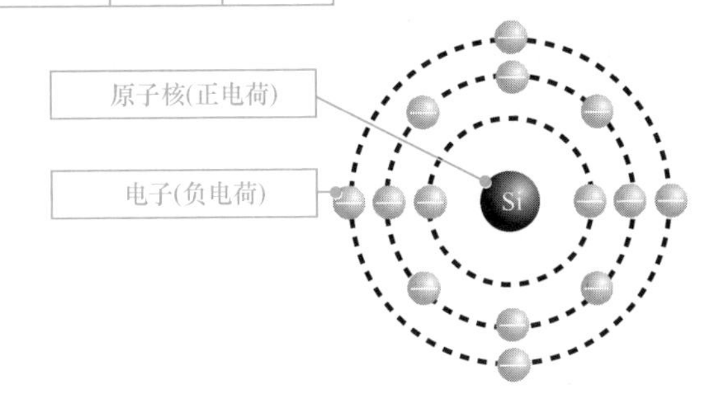

导体、半导体和绝缘体的电阻率

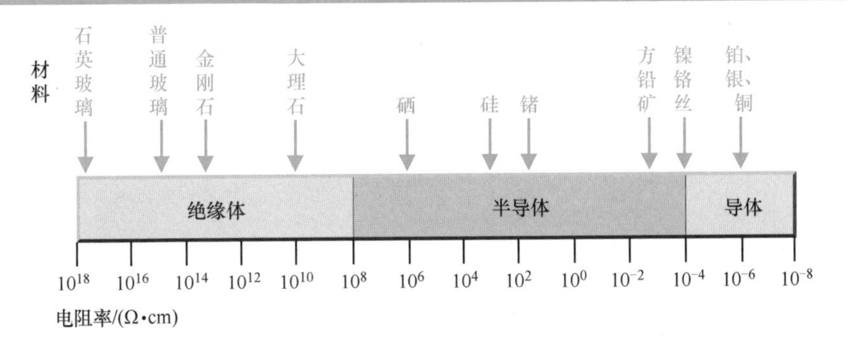

用作集成电路（IC、LSI）半导体衬底的硅晶圆是在单晶硅提升工序中加入一些 P 型或 N 型杂质，制成 P 型或 N 型硅锭，然后将其切片并抛光成薄薄的盘片状。详情参见“1-7 搭载 LSI 的基板—硅晶圆的制造方法”。

虽然硅被用作半导体材料的原因是材料容易获得，但在很大程度上也是因为制造半导体元件所必需的绝缘膜⊖可以容易地制造为氧化硅膜（SiO_2）。

电阻率

材料电阻的大小实际上通过其电阻率来衡量。

同样的物质，长度越长，电阻就越大，截面积越大，电阻就越小，所以仅有电阻的数值不能完全表示材料的导电特性。因此，实际使用电阻率，即单位截面积/单位长度材料的电阻值，而不是直接考虑电阻值的大小。

电阻率

当边长为1cm 的立方体材料所具有的电阻为1Ω时，其电阻率为 1Ω·cm。
电阻率用单位面积/单位长度的电阻值表示

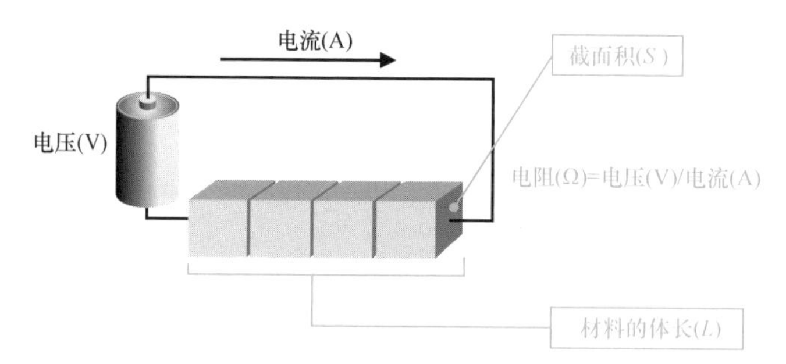

电阻率ρ(Ω·cm)=电阻R(Ω)×[截面积S(cm²)/长度L(cm)]
图中的长方体在R=4Ω、S/L=1/4时ρ=1Ω·cm，与1Ω单位立方体时的情况相同

⊖ 详见本书“第 6 章 LSI 制造的前端工程”。

1-5

根据杂质类型的不同制成 P 型半导体和 N 型半导体

N 型半导体是在完全不含杂质的高纯度单晶半导体（本征半导体）中添加磷（P）、砷（As）和锑（Sb）等杂质而形成的半导体。当添加铝（Al）和硼（B）等杂质时，形成的则是 P 型半导体。

硅的原子结构

硅原子的中心有原子核（由质子和中子组成，带正电荷），在其周围的轨道（称为电子轨道）上有 14 个电子（带负电荷），以被原子核束缚的形式存在。在这里捕获电子的束缚力是由于正负电荷的相互吸引而产生的。

原子最外层电子轨道上的电子称为价电子，有助于原子之间的结合和导电性的产生。在单晶硅中，4 个价电子彼此共享相邻硅原子的价电子，形成最外层的电子数为 8 个的稳定晶体。在这种状态下，电子很强地被原子束缚，几乎不能对导电性做出贡献。此时，电阻率为 $10^3\Omega\cdot cm$，既不是导体也不是绝缘体，这就是所谓的纯半导体，是没有杂质的本征半导体的状态。

单晶是一种晶体结构，所有原子之间的晶相在三维上有规律地重复排列。另一方面，多晶是另一种晶体结构，它由不同晶相的微小晶体聚集在一起。非晶也是一种完全随机的排列结构，不具有规则性。

硅有单晶硅、多晶硅和非晶硅等不同晶体状态。

硅原子的结构

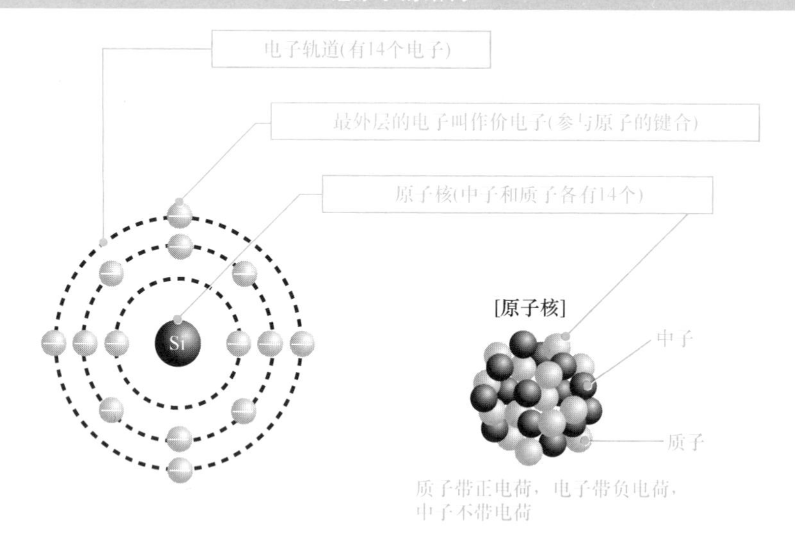

硅晶体（单晶）

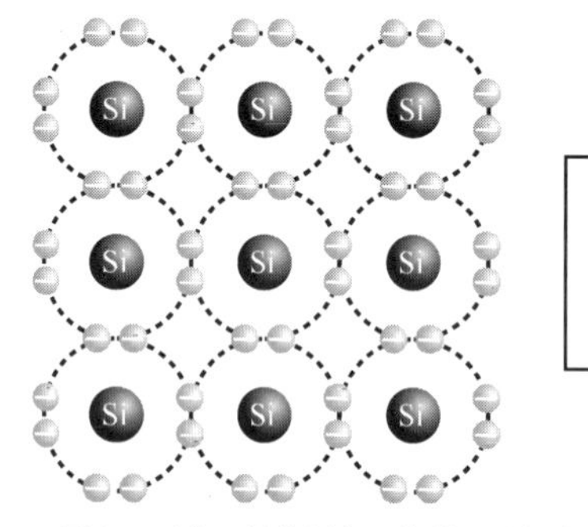

此时的硅原子均为价电子为8个的最稳定状态，不能产生自由电子，无助于电的传导

*图中只画出了最外侧电子轨道上的价电子

N型半导体

N型半导体是将微量磷（P）等五价元素（具有5个价电子的元素）作为杂质添加到单晶硅中而形成的半导体材料。

硅有4个价电子，磷有5个价电子。在这种情况下，由于原子核最外层有8个价电子是稳定的，因此就有一个价电子的剩余，成为导带中的自由电子，可以自由移动，不受原子核的束缚。这种自由电子有助于电的传导，使得材料的电阻率从 $10^{-3}\Omega \cdot m$ 急剧下降到 $10^{-5}\Omega \cdot m$，接近于导体。

这种剩余电子称为自由电子，特别是在这种情况下，有助于电传导的自由电子也称为载流子。由于电子具有负电荷（Negative），因此被称为 N 型半导体。

P 型半导体

此外，在单晶硅中添加微量硼（B）等三价元素作为杂质则可得到 P 型半导体材料。

在硅中添加微量磷元素时

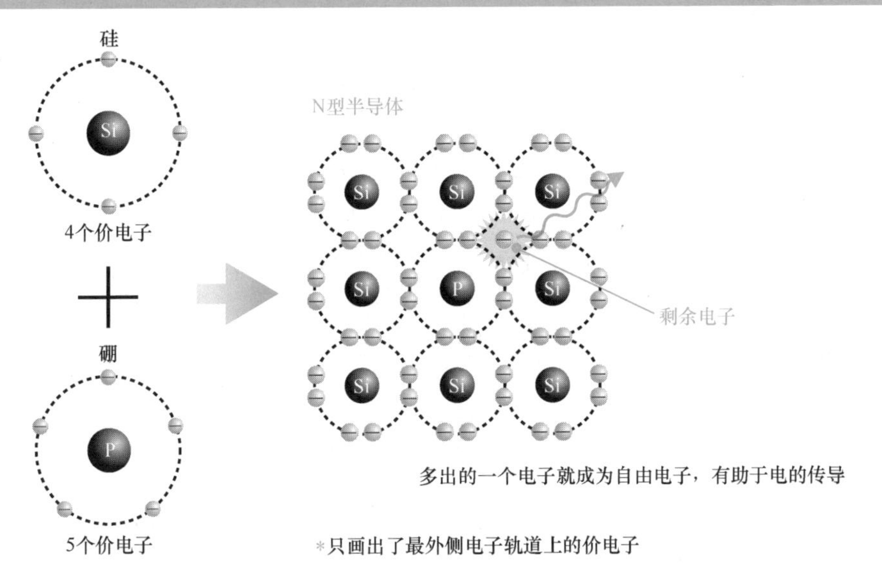

在此，硅有 4 个价电子，硼有 3 个价电子。因为原子核最外层是 8 个价电子时才能达到稳定，所以在这种情况下，缺少一个价电子，就有了有电子需求的地方。我们称这样的地方为空穴。

因为这个空穴需要有电子的进入，所以会从旁边移来电子。然后，电子移动的位置又变成了一个新的空穴，会再次引起电子的移动。这些自由空穴的结果与自由电子一样有助于电的传导。但是，它的方向自然与电子移动的方向相反，与电流流动的方向相同。有助于传导的空穴也称为载流子。由于作为载流子的空穴具有正（Positive）电荷，因此称该类型为 P 型半导体。

实际上，即使在常温下，N 型半导体中也存在空穴，P 型半导体中也存在少量电子。我们称它们为少数载流子[1]。少数载流子在 MOS 晶体管[2]的工作中起着重要作用。

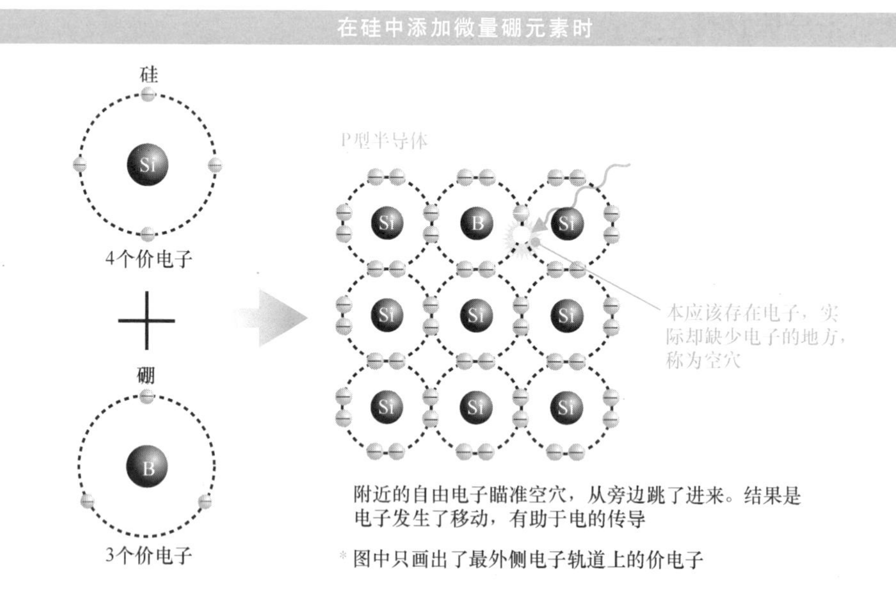

---

[1] 与少数载流子相对应的为多数载流子。详见本书“多数载流子和少数载流子”。

[2] 参见本书的“3-4 LSI 的基本元件 MOS 晶体管（PMOS、NMOS）”的相关内容。

1-6

N型半导体和P型半导体的能带结构——能级提升的真正原因是什么?

添加到本征半导体中的杂质在N型半导体中起着供体的作用，在P型半导体中起着受体的作用。能级的提升是由于杂质的添加在能带结构中产生了新的能带水平，即供体能带和受体能带。

绝缘体、半导体和导体的能带结构

能带结构是物质（晶体）电子能带状态的模式表示。在此，我们再一次回顾一下“1-3 半导体的双重导电性”，并根据电子能带结构，整理导体、绝缘体、半导体的差异。

硅晶体的电子能带结构可以用3个区域（带）来表示：一个是电子可以自由移动的导带，一个是充满电子但受束缚不能移动的价带，一个是导带和价带之间电子不能存在的禁带。另外，禁带的宽度也称为能隙，该值因半导体材料而异，硅为1.17电子伏特（eV）。

导体没有禁带，或者说其价带和导带处于重叠的状态。因此，很容易被室温附近的热能激发，电子可以从价带跨越到导带，导带中存在大量的自由电子。因此，通过施加电压，自由电子就会移动，就产生了电流。对绝缘体，禁带的宽度非常大，价带中的电子不能跨越过禁带，所以导带没有自由电子，即使施加电压，电流也不会形成。

半导体的禁带宽度介于导体和绝缘体之间，宽度不如绝缘体大，因此，可以获得某种能量而被激发。例如，通过添加作为能级提升的杂质，可以使价带中的电子跨越过禁带，到达导带。结果，半导体的特性从绝缘体转变为导体，自由电子存在于导带中，通过施加电压，自由电子可以移动，电流也会产生。

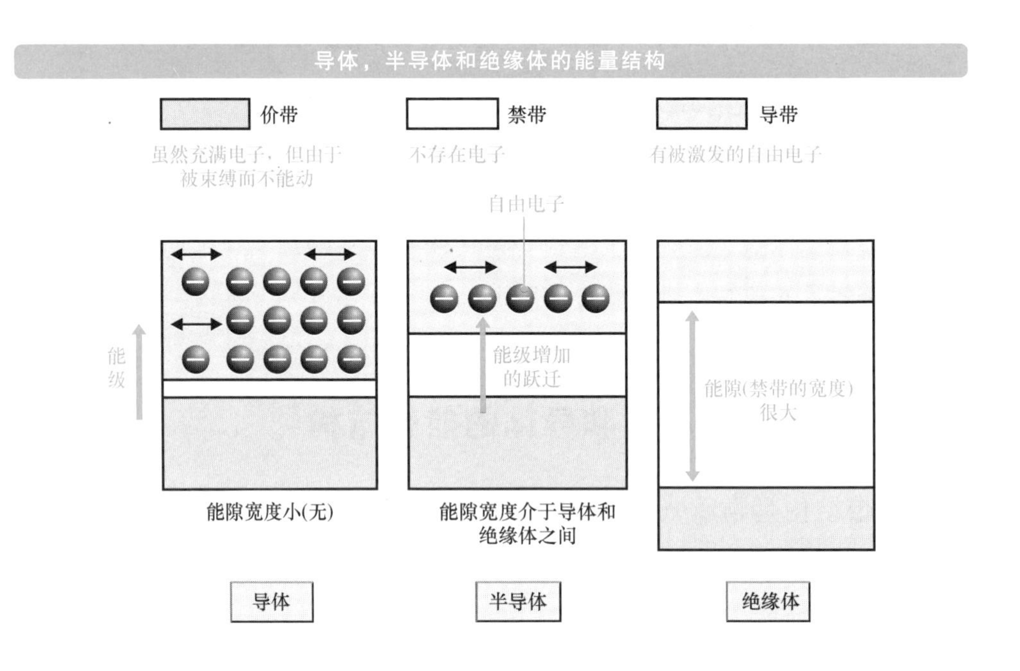

N型半导体的能带结构

N型半导体是将微量的磷（P）等作为杂质添加到作为本征半导体的单晶硅中而得到的。至此，由于添加磷而被赋予能带提升的价带中的电子，能够跨越能带间隙到达导带，成为自由电子。但准确地说，价带中的电子并不是被直接赋予了能量，而是部分禁带的能级发生了改变，成为导带。

如前所述，当磷作为杂质加入时，一部分硅原子会被磷原子取代，一个剩余电子会成为自由电子。从磷的角度来看，我们也可以认为它产生了一个缺失电子的、不能移动的正离子杂质原子（供体㊀）。从N型半导体的能带结构来看，该状态相当于添加的杂质磷在导带下的禁带附近产生了供体能带。

㊀ 供体　将电子释放到导带。

从供体能带到导带的能隙很小，约为硅半导体能隙的 1/20，因此，在室温附近的温度范围，电子很容易被激发（发射）到导带，成为自由电子。这就是我们添加杂质时描述的，通过能级提升自由电子能够跃迁到导带的真正原因。

P 型半导体的能带结构

P 型半导体也是如此。当硼作为杂质加入时，一部分硅被硼取代，导致一个电子的缺失，从而容易从其他地方争夺电子。从硼的角度来看，可以认为，处于接收电子状态的空穴如果从价带接收到电子，就会成为不能移动的负离子化的杂质原子（受体㊀）。

在这种情况下，添加的杂质硼在中价带上的禁带附近产生了称为受体能级的能带。在这种状态下，价带中被束缚的电子到受体能带的能带间隙很小，因此很容易被受体激发（接收），从而在价带中形成自由空穴。反过来，这也可以被认为是受体向价带释放空穴。

N 型半导体和 P 型半导体的能带结构

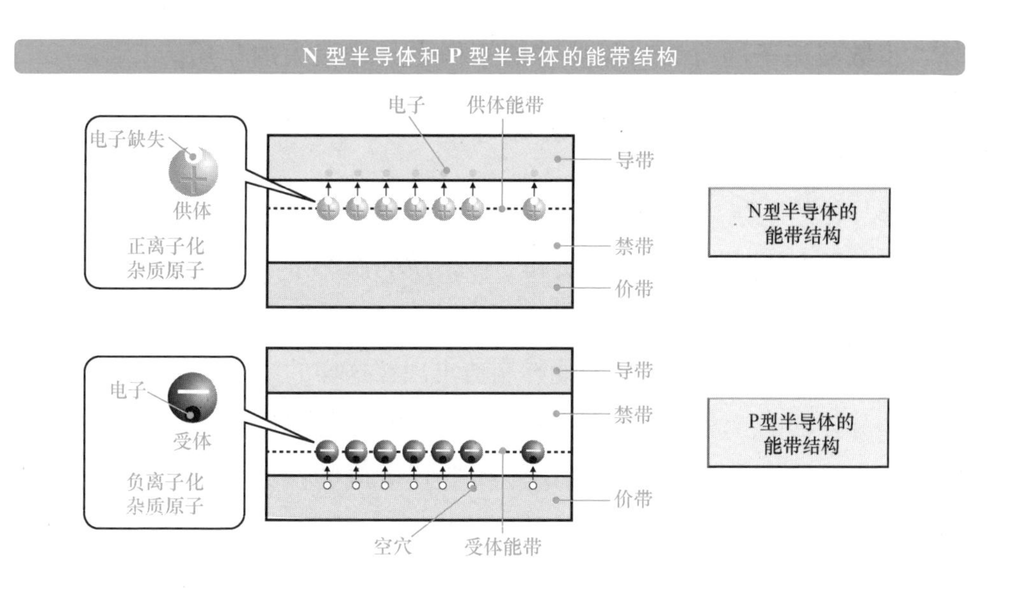

㊀ 从价带接收电子（将空穴释放到价带）。

多数载流子和少数载流子

在半导体中，N 型半导体中有电子（电子），P 型半导体中有空穴，作为有助于电传导的载流子（半导体中承载电荷的载体，是电流形成的基础）。

这里的载流子，在半导体学领域称为多数载流子。从当前的观点来看，由于本征半导体是不含杂质的高纯度单晶，因此没有作为载流子的电子和空穴。但实际上，在室温附近的温度（热能）下，存在从价带直接激发到导带的微量（少得离谱）电子和空穴。因此，N 型半导体中也存在微量的空穴，P 型半导体中也存在微量的电子。相对于多数载流子，这些载流子被称为少数载流子。换句话说，在 N 型半导体中，多数载流子是电子，少数载流子是空穴。在 P 型半导体中，多数载流子是空穴，少数载流子是电子。

我们将讨论的 N 型半导体和 P 型半导体结二极管可以通过多个载流子来描述其工作。然而，在晶体管的操作描述中，除了多数载流子外，少数载流子的行为对晶体管的工作也起着很大的作用。

半导体掺杂浓度和电导率

半导体的电导率（电流流动的便利性）取决于多数载流子的数量，因此取决于作为其基础的供体杂质和受体杂质的添加量（掺杂浓度）。因此，通过改变杂质的类型（供体、受体）和掺杂浓度，可以改变半导体的性质（从绝缘体转变为导体），从而能够制造出现在这样的半导体产品。

半导体的电导率用电阻率[一]（电流流动的难易程度，单位为 Ω·cm）表示。电阻率与作为载流子的供体和空穴生成的掺杂浓度成反比关系。但是，掺杂浓度的增加会减小载流子的迁移率[二]，因此不会形成精确

[一] 详见本书“1-4 半导体材料硅”。

[二] 在电场比较小时，半导体载流子电子或空穴的平均移动速度与电场的大小成正比，此时的比例常数为迁移率［单位为 $cm^2/(V \cdot s)$］。

的反比关系。因此，半导体的电导率可以通过掺杂浓度（杂质的添加量）来控制。

多数载流子和少数载流子

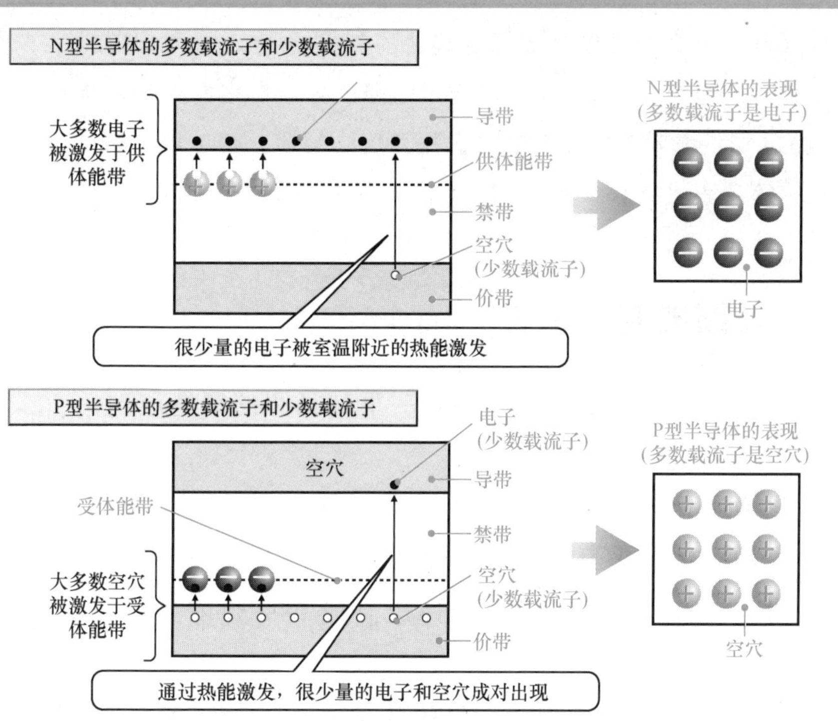

硅电阻率与掺杂浓度的关系曲线

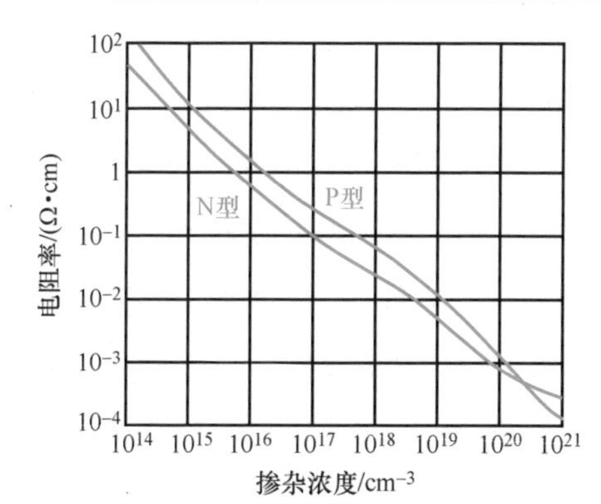

引自：J.C.Irvin,"Resistivity of Bulk Silicon and of Diffused Layer in Silicon,"Bell System Tech.J.,41:387,1962。

1-7

搭载 LSI 的基板——硅晶圆的制造方法

硅晶圆是将高纯度单晶硅切割成薄薄的圆盘片，抛光而成的。在晶圆上形成作为集成电路（IC、LSI）的电子电路。为了制造具有超高集成度和微细化结构的 LSI，需要对硅晶圆的表面粗糙度、翘曲、清洁度、晶体缺陷、氧浓度、电阻等要素进行精细的控制。

硅晶圆的制造工艺

在此让我们简单地、按顺序看一下硅晶圆的制造流程。

❶ 多晶硅的制造

硅作为半导体原料，天然环境中以硅石（SiO_2）而不是单质的形式存在。为了进行半导体硅原料的制作，我们会选用这种纯度很高的硅石来进行。首先将硅石熔化，还原制成 98%纯度的冶金级硅，然后再制成多晶硅。

多晶硅是晶相随机的微小晶体的集合体。对于半导体材料，此时硅材料的纯度必须达到 99.999999999%（11 个 9）。该多晶硅经再次熔化，可以制成晶相统一的单晶硅。

❷ 单晶硅（单结晶硅锭）的制造

CZ 法（Czochralski）是铸锭（块）状单晶硅的一种制造方法，它将粗糙破碎的多晶硅熔化在石英坩埚中，然后在旋转石英坩埚的同时将悬挂在钢丝上的一小块单晶硅（称为种子晶体）与硅熔体接触。在缓慢旋转种子晶体的同时，用钢丝将其逐渐拉起，使其固化。此时，在坩埚内通过添加微量的硼、磷等杂质，制成 P 型或 N 型的单晶硅。

❸ 硅锭的切割

用特殊的金刚石刀片或线锯将硅锭分割成单个硅晶圆。

切割分离后，硅晶圆将进行一个称为“倒角”的工序。这是为了防止IC制造过程中由于边角部分的破损而产生硅屑，或者在热处理过程中由于边缘部分的应变而产生晶体缺陷。

④ 单片硅晶圆的研磨

经过倒角的晶圆使用含有细粒径磨料的抛光液进行机械抛光，在抛光侧面后，对晶圆表面进行化学镜面抛光，从而完成半导体晶圆的制造。

硅晶圆尺寸和芯片的取出数

硅晶圆尺寸越大，一次取的芯片数也越大。因此，随着半导体技术和制造设备的进步，硅晶圆的尺寸正朝着大口径化的方向发展，口径越来越大。现在的主流是从200mm晶圆向300mm晶圆过渡，450mm的晶圆也已经开始研究。

例如，如果晶圆口径从200mm扩大到300mm，晶圆口径增加了1.5倍，则其表面积增大到原来的$1.5^2=2.25$，即2.25倍。由于晶圆周边的死区减少，以及制造过程中晶圆边缘的不稳定区域相对减少，从而使得更大的口径进一步增加了芯片的取出数量。

200mm和300mm晶圆芯片取出数的比较

芯片尺寸	取得数	
	200mm 晶圆	300mm 晶圆
13mm×13mm	160个	380个（2.4倍）
10mm×10mm	280个	650个（2.3倍）
7mm×7mm	580个	1360个（2.3倍）
4mm×4mm	1860个	4260个（2.3倍）

第 2 章

什么是 IC、LSI？

LSI 的类型和应用

LSI 在电子设备中的应用，使电子设备飞速地向小型化、轻量化、高性能化的方向发展。在当前的硅芯片上，单个芯片集成的传统分立电子元器件（晶体管、二极管、电阻等）的数量已经达到了 100 万至数亿个。LSI 可以从电子电路和功能方面进行分类。本章将特别介绍存储器、ASIC、微处理器和系统 LSI。

2-1

实现高性能电子设备的 LSI

将大量电阻、电容、二极管、晶体管等电子元器件集成在硅等半导体基板上的电子电路称为集成电路。其中大规模的集成电路被称为 LSI，但现在 IC 和 LSI 几乎是同义词。

LSI 带来的好处

首先，让我们了解一下 LSI 与传统电子电路相比有多大的优势。与使用电阻、电容、二极管和晶体管的电子电路的产品相比，LSI 的出现和进步体现在以下几个方面。

● 小型化/轻量化

一块印制电路板的电子电路变成了一块几毫米的硅芯片。

● 高性能化

通过制造更小的半导体元件来提高电路的处理速度。

● 高功能化

许多半导体元件可以搭载于一个 IC/LSI 上，实现了高功能的电子电路。

● 低功耗

由于半导体元件自身的小型化和布线的减少，电路的功耗得以大幅降低。

● 低成本

可以在一片硅晶圆上大批量地进行芯片（电子电路）的生产。

随着 IC/LSI 的出现和进步，以往使用许多电子元件的电子电路，现在可以集成到一个器件中，在一个硅芯片上实现。正因为如此，我们经常使用的家电、信息、影像产品等都有了翻天覆地的进步。

在我们熟悉的常用电子设备中，LSI 被以单片或多个芯片组合的形式安装于电子设备中，这些 LSI 大致分为以下几类。

· 微处理器：典型代表是个人计算机等所需要的运算处理功能的核心 LSI。

· 存储器：计算机运行中进行程序和数据信息存储的部件。

· 闪存：数码相机等使用的，即使切断电源数据也永不消失的存储器 LSI。

· DSP（Digital Signal Processor）：对声音和图像数据进行高速运算处理的专用 LSI。

· MPEG：处理 DVD 和数字广播等彩色动态图像的数据压缩、实现扩展标准的专用 LSI。

· ASIC（Application Specific IC）：面向特定用途的 LSI，主要应用于民用设备、工业设备等领域。

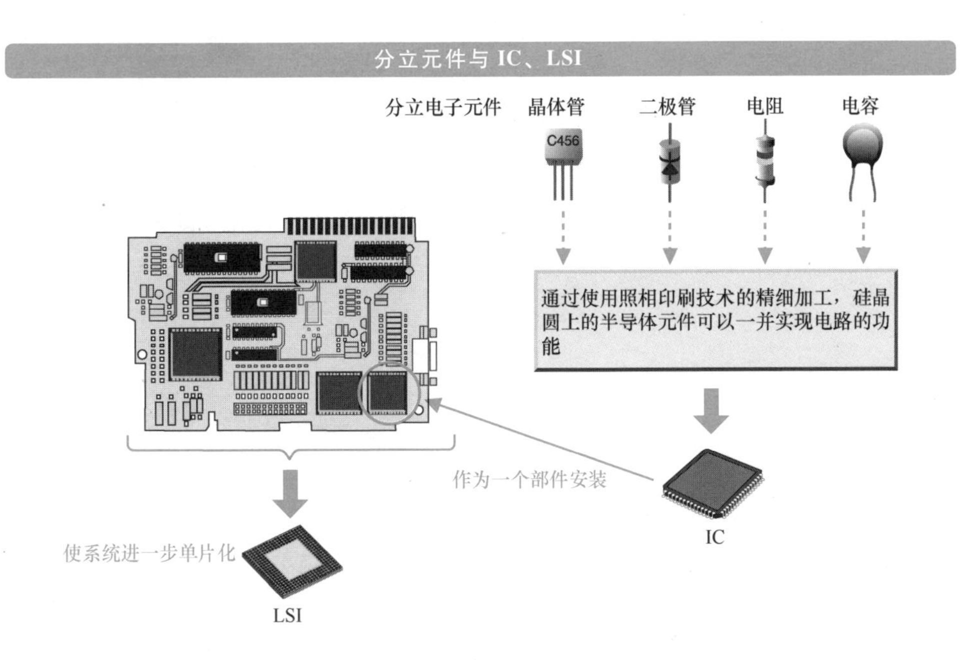

这些 LSI 广泛应用于各种设备，包括工业电子设备，以及我们在家庭中使用的视频设备（如电视机、摄像机、数码相机、DVD）、声

学设备（如CD、MD、汽车立体声）、通信设备（如家庭数字电话、移动电话、传真）和个人计算机。

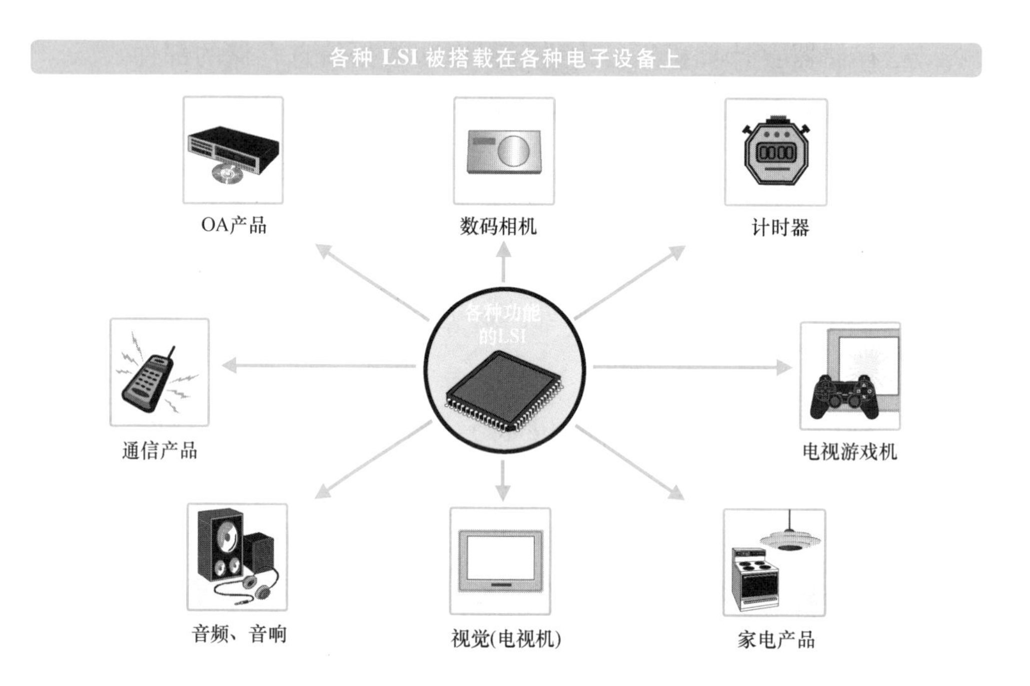

2-2

硅晶圆上的 LSI

在一片硅晶圆上集成大量半导体元件所形成的电路，即为集成电路。集成于芯片内的电子元件包括电阻、电容、二极管和晶体管等，但高精度的电阻，电容量大的电容和线圈（电感）等不适合集成在集成电路上。

LSI 是半导体元件的组件

单个的电阻、电容、二极管、晶体管等被称为分立电子元件。但如果将这些功能电子元件集成在硅晶圆上，虽然其功能是一样的，但却称其为半导体元件。

LSI 中的半导体元件是在硅衬底上相互分离而形成的半导体分立元件。在印制电路板时代，单个部件的尺寸在 10mm 左右，而在当前的 IC 中，半导体分立元件的尺寸只有 0.2~0.01μm。

这些半导体元件通过金属布线相互连接，构成最小的门级功能单元，如 AND（与功能）电路和 OR（或功能）电路[㊀]。

多个这些最小门级功能单元的组合使用，可以构成触发器、计数器[㊁]等功能单元。此外，多个功能单元的组合还可以进一步构成微处理器中具有更复杂功能的功能块，如加法器和控制电路等。

然后，再将多个功能块组合在一起，形成满足最终规格和性能要求的电子电路，以实现电子设备的功能需求。

经过这些阶段的组合后，芯片上半导体元件的数量将达到 100 万到数亿个的庞大规模。如果想用传统的分立元件实现该 LSI，即使使用搭载有 500 个分立电子元件的印制电路板，也需要 200~2000 个电路

㊀ 详见本书“第 4 章 数字电路原理”。

㊁ 请参阅本书“4-8 其他重要的基本数字电路”。

板。理论上来说，连接大量的印制电路板，也可以实现半导体电路相同的功能，但实际上在电气性能、功耗和处理速度方面是不可能达到半导体电路相同性能的。

而且，由于超小型化成为可能，实现了高集成（100万个至数亿个以上的晶体管等半导体元件）、高性能（处理速度加快）和低功耗。因此，LSI是一种令人梦寐以求的电子电路，它不仅在非常小的硅片上实现了传统方法无法实现的高性能电子电路，而且还实现了超小型化、超低功耗和超高速处理。当前的硅芯片（IC芯片）依然处于大尺寸的水平，较大的硅芯片尺寸差不多在10mm左右。这是由于生产过程中良品率的控制和芯片工作产生的热功率问题等原因造成的。

半导体元件结构示意图

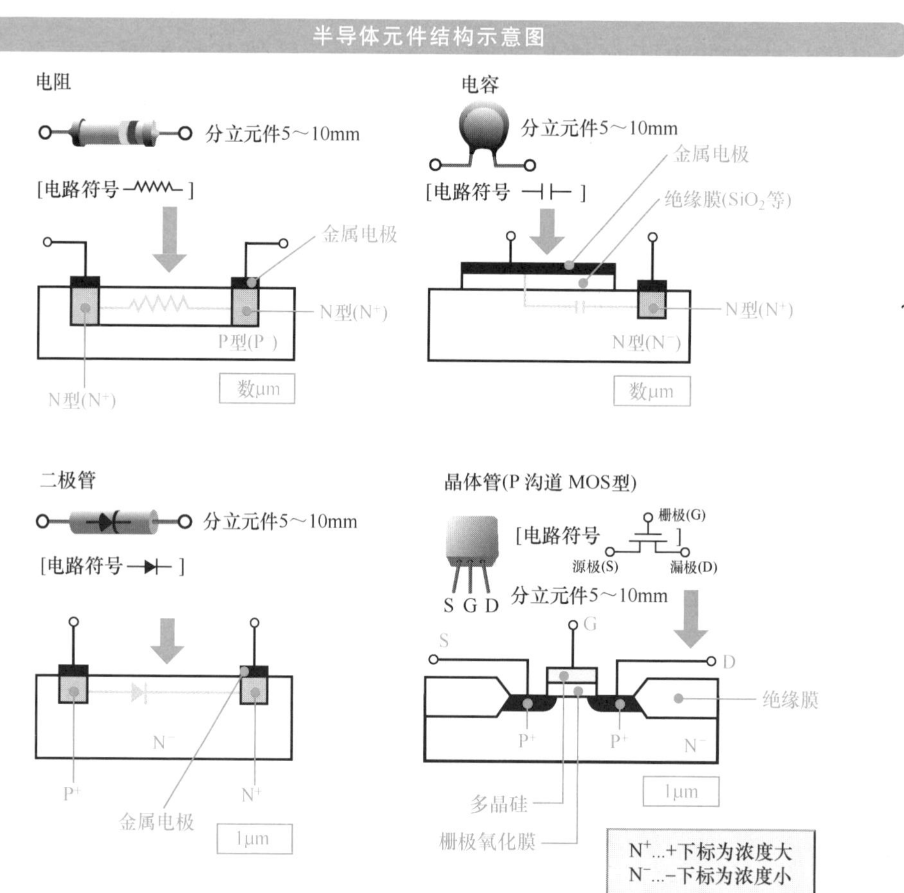

当我们打开电子设备的机器盖子时，在电路板上会看到一些薄方形的黑色小块，其周围布满了形状如小蜈蚣脚那样的引脚，这个黑色小块的内部就封装有一块微小的硅片。这就是封装有硅片的LSI。

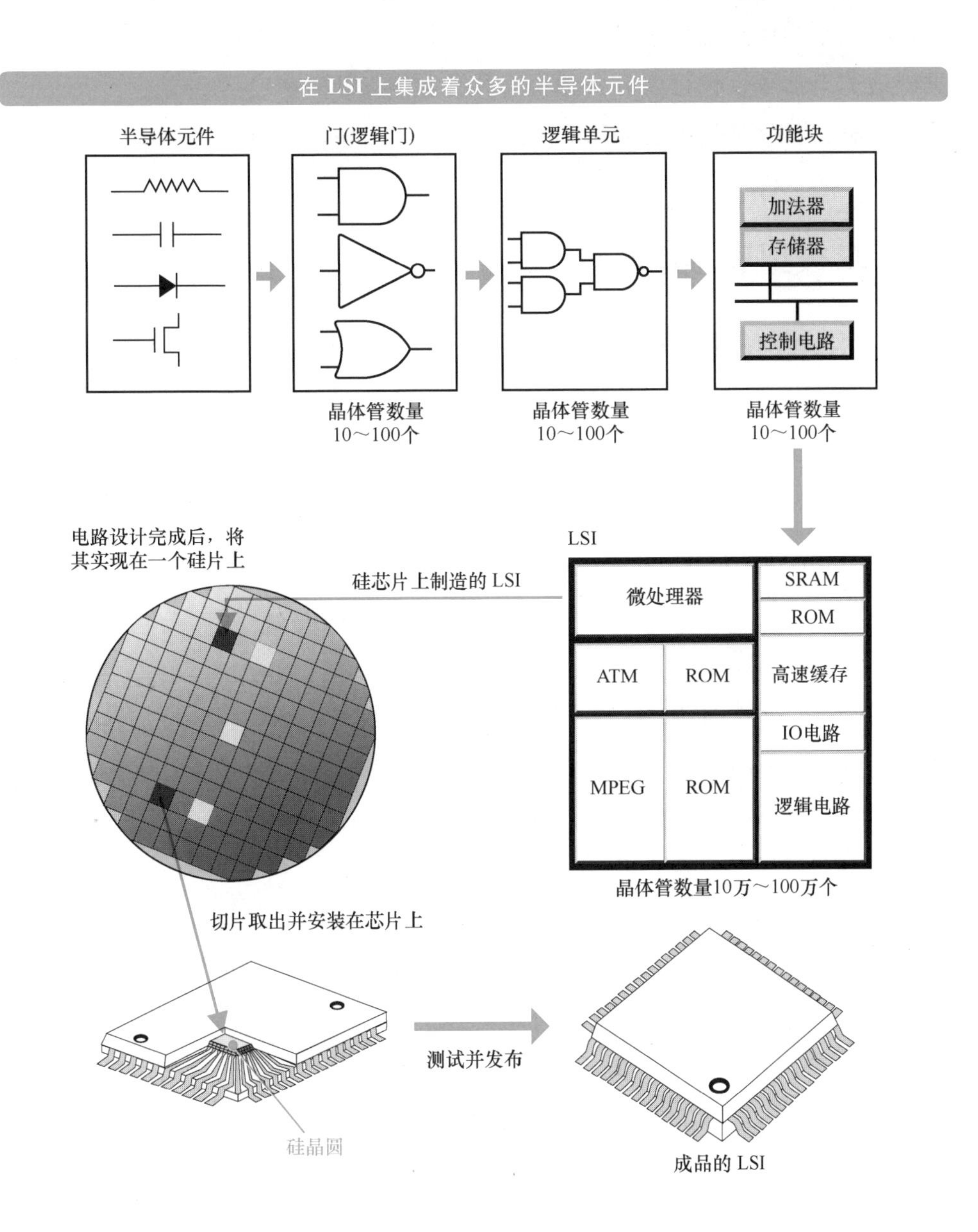

2-3

LSI 有哪些种类？

根据半导体元件晶体管的工作原理，LSI 可以分为 MOS 型和双极型。根据处理的电信号，也可以分为模拟 LSI 和数字 LSI。

此外，根据所使用的半导体材料，我们还可以将其分为硅 LSI 和化合物 LSI。

双极型和 MOS 型

根据其中使用的半导体元件晶体管的工作原理，LSI 可以分为两大类：双极型[㊀]晶体管和 MOS（场效应）型晶体管。

双极一词的由来是由于半导体元件晶体管中传导电子的载流子有电子和空穴两个不同的极（极性）。

双极型晶体管的特点在于可以高速运行，负载驱动能力大，但与此相对的是其功耗也大，而且集成度不如 MOS 型晶体管（多简称为 MOS 管）的集成度高。

MOS 管的截面为 MOS 型，即源于其具有 metal（金属）-oxide（氧化膜）-semi conductor（半导体）的三层结构。从工作原理来看，与双极型的分类相对应，有时也将 MOS 管称为单极型，因为其进行电子传导的载流子只有一种。

另外，根据由栅极电压进行电流控制的沟道内的载流子的不同，MOS 管可分为 P 沟道型（载流子为空穴）和 N 沟道型（载流子为电子）。

㊀ MOS 型出现以前，说到晶体管时通常指的就是双极型晶体管。

与依靠垂直结构中的接合面工作的双极型相比，MOS 管是依靠在硅芯片表面的水平结构（表面）工作的，因此无需对单个元件进行复杂结构的元件分离。因此，与双极型相比，单极型的 MOS 管非常适合 LSI 的集成，可以将晶体管等电子元器件高密度地集成到硅芯片上。

P 沟道型和 N 沟道型两种类型在同一衬底上构成的是互补型 MOS 管（CMOS㊀），目前大多数 LSI 都是基于 CMOS 型工艺制造的。

数字 LSI 和模拟 LSI

从 LSI 进行的信号处理方面来看，可以将其分为数字 LSI 和模拟 LSI。数字 LSI 用于数字信号的处理，典型的有微处理器、存储器、ASIC 和系统 LSI㊁等。模拟 LSI 用于模拟信号的处理，如电视广播接收或将 DVD 的微弱信号转换到电视屏幕等。

㊀ CMOS，Complementary MOS，互补型 MOS。详见“3-5 什么是最常用的 CMOS?”

㊁ ASIC、系统 LSI 详见本书“2-4 按功能对 LSI 进行分类”。

LSI 的信号处理分类

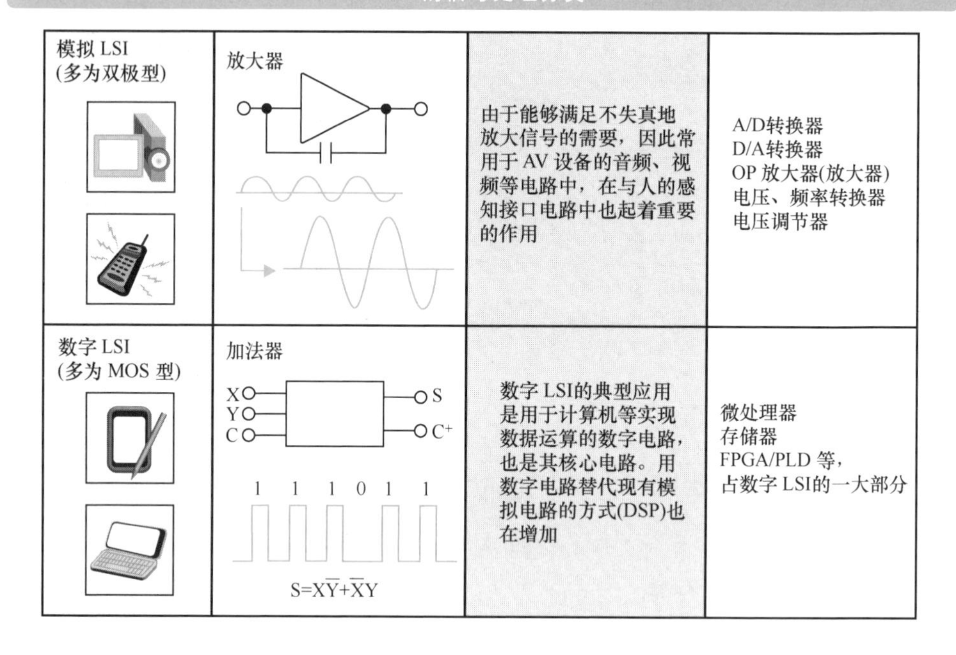

模拟 LSI 的电路功能包括用于音频和图像处理的捕获电路、用于检测微信号的传感器电路、用于大功率输出的电力驱动电路，以及用于将它们与数字电路连接的 A/D 转换器（模拟量数据到数字量数据的转换）和 D/A 转换器（数字量数据到模拟量数据的转换）。

硅 LSI 和化合物半导体

从半导体材料来看，不仅有像目前的主流 LSI 这样硅衬底形成的单体半导体材料，还有由两种以上半导体材料组成的化合物半导体。化合物半导体是Ⅲ族（3 个价电子）镓（Ga）、铟（In）、铝（Al）等元素和Ⅴ族（5 个价电子）的砷（As）、磷元素的化合物。典型的例子包括砷化镓（GaAs）、磷化镓（GaP）、碳化硅（SiC）和氮化镓（GaN）等。

与硅半导体相比，电子在砷化镓半导体材料中移动的速度大约快 5 倍，因此可以实现电子电路的高速工作（计算机等的高速处理）。因此，它们被用作超高速处理计算机的 IC 和 LSI，以及用于激光通信和卫星广播的低噪声放大器或收发器的输出元件。然而，与硅晶圆相比，其大口径化的难度较大，微细化制造技术也存在很多问题，不适合硅半导体这样的高集成度 LSI 制造。近年来，随着小型化、快速动作 CMOS 的发展，逐渐取代了砷化镓的快速动作应用领域。

砷化镓还用于利用化合物半导体发光功能的半导体激光器和发光二极管（LED），利用光接收功能的光电二极管和红外传感器。此外，在促进地球环境保护的太阳电池中，砷化镓用于要求高效率的卫星通信，铟和硒等化合物半导体用于一般消费产品。

由于硅片节点可以在高电压、大电流和高温下工作，因此适合用作大功率晶体管和发射晶体管。尽管如此，氮化镓仍然也被用作功率晶体管，尽管其功率较小，但也用于高频功率晶体管和高速通信。

2-4

按功能对 LSI 进行分类

如果按功能对 LSI 进行分类，可以大致分为存储器、微处理器、ASIC 和系统 LSI。

LSI 有 4 种功能

如果按电子设备上搭载的 LSI 的功能进行分类的话，可将 LSI 分为存储器（存储计算机等的数据和信息的 LSI）、微处理器（将计算机运算处理功能集中在一个 LSI 上）、ASIC（Application Specific IC：专用集成电路）和系统 LSI 等类型。

系统 LSI 是将以往由存储器、微处理器和 ASIC 等多个 LSI 构成的系统整体整合到一个芯片中的大规模 LSI。

现在 ASIC 本身也已经系统 LSI 化了，因此通常将包括 ASIC 在内的大型 LSI 称为系统 LSI。系统 LSI 也被称为片上系统，亦即 SoC（System on a Chip），系统实现在一个芯片上。

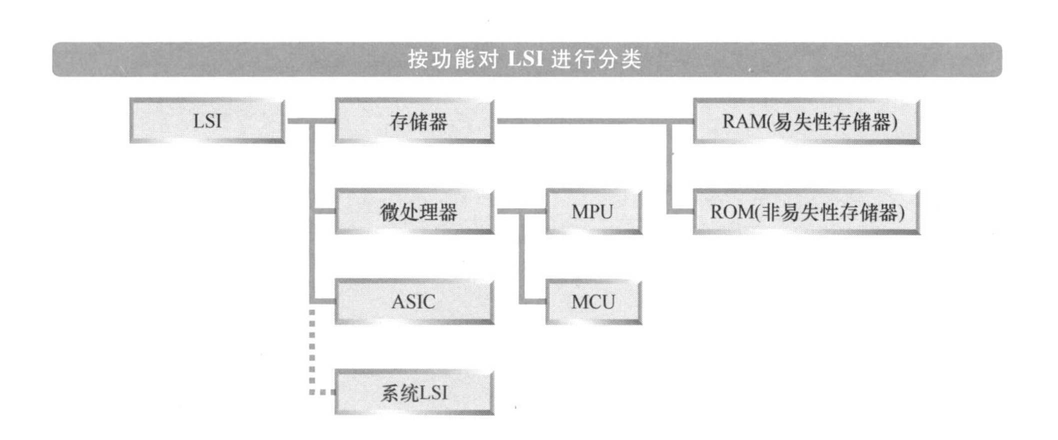

● 存储器

存储器是存储信息（数据和程序）的 LSI，与 CPU㊀一起同时用于一台计算机等。最近，存储卡和记忆棒（代替数码相机中的胶片，用于记录图像和音乐源）也是存储器 LSI 功能块。

存储器包括易失性存储器 RAM㊁和非易失性 ROM㊂。前者在关机后信息将消失，后者在关机后信息仍保留。

一台计算机的主内存由 DRAM（Dynamic RAM）构成，DRAM 是易失性 RAM 存储器的一种。在个人计算机等中，内存大小被称为 2G 字节或 4G 字节的 DRAM 容量。

另外，非易失性存储器 ROM 的种类根据是否可重新写入而有不同的类型。我们将在“2-5 存储器的类型”中详细介绍这些存储器。

● 微处理器

微处理器之一的 MPU㊃是由计算机的核心部分 CPU 和外围控制部件等组成的单芯片 LSI，主要用于当作大型计算机和个人计算机的心脏。

就产品而言，个人计算机领域的佼佼者美国英特尔公司的奔腾（Pentium）和赛扬（Celeron）处理器实在是太有名了。另外，MCU㊄通常被称为微处理器或单片机，它的运算功能比 MPU 更精简，取而代之的是具有 ROM、RAM 及各种控制和接口电路的单芯片 LSI，广泛用于家用电器和工业设备的控制。此外，微处理器也大量用于电子化程度较高的汽车。

另外，关于微处理器的工作，将在“2-7 微型计算机的组成”中进行详细介绍。

㊀ Central Processor Unit，中央处理器。

㊁ Random Access Memory，随机访问存储器。

㊂ Read Only Memory，只读存储器。

㊃ Micro Processor Unit，微处理器单元。

㊄ Micro Controller Unit，微控制器单元。

ASIC

ASIC是用于安装在专用电子设备和系统中的具有特定应用领域的特定用途功能的LSI的总称，作为民用和工业用LSI被大量使用。

ASIC可以分为用户定制IC（User Specific IC）和ASSP（Application Specific Standard Product，面向特定用户）。例如，某公司为自己的电子设备开发了ASIC，当该产品大量畅销，其他公司也对ASIC提出了同样的需求时，该公司则会将此ASIC（USIC）以通用化的形式作为ASSP产品上市。

ASIC（USIC）是像我们购买西服时进行定做一样，向LSI制造厂商订购制造的产品。ASIC（USIC）的定制IC根据半导体制造厂商的制造方式不同，有全定制和半定制两种类型。完全定制的IC本身就是系统LSI的一种。

这些内容我们将在“2-6 定制ASIC有哪些种类？”中详细介绍。

ASIC的分类和用途

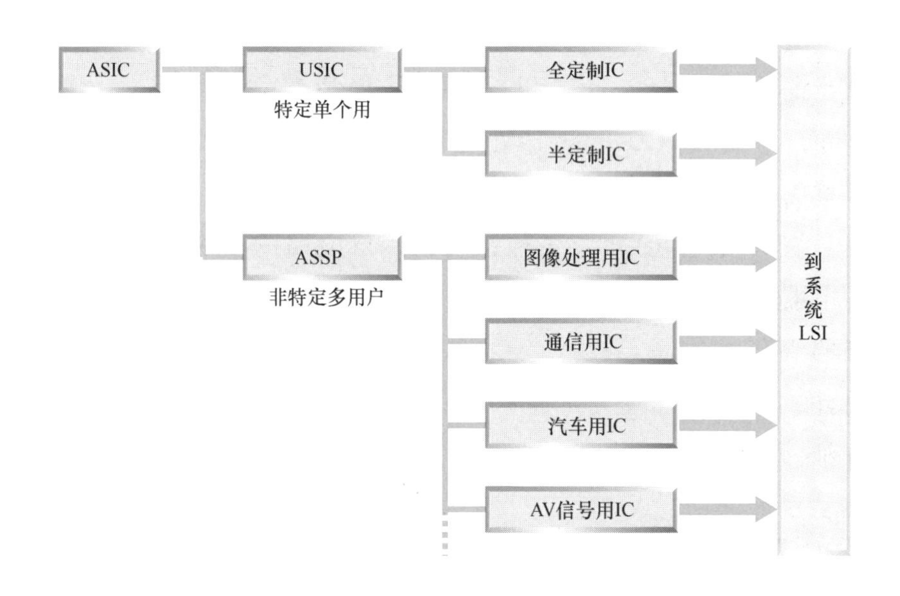

2-5

存储器的类型

易失性 RAM 包括大容量的 DRAM 和具有较快读写速度的 SRAM。非易失性 ROM 包括用户无法重写数据的掩码 ROM，以及可重写数据的 EPROM、EEPROM 和闪存。

存储器大致分为两种类型

存储器 LSI 的基本功能就像文字和图像信息印在书上一样，LSI 里面写着你需要的信息，你可以根据需要再读取出来。图书等印刷品不会在某一天突然出现印刷文字的消失、页面变得空白。而且，因为是印刷品，所以不能重写。然而，由于存储器 LSI 是电操作的存储元件，因此根据电源的 ON/OFF 开关条件，某些数据可能会丢失。然而，存储器 LSI 与出版物不同的是，它允许用户重写数据，同时存储和保存数据。

存储器 LSI 可以分为易失性（电源关断时存储内容丢失）和非易失性（电源关断时存储内容仍然保留）两种。非易失性存储器的数据不会因电源的开关而消失。此外，根据数据不可重写或可以重写，非易失性存储器又可分为不可重写类型（只读）和可重写类型。

● RAM

易失性存储器（Random Access Memory，RAM）分为 DRAM（动态 RAM）和 SRAM（静态 RAM）。DRAM 主要用在计算机中，作为 CPU（中央处理器）和存储器（辅助存储设备）之间随机（随时）写入和读取数据的主存储器（主存储设备）。然而，由于存储器单元的结构，即使在电源接通时，微小的漏电流也会导致数据的丢失。因此，必须在数据丢失之前进行重写（刷新操作[㊀]）。

㊀ 详见本书“3-6 存储器 DRAM 的基本构造和工作原理”。

与 DRAM 相对的是，SRAM 具有数据读写速度快、耗电量小的特点。

存储器的功能分类

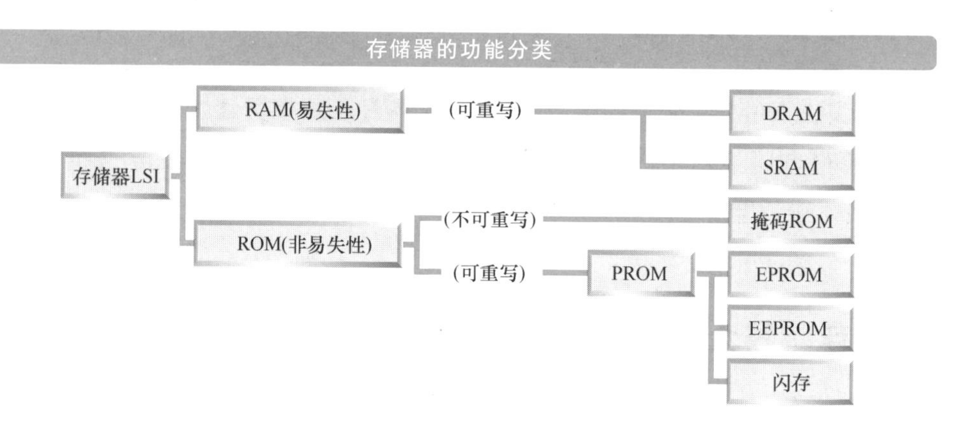

SRAM 主要用作高速缓存（存储频繁使用数据的高速存储器）。与 DRAM 相比，SRAM 的电路操作是静态的，不需要刷新操作，其缺点是集成度较低。DRAM 的电路操作是动态的。

● ROM

非易失性 ROM 特点是即使电源关闭，数据也保持不丢失。掩码 ROM（Mask ROM）在制造时就有数据写入，用户只能读取数据而不能改写。你可以将其视为 LSI 芯片版的音乐 CD 或者 CD-ROM，主要用于掌上电子词典、家用电器等。

SRAM 与 DRAM 比较

	速度	集成度	价格	市场规模	用途
SRAM	高速	1/4	4	1/10	个人计算机、游戏机(高速处理部分)
DRAM	快速	1	1	1	计算机

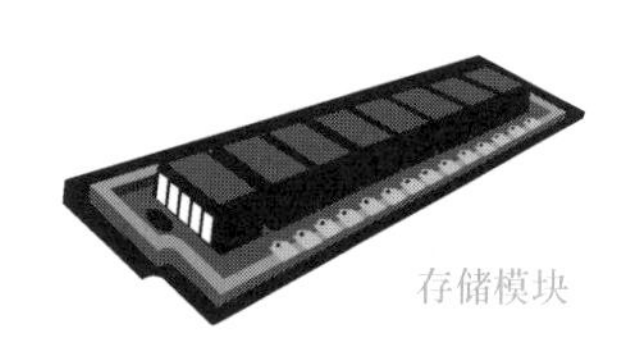

存储模块

通常，简单地说 ROM 指的是这个掩码 ROM。另一方面，PROM[一]是用户可以重写的类型。

EPROM[二]是一种 PROM，是一种可擦除和电重写的存储器。通过从封装上留有的窗口照射紫外线，可以批量进行数据的擦除。相对于 EPROM 的紫外线擦除，EEPROM[三]是一种能够进行电擦除的存储器。此外，存储器的写入/擦除操作可以以字节（1 字节=8 位[四]）为单位进行部分数据的修改。

EPROM、EEPROM 用于个人计算机上各种程序的存储。

闪存[五]简化了 EEPROM 结构，实现了高速度和高集成度，并将擦除操作从字节擦除改为批量擦除（闪存类型）。这降低了每比特数据的存储成本，扩大了存储器的应用范围，主要应用于电子设备、移动电话和数码相机等。

各种 ROM 的特点和用途

类型	特点	用途
掩码ROM	在LSI制造时写入(不可更改)	电子词典
EPROM	电写入，紫外线擦除	个人计算机(基础程序)
EEPROM	电写入和电擦除(字节操作)	
闪存	电写入和电擦除(数据批量操作)	手机、数码相机

㊀ Programmable ROM，可编程 ROM。

㊁ Electrically PROM。

㊂ Electrically Erasable PROM。

㊃ 参见本书“4-1 模拟量和数字量有什么不同?”。

㊄ Flash Memory。

2-6

定制 ASIC 有哪些种类？

ASIC 可以分为面向特定用户的 USIC 和非特定用户的 ASSP㊀。但是 ASIC 也有从设计方法和制造方法进行分类的方式。

目前的 ASIC（系统 LSI）是以门阵列（Gate Array）、基于单元的 IC 和嵌入式阵列 3 种独立或组合的方式实现的。

ASIC 的 3 种类型

门阵列是 ASIC 中交货时间最短的，只需在半成品晶圆上执行金属布线工序即可获得 LSI，而这些晶圆的 LSI 需求规范是预先创建的。

基于单元的 IC 可以完全满足 LSI 的功能要求，因为它从一开始就通过使用标准单元㊁来满足用户的要求。但是，与门阵列相比，交货时间更长。

嵌入式阵列是一种功能需求和交付日期正好介于门阵列和基于单元的 IC 之间的产品。

此外，FPGA㊂的市场也在不断扩大。与门阵列相比，FPGA 提供了更多的便利性，用户可以在现场进行电路的写入。

根据 ASIC 的设计、制造方法进行的分类

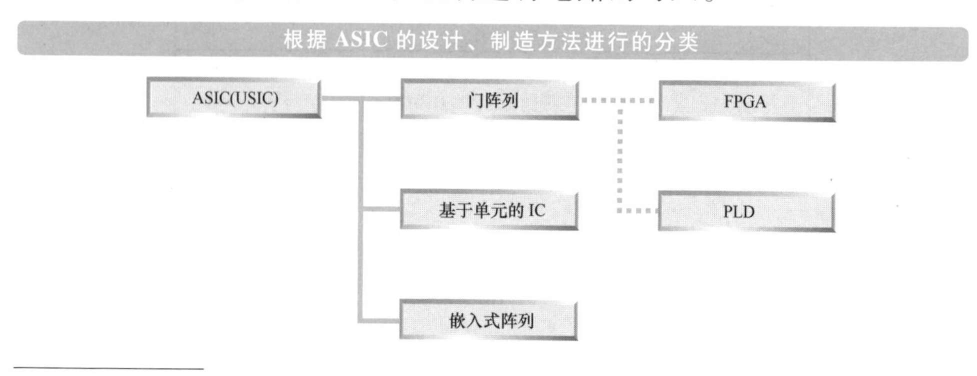

㊀ 参考本书“2-4 按功能对 LSI 进行分类”。

㊁ 参见本书图“基于单元的 IC”。

㊂ Field Programmable Gate Array，现场可编程门阵列。

门阵列、嵌入式阵列、基于单元 IC 的特点

门阵列	嵌入式阵列	基于单元的IC
	CPU 存储器 模拟	大型单元(如CPU) ROM 宏A 宏B RAM
开发周期　短	开发周期　短～中	开发周期　长
开发成本　低	开发成本　中	开发成本　高
实现功能　中	实现功能　中～多	实现功能　多
生产数量　中	生产数量　中～多	生产数量　多

● 门阵列

门阵列是一种半成品 LSI，是在晶圆上预先建立的电路，并确保用户对 LSI 的要求仅由金属布线工艺来满足。因此，当用户提出 LSI 电路时，只需对半成品晶圆实施金属布线工艺即可实现 LSI 的提供，交货期非常短。

这与购买西服时，通过选择悬挂的产品样品，只需要重新调整服装尺寸的简单购买方法相近。然而，门阵列虽然有较短交货时间的优点，但用户 LSI 的技术规格在一定程度上受到了一定限制。

● FPGA、PLD、CPLD

在普通门阵列中，半导体制造商将电路功能预先创建在芯片中。除此之外，FPGA 允许用户随时（现场）改变（编程）电路的功能。此外，由于某些产品可以多次重复编程，可以立即响应产品开发过程中的电路变化，因此它是一个非常优秀的 LSI。

门阵列芯片概念图

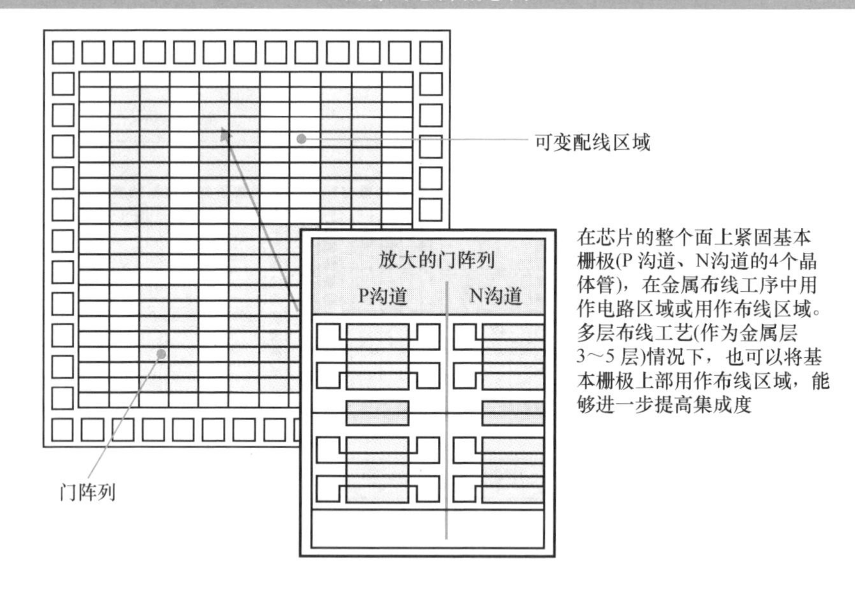

FPGA 产品最初用于处于开发阶段或小批量生产的电子设备中。然而，最近的 FPGA 具有更高的集成度和更高的工作频率，包含有 CPU、RAM 和 PCI 总线接口等功能块，并具有充当高性能电子设备系统 LSI 一级的功能。

PLD㊀是与 FPGA 具有同等功能的 LSI。PLD 是由于其与 FPGA 的配置差异而命名的，但从用户的角度来看，它们均属于同一个范畴。另外，结构复杂、高性能的 PLD 被称为 CPLD㊁。

● 基于单元的 IC（Cell-based IC）

通过标准单元的使用（由半导体制造商预先准备的标准逻辑门组合而成的块）首先创建一个功能块，单元是指功能相对较小的块。LSI 是基于单元的 IC，它设计了多个其他所需的功能块，并通过分层堆叠这些块来设计和制造。

㊀ Programmable Logic Device。
㊁ Complex PLD。

FPGA 的编程方法和 FPGA 的配置

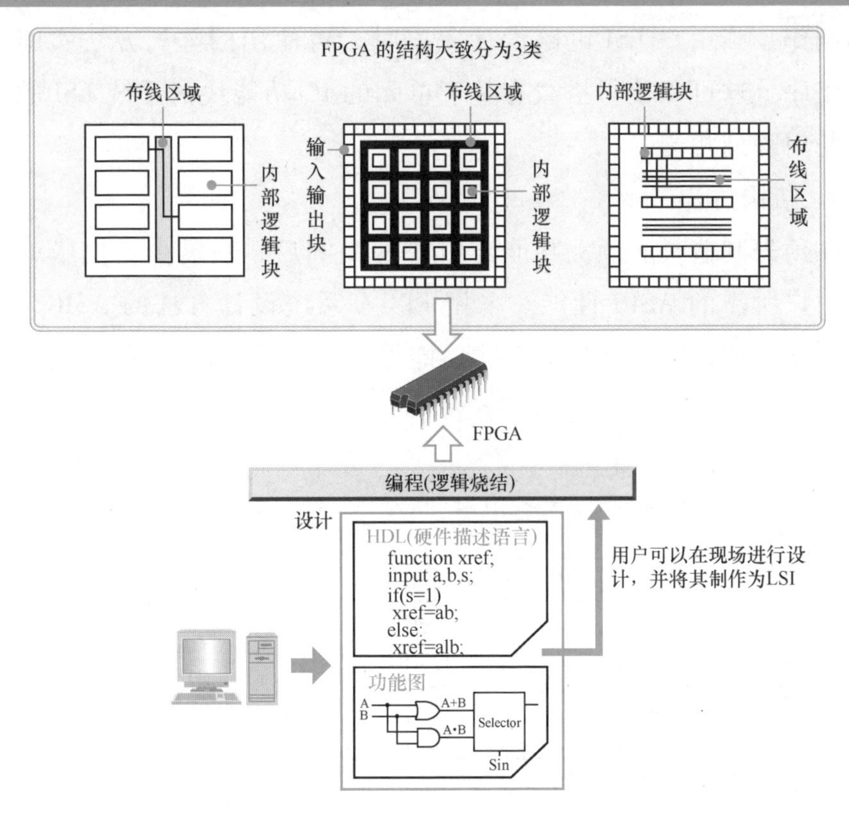

基于单元 IC 的单元布置和布线都可以根据用户要求，完全满足用户的功能要求。这是一种接近于定制服装购买的方式，需要选择安排好的花色、面料，并指定尺寸、款式等。

与门阵列相比，基于单元的 IC 设计周期稍长，制造成本也较高，因为从一开始就要根据用户的需求进行。然而，它更适合于系统 LSI，因为它比门阵列更容易优化性能和芯片面积，并且也适合于大型功能块（Megacells 和 Macrocell）的混合使用。

● 嵌入式阵列（Embedded Array）

具有门阵列和基于单元的 IC 两种特性的 LSI 就是嵌入式阵列。

当用户确定了要使用的功能块（Macrocell，宏单元）时，在以门阵列方法为基础制作的用户希望的 LSI 电路部分的硅芯片中嵌入该功能块（宏单元），开始制造 LSI。然后，在金属布线工序之前预先进行晶圆制作。当用户 LSI 电路设计完成时，再使用门阵列方法实施金属布线工序。这可以使得搭载有基于单元的 IC 功能块的系统 LSI 的开发周期与门阵列相当。

● 结构 ASIC

在预先制造具有预测功能逻辑块的晶圆后，只需少量掩膜就可以实现用户所需的 ASIC 性能。采用 FPGA 系统设计方法的 ASIC，不仅能缩短交货期，降低开发成本，还能保持基于单元的 IC 的高密度和高性能。

基于单元的 IC

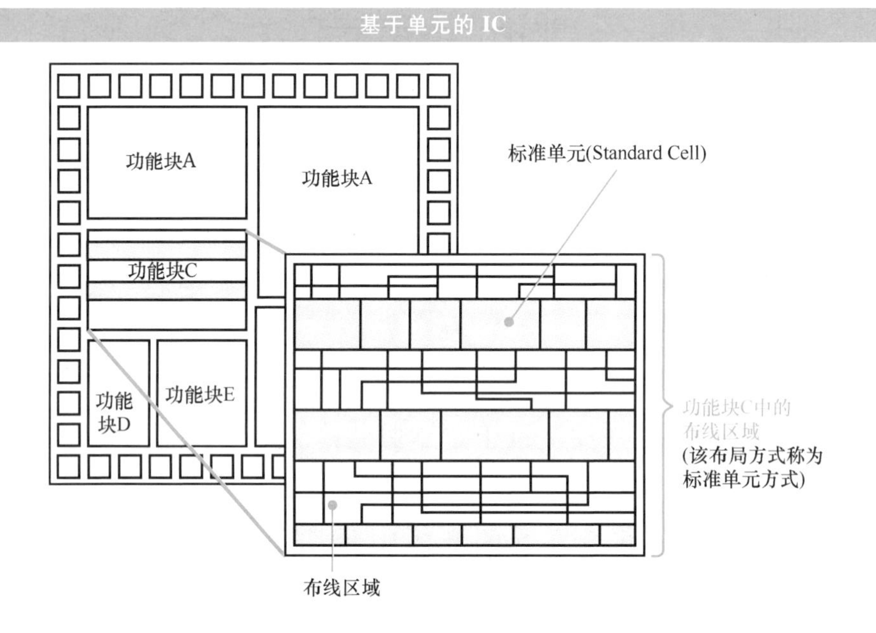

2-7

微型计算机的组成

微机是微型计算机的缩写，是将计算机功能实现在一个硅片上的极小计算机。微型计算机的硬件配置由 CPU、存储器和 I/O（输入/输出接口）组成。它必须安装软件程序才能正常工作。

组成微型计算机的各种功能

通常，微型计算机（单片机）有比 MPU 更强的运算功能，是具有 CPU、ROM、RAM 及各种控制和接口电路的单芯片 LSI，广泛用于家电和工业设备的控制，也称为 MCU。

● CPU

CPU 是进行中央运算处理、数据处理、控制、判断等的计算机中枢部分，相当于人的大脑。

根据 CPU 处理的数据宽度大小，可以有 8 位、16 位、32 位或 64 位㊀CPU。数据的宽度越大，计算机的处理能力就越强。家用电器等使用 8 位左右的 CPU，个人计算机等使用 32~64 位的 CPU。此外，通常情况下，CPU 的主频（时钟速度）越高，处理能力就越强。计算机上参数中所说的 1.6 GHz 版、2.5 GHz 版，就指的是这个参数。

● 存储器

ROM 用于计算机运行的程序和参照数据等的存储。在输入计算机启动（电源接通时启动系统）所需的 BIOS 程序和空气冷却所需的温度、风强度等参数时，应该将与计算机运行等相关数据写入该存储器。

㊀ 参见“4-1 模拟量和数字量有什么不同？”

RAM 是计算机操作的主存储器，用于如运算、运算数据和执行程序的存储。主存储器的大小会影响计算机的性能，如运行速度等。如果主存储器较小，则可处理的数据位宽度将受到限制。另外，如果主存储器的写入、读取速度不快的话，计算机的处理速度也会下降。购买个人计算机时，安装 2GB 主存储器的参数标注，指的就是这个 RAM 的容量。

● I/O（Input/Output，输入/输出）

I/O 由输入/输出接口和外围设备组成。输入/输出接口是将键盘输入信息传递到内部 CPU 的端口，或者将内部数据输出到外部显示器或打印机的端口。外围设备由微处理器应用设备所需的定时器、A/D 转换器和各种通信功能部件等构成。

● 总线

总线就是连接这些功能部件，进行命令、数据等信息交换的公共通道。为了提高处理速度，总线宽度（位数）需要与 CPU 的数据宽度（位数）相同。

微处理器性能和应用设备

当前，民用电子设备向着数字化方向发展，几乎所有的产品都配备了微处理器。从传统家用电器中的电冰箱、空调器、洗衣机，到最新数字设备中的移动终端、电子记事本、数字电视、游戏机（32 位/64 位），数码相机、车载导航仪、移动电话等，几乎所有有助于我们生活的电子设备都使用微处理器。此外，汽车微处理器（每台使用 50~100 个）、农业机械、工程机械、工业机械、船舶、铁路等基础设施系统，以及机器人、航天和航空等领域对微处理器性能的要求也越来越高。

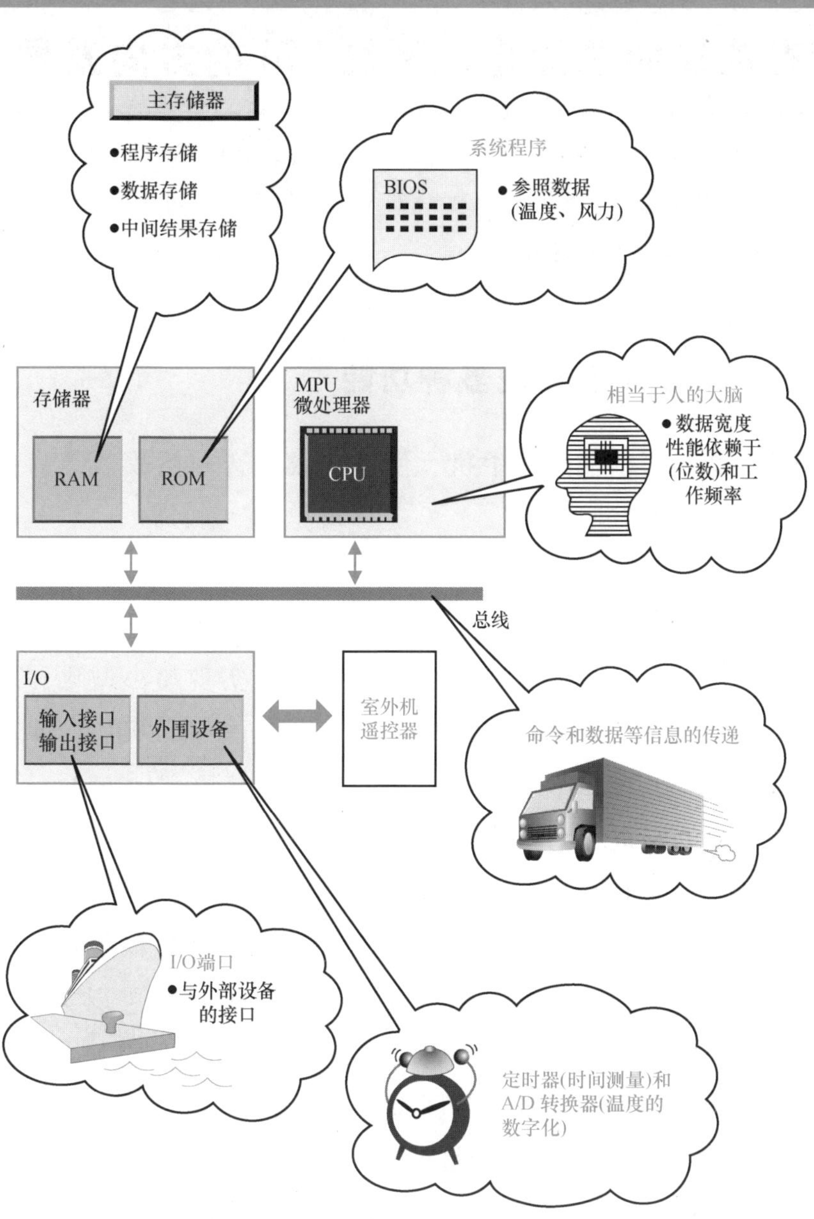
主存储器
●程序存储
●数据存储
●中间结果存储
系统程序
BIOS
●参照数据
(温度、风力)
存储器
RAM
ROM
MPU
微处理器
CPU
相当于人的大脑
●数据宽度
性能依赖于
(位数)和工
作频率
总线
I/O
输入接口
输出接口
外围设备
室外机
遥控器
命令和数据等信息的传递
I/O端口
●与外部设备
的接口
定时器(时间测量)和
A/D 转换器(温度的
数字化)

2-8

所有功能向单片化、系统 LSI 的方向发展

系统 LSI 是将由多个 LSI 组成的电子设备的系统功能整合到一个芯片中。除了大型功能块 IP 外，还将配备存储器和 CPU 等，例如单芯片手机和单芯片数码相机正在投入实际应用。

在一个芯片上实现多种功能

您认为我们目前使用的手机、便携式数字音乐播放器等为什么能做得那么小、那么轻吗？

实际上就在不久前，便携电话、车载电话等还是需要单独携带、非常沉重的大件商品。之所以能做到现在这样，系统 LSI 是一种关键器件，它既能满足先进的信息技术处理，又能实现超小型化和超低功耗。因为所有系统部件都可以集成在一个芯片上，所以也有 SoC（System on a Chip，片上系统）的叫法。

随着 LSI 的制造工艺和设计技术的进步，单个芯片上的元件数量在惊人地增加，目前已经超过了 100 万达到数亿个。因此，以前由多个 LSI 芯片构成的系统功能，如微处理器、模拟电路、存储器和通信接口等，现在都可以在单个芯片上实现。这样的进步可以实现 2-6 节中所介绍的基于单元的 IC 的高功能化与大规模化。

在 LSI 的设计领域，将微处理器和存储器等多项功能集成在一起，并视为一组数据时，称其为功能块、核心单元或宏单元等。最近，IP㊀（Intellectual Property）的说法也已经扩展到适用软件程序了。顺便说一下，IP 的原意是指知识产权，如专利、版权等。

㊀ 参见本书“5-7 最新的设计技术趋势—基于软件技术、IP 利用的设计”。

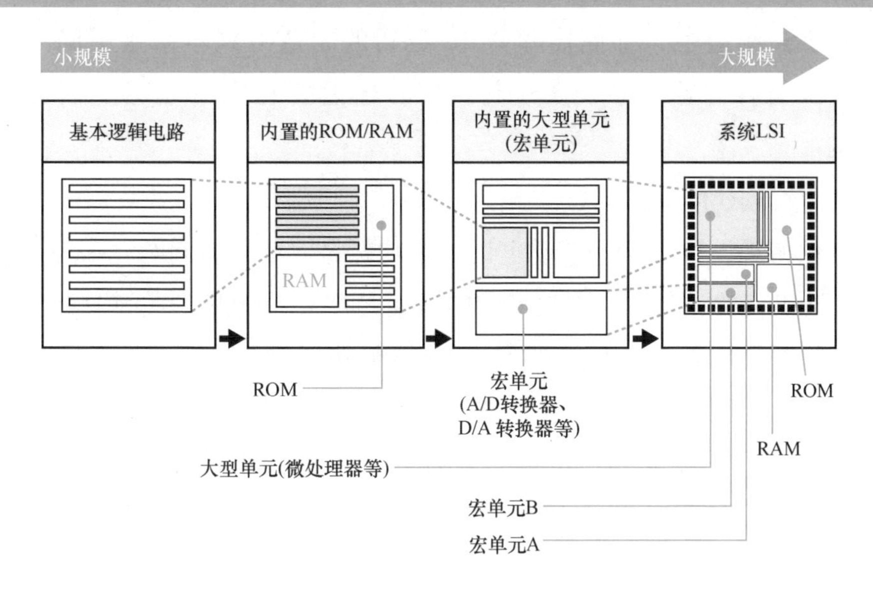

因此，如果使用从本公司或其他公司购买的 IP 来设计系统 LSI，则称为基于 IP 的设计。如果 IP 作为一个部件能够流通、获得的话，系统 LSI 设计中基于 IP 的设计将成为主流。

支持系统 LSI 的技术

● 制造技术㊀

存储器、CPU 等需要 10nm 以下的超精细加工技术。这些都需要精细的曝光技术、成膜技术和蚀刻技术等。

为了在硅上实现最新的系统 LSI，传统的 ArF 曝光设备已达到了分辨率的极限，进而采用了 ArF 浸渍曝光设备和双重图案化技术等超分辨率技术。此外，晶体管和 IP 之间连接的布线也变得非常困难。当元件数量超过 100 万个时，简单的布线方法会导致布线延迟，进而导致处理速度的降低。因此，布线的层数也扩展到多达 5~10 层，复杂性变得越

㊀ 详见本书“第 6 章 LSI 制造的前端工程”。

来越高。为了进一步降低布线电阻，现在使用铜和铝作为布线金属。

在 LSI 制造中，存储器和 ASIC 逻辑的制造方式本来是不同的。然而，在具有存储器的系统 LSI 制造中，还需要在同一晶圆上创建这些不同的制造工艺。

● 设计技术[㊀]

降低移动设备（例如移动电话）的功耗是一个关键问题。因为在这些依靠电池工作的设备中，电池寿命的长短是产品差异化的关键。此外，从降低封装中的热量产生的意义上来说，降低功耗也是非常重要的。

其次，还必须提高处理速度。由于工作频率的提高会导致处理速度的提高，因此需要相应的逻辑设计和电路配置来满足这一要求。

此外，在满足这些系统 LSI 性能要求的同时，还需要使用计算机辅助设计 EDA（Electronic Design Automation，电子设计自动化）装置来提高设计效率，进一步缩短设计和开发周期。

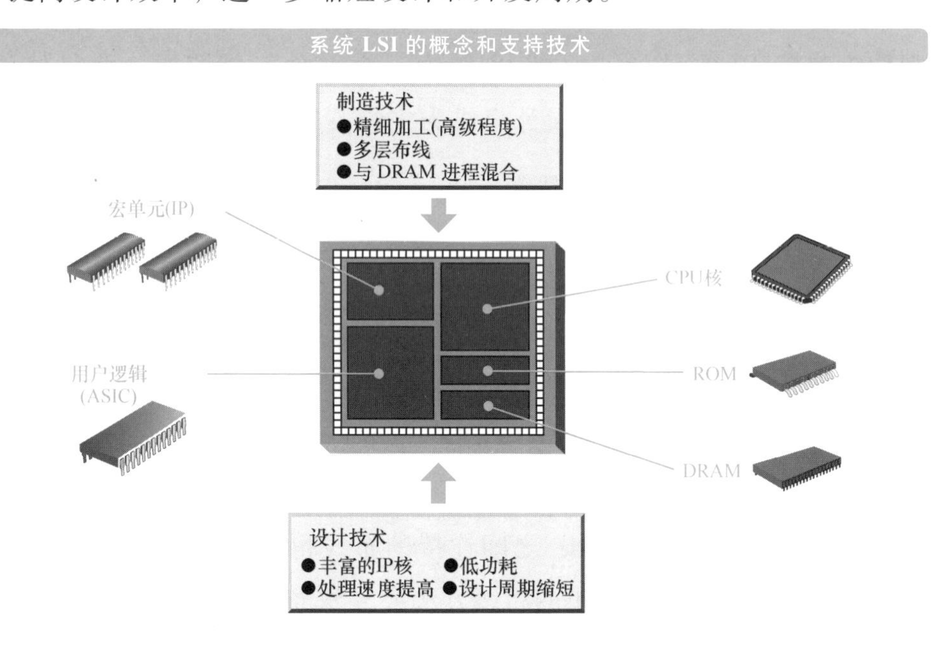

㊀ 详见本书“第 5 章 LSI 的开发与设计”。

2-9

搭载系统 LSI 的设备——手机发生的变化

当今出现的轻便、小型且功能强大的手机，可以说是因为有了最新的半导体技术才得以实现的。在此，让我们一起来看看手机系统的工作原理和 LSI 都有哪些功能。

手机可以与对方进行通信的机制

手机之所以能够实现全域范围的通信，是因为其能够与基站进行收发操作，而这些基站每隔几千米就有一个。你在城区里看到的楼顶上的天线，即为基站的天线，一个基站覆盖的范围称为一个 Cell（单元）。

当手机处于 ON 的开机状态时，每隔一段时间就会访问一次最近的基站，并登记自己的手机在哪个单元内。在向某个手机拨打电话时，首先通过自己所访问的基站和 NTT 电话网，找到存储对方号码的单元位置和基站，并从该基站向对方发射无线电波进行呼叫，从而实现通信。基站紧凑的机箱即是由系统 LSI 构成的。

手机的组成

现代的手机越来越先进，可以记录电话号码、播放来电旋律，具有彩色屏幕显示（视频、静态图像等）和拍照等功能。

为了其高性能处理，现代手机配置了 32~64 位的高性能 CPU 和大容量的存储器等。现在手机的系统配置超过了以前的 PDA[㊀]。

当今的手机由几个系统 LSI 组成。

㊀ Personal Digital Assistance，个人数字助手，一种便携式信息通信设备。

当今手机的基带 LSI[㊀]，在早期的手机中是由几个芯片的 LSI 组成的，不含有 CPU。但是在当今手机中，基带 LSI 不仅含有 CPU，而且变成了单芯片（基带处理器）。因此，当今的手机基本上可以由两个系统 LSI 芯片和另一个应用程序处理器组成。

目前，也出现了将两个处理器集成到一个系统 LSI 芯片中的情况，进一步提高了集成度。

手机可以与对方进行通信的机制

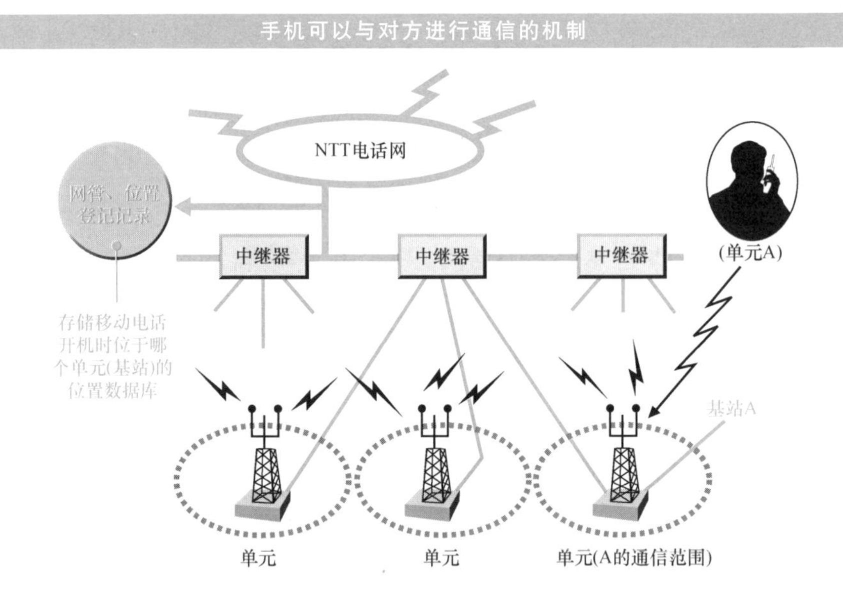

手机系统 LSI 的协同工作

手机的基本操作是从天线接收的信号通过 RF LSI[㊁] 输入到基带 LSI。然后，语音信号被放大，以驱动扬声器发声，相应图像也显示在液晶显示屏上。相反地，来自传声器的输入语音信号，即发送信号，通过基带 LSI 输入到 RF LSI，进行高频转换，然后通过 RF LSI 内部的

㊀ 通过无线电波信号发送、接收实现实际的语音、图像数据的双向传送处理的 LSI。

㊁ 接收时，将天线捕捉到的微弱高频无线电波信号放大并传送给基带处理器，反之发送时，LSI 成为功率放大器。

发射功率放大器形成无线电波，发射到基站。

现在的智能手机，除了基本的通信速度（声音、图像）的高速化之外，为了搭载高像素摄像头，液晶、有机EL显示器的高清、大屏及触摸屏等，还配备了多种专用芯片组，以实现地面数字电视（1seg广播）的接收、录像，视频、音乐发送以及GPS跟踪定位等功能。另一方面，为了维持手机的基本功能——通话时间和待机时间，与之相反的低功耗化和轻薄短小的实现技术成为了重要的课题。

移动电话概要系统配置

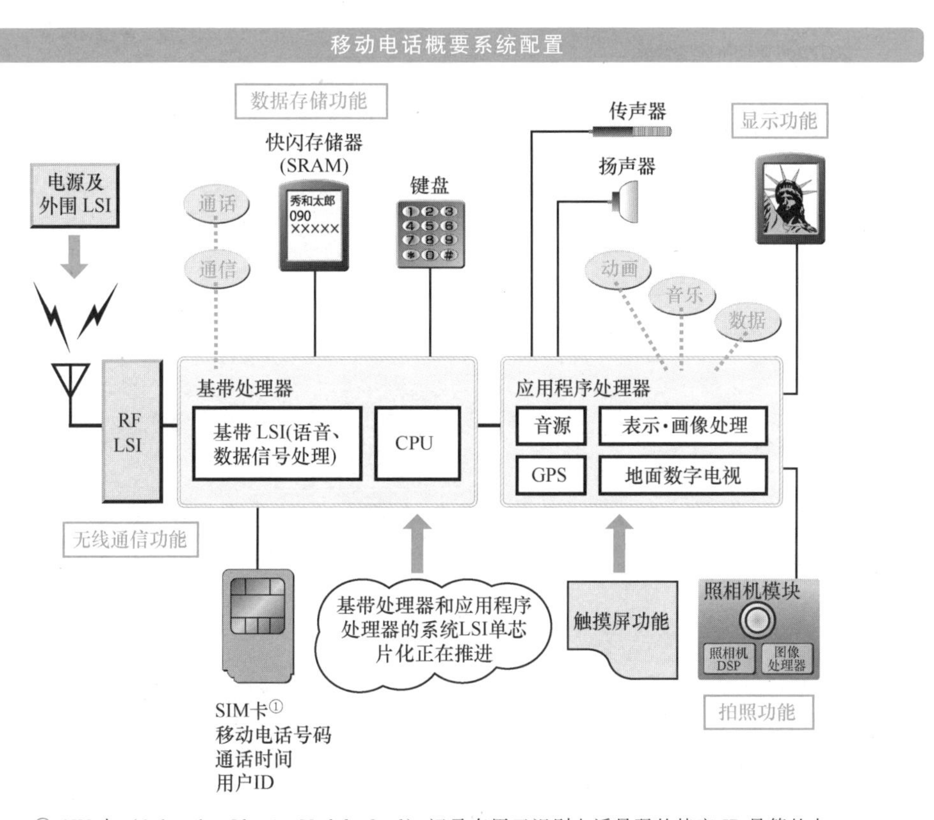

① SIM卡（Subscriber Identity Module Card）记录有用于识别电话号码的特定ID号等的卡。

▶▶ 手机与移动终端的发展

可以说，移动电话的超小型化历程是IC和LSI发展的历史。在此，我们将发展之初的 NTT DoCoMo 代表机型，以及代表智能手机的 iPhone12 的大小、质量进行了比较。

1980 年	肩挂式电话（100 型）	190mm×55mm×220mm	3000g
1991 年	移动电话（移动器 N）	100mm×55mm×38mm	280g
1999 年	移动电话（数字移动器 N）	125mm×41mm×20mm	77g
2002 年	带摄像头的最新手机（N504is）	95mm×48mm×19.8mm	105g
2010 年	智能手机（iPhone 4）	115.2mm×58.6mm×9.3mm	137g
2020 年	智能手机（iPhone12）	146.7mm×71.5mm×7.4mm	162g

（高度×宽度×厚度）

2-10

搭载系统 LSI 的设备——数码相机的变化

数码相机存储图像的部分使用的是图像传感器（光电转换元件），而不是胶片。在图像传感器光接收部分，有超过 300 万~1000 万个像素以网状形式排列。系统 LSI 将捕获的每张图像逐屏地转换为电信号，并将其记录到存储器中。

图像传感器的工作原理

图像传感器是将光强度（亮度）信号转换为电信号的光电转换元件。在第 1 章中，以半导体中电阻的形成，说明了电子和空穴与原子核碰撞并消失时，就会变成光和热能。相反，也有光和热能加入半导体时，就会产生电子（自由电子）的现象。图像传感器由许多光电二极管组成，这些光电二极管就是应用了将光转换为自由电子的原理的半导体。

图像传感器包括 CCD㊀ 和 CMOS 类型，但目前大多数都是 CMOS 类型，该类型的图像传感器在功耗和 LSI 系统化等方面均具有优势。但是，在医疗用、X 射线检测用等特殊领域，CCD 类型仍在使用。

相机性能参数中常说的像素数是指成像传感器由多少像素组成的图像传感器。CMOS 型图像传感器的像素尺寸，大的为 8~11μm 见方，小的为 4~5μm 见方，最近也开发出了 1μm 见方的产品。

图像传感器（CCD、CMOS 型）获取的图像原本是黑白图像，但在实际应用中的图像传感器通过与其表面贴装的滤色片［R（红）、G（绿）、B（蓝）］一起使用，从而使得每个像素在每个块上能够产生与色彩 RGB 对应的电子。然后，系统 LSI 执行图像分析处理，如颜色校正，并提取图像。关于 CCD 和光电二极管的原理，我们将在“8-3 集成大量光电二极管的图像传感器”中详细介绍。

㊀ Charge Coupled Device。

面向数码相机的系统 LSI

数码相机的关键在于，通过单个像素图像传感器将光强度信号转换为电信号后，如何将对应的 RGB 数据清晰地再现成图像。图像数据处理 LSI 需要以高速、低功耗的方式处理大量数据。处理后的图像数据显示在作为监视器屏幕的液晶面板上，并被捕获到闪存等记录介质（传统相机胶片）中加以存储。

图像数据处理 LSI 将来自 CMOS（CCD）传感器的模拟信号转换为数字信号。然后从这些 RGB 数字数据中进行各像素之间的颜色校正（图像校正处理），以制作出接近真实色彩的颜色。

该图像数据处理 LSI 大致由 CMOS 传感器接口、图像数据处理、图像数据压缩（以 JPEG 等方式压缩大量的图像数据量而不损害图像质量）、视频编码器（用于图像回放）、存储介质控制、PC 设备接口、摄像机控制（变焦、闪光灯、定时、自动聚焦等）和控制它们的 CPU 组成。此前，这些功能是由多个芯片组合来完成的，而现在变成了一个芯片来实现。

数码相机的图像存储器容量

数码相机的图像（像素）从最初的 31 万像素到现在超过 5000 万像素。像素越多，自然就越能拍出漂亮且忠实于本来颜色的照片。但是存储它的存储器（闪存）容量根据拍摄像素的数量会变得越来越大。以下给出了数码相机像素和所需的存储器容量大小。根据 JPEG 等图像压缩方法的不同，实际存储器大小会略有不同。

图像像素数	存储器容量
31 万像素（640×480 像素）	约 70KB
131 万像素（1280×1024 像素）	约 400KB
192 万像素（1600×1200 像素）	约 800KB
432 万像素（2400×1800 像素）	约 2MB
675 万像素（3000×2250 像素）	约 3MB
1300 万像素（4200×3150 像素）	约 6MB

数码相机的构成

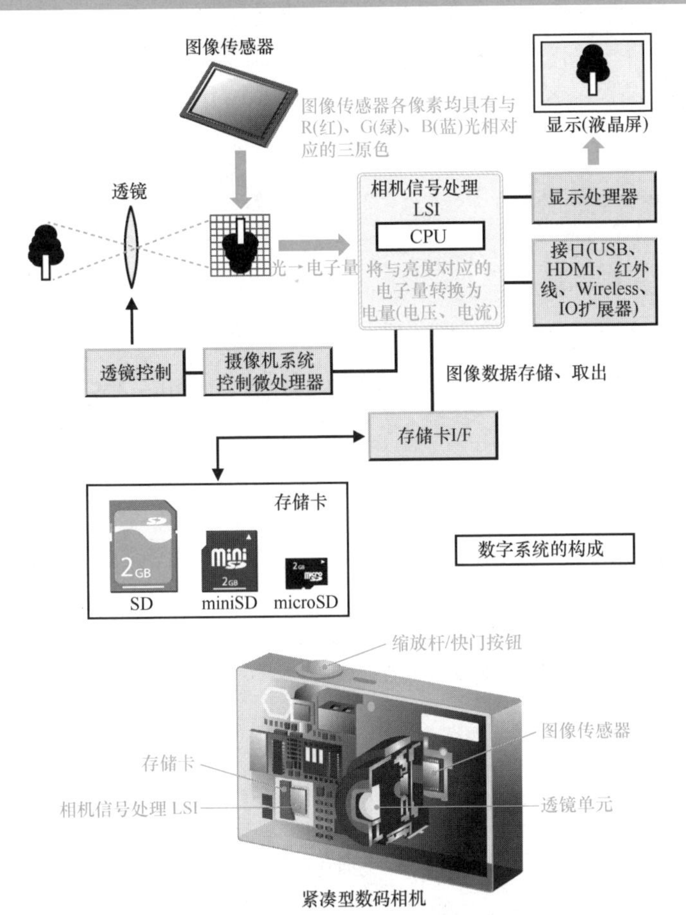

紧凑型数码相机

COLUMN

分立半导体元件（IC、LSI 以外的半导体）

除了本章提到的 IC 和 LSI 以外，作为承载 IT 时代的半导体，还有一些重要的分立半导体元件。

❶ 双极型晶体管

硅小信号晶体管：用于射频接收器等的微小信号放大。

功率放大功率晶体管：用于发射输出的功率放大。

音频功率晶体管：用于驱动大功率扬声器。

电源晶体管：用于开关电源等。

② MOSFET（MOS场效应晶体管）

功率MOSFET：发射输出和电源MOSFET。

IPD（Intelligent Power Device，智能电源器件）：集成了附加功能的电源用IC。

③ 化合物半导体

砷化镓（GaAs）。

高电子迁移率晶体管（High Electron Mobility Transistor，HEMT）、SiGe HBT。

碳化硅（SiC）。

氮化镓（GaN）。

④ 光电半导体元件

光电二极管。

图像传感器（CCD、CMOS类型）。

半导体激光器。

发光二极管（LED）。

● 半导体传感器

磁传感器：根据磁通密度（单位面积的磁通量，磁场的强弱）的变化，检测物体的接近、移动、旋转等。

压力传感器：利用单晶半导体的压电效应（电阻随机械力的变化而改变）检测压力变化。

加速度传感器：检测加速度（单位时间内速度的变化），获得振动、冲击、倾斜、纵横等运动信息。

气体传感器：检测气体泄漏、废气等。

第 3 章

半导体元件的基本操作

晶体管的基本原理

对 LSI 电子电路工作原理的理解，是以 P 型和 N 型半导体接触形成的 PN 结及二极管功能的理解为基础的。

本章介绍双极型晶体管、MOS 晶体管、LSI 中最常用的 CMOS 晶体管的工作原理以及存储器（DRAM、闪存）操作的基本原理，这些晶体管是使用 PN 结来实现的，并应用在 LSI 中。

3-1

PN结是半导体的根本

当N型半导体与P型半导体接触时，N型半导体中的电子向P型半导体区域移动。反之，P型半导体中的空穴向N型半导体区域移动，彼此融合并消失。然后，在两个半导体的接触面上形成一个不存在电子和空穴的区域（耗尽层）。

N型半导体和P型半导体接触时发生的扩散现象

关于电子和空穴，我们在“1-5 根据杂质类型的不同变成P型半导体和N型半导体”中已经提到过，这里先再复习一下。完全不含杂质的高纯度单晶的半导体是本征半导体。在本征半导体中添加磷（P）、砷（As）和锑（Sb）作为杂质的是N型半导体，添加铝（Al）和硼（B）的则为P型半导体。由于添加了杂质，半导体接近导体。导体是一种具有导电性的物质，但N型半导体中有电子，P型半导体中有空穴（电子空壳）作为有助于电传导的载流子（半导体中承载电流的载流子）。

在掺杂有杂质的N型半导体中有很多电子，在P型半导体中有空穴。在常温下即会有热激发[㊀]的发生，即使在不施加电压的情况下也是如此。在这种状态下，当N型半导体与P型半导体接触时，N型半导体的电子（可自由移动的电子）向P型半导体区域移动，同时P型半导体的空穴（可自由移动的空穴）向N型半导体区域移动。这叫作扩散现象。扩散本是指当混合物的浓度不同时，它们互相混合，形成均匀浓度的现象。P型半导体和N型半导体分别具有电子（负电荷）和空穴（正电荷）的电荷能，但它们总是会以结合在一起的方式而消

㊀ 温度的热能使得能带电子发生跃迁。

失。当电子和空穴结合在一起时，消失的区域几乎没有作为载流子的电子和空穴，这个区域称为耗尽层。

什么是耗尽层？

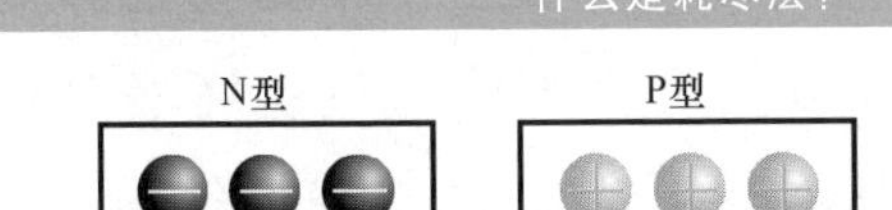
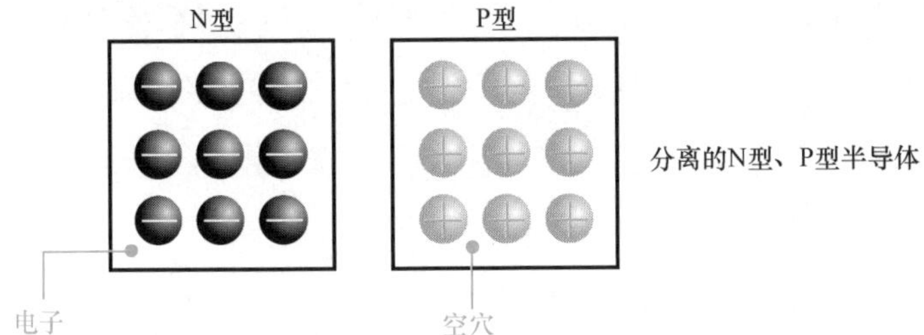

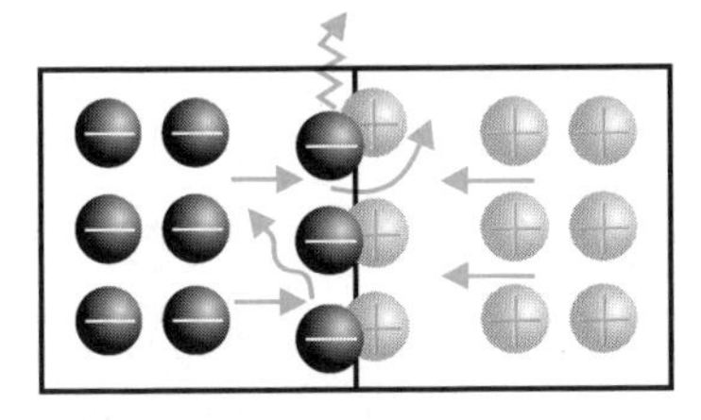

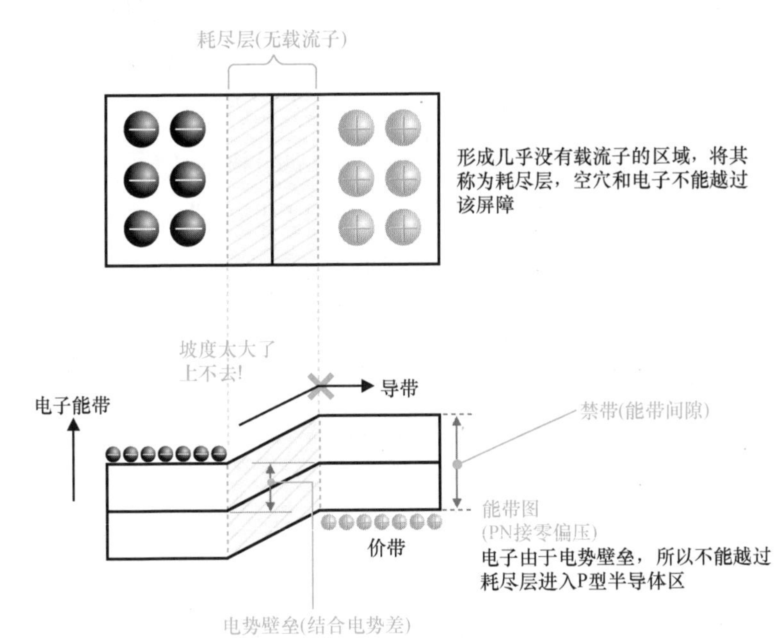

耗尽层和正向/反向偏置

这个耗尽层其实是 P 型半导体和 N 型半导体能带逐渐平衡的区域，所以各能带的能级是有梯度的，形成了一个称为电势壁垒的能带墙。因此，通常情况下，电子和空穴都不能通过这堵墙而到达另一侧的半导体。因此，即使是在耗尽层形成之后，仍有许多电子和空穴不会因扩散而中和并消失。因此，在耗尽层的分隔下，形成了具有空穴的 P 型半导体和具有电子的 N 型半导体的 PN 结。

当 PN 结正向偏置时（在 PN 结的 P 侧连接电池的正电极，在 N 侧连接电池的另一电极）时，从电池的一个电极向 N 型半导体供给电子。

在这种情况下，由于电池电压朝向使耗尽层变窄并减小电势壁垒的方向，因此载流子可以在两个方向上移动，电子越过电势壁垒流入 P 型半导体区域，并与空穴耦合。由于电子是从电池中不断供给的，因此没有在耦合中消失的过量电子会从电池中的负电极流向正电极。换句话说，电流通过 PN 半导体流动，从电池的正电极到负电极。

如果对 PN 结进行反向偏置（在 PN 结的 P 侧连接电池的负电极，在 N 侧连接正电极），则电子从电池的负电极提供给 P 型半导体，并与 P 型半导体的空穴结合而消失。

除此之外，在这种情况下，由于耗尽层变宽，电势壁垒变大，因此，电子无法跨越电势壁垒，根本无法移动。

这就是 PN 半导体中没有电流流过的状态。

PN结的正向偏置

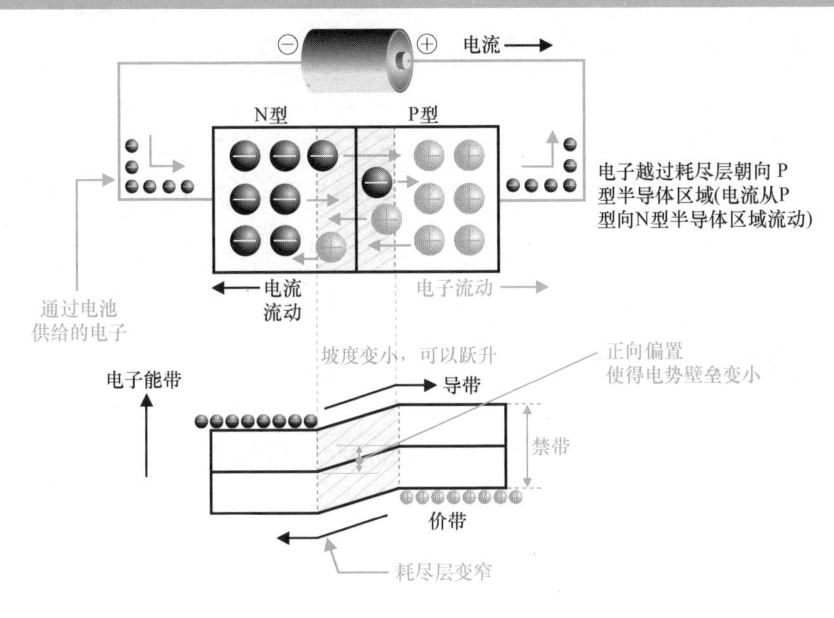

PN结的反向偏置

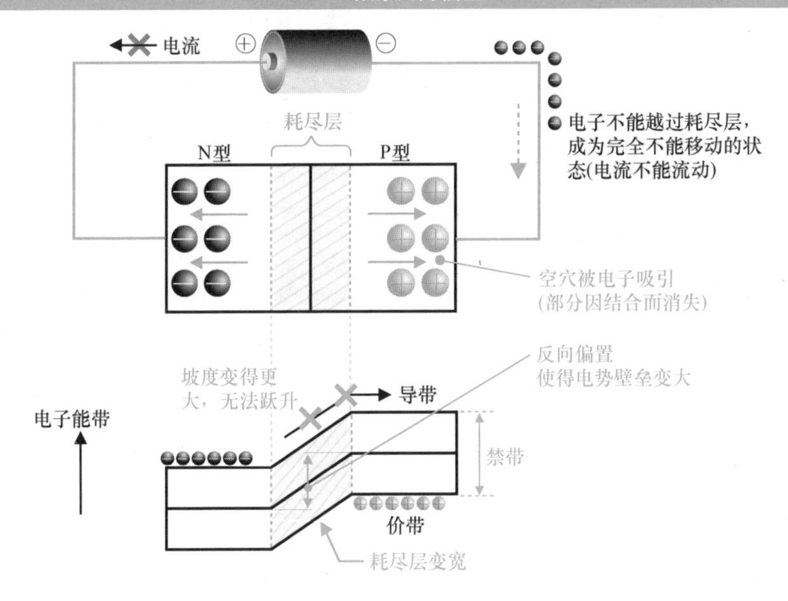

3-2

使电流单一方向流动的二极管

将 P 型半导体和 N 型半导体彼此连接在一起构成的半导体电子元件即为二极管。二极管具有整流作用，电流只能从一个方向上从 P 型半导体流向 N 型半导体。

二极管（Diode）

P 型半导体和 N 型半导体结合形成的二极管在正向偏置（P 型半导体施加正电压，N 型半导体施加负电压）下有电流流动。相反，在反向偏置（P 型半导体施加负电压，N 型半导体施加正电压）下，电流不流动。二极管电压 V-电流 I 特性给出了这一情况。

在正向偏置中，当给电子施加超过电势壁垒的电压（称为正向电压 V_j）时，将流过与电压大小对应的电流。在反向偏置下，电流不流动。然而，由于半导体结构的原因，当反向电压在某一一定程度（称为反向耐压电压 V_R）以上时，电流也会流动。这在 IC 结构（半导体结构）上是不可免的。因此，LSI 的电源电压应在足够低的反向耐压电压下工作。

二极管的 V-I 特性

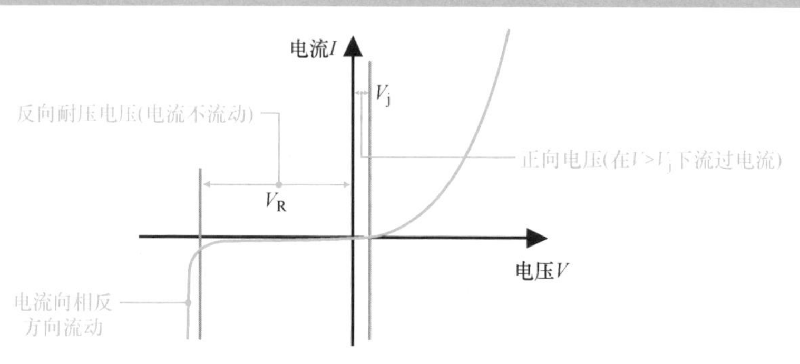

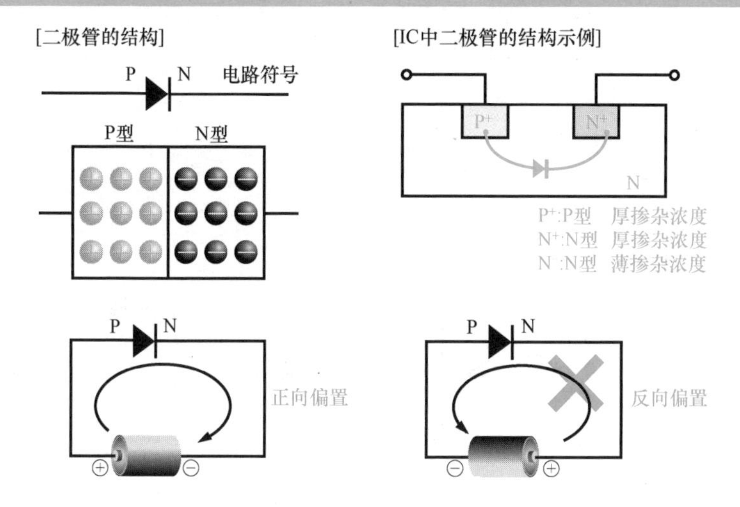

整流作用

二极管整流作用的一个典型应用是将交流电（电流流动方向交替改变的电流，例如家用电源插座提供的电源）转换为直流电（电流只沿一个方向流动，例如电池）。

以家用电源插座（交流电）连接灯泡并点亮为例。

如果直接将灯泡连接到家用电源插座而没有二极管，则灯泡就像通常所看到的家用电灯一样发光明亮。因为此时使用的是交流电，电流是从正、反两个方向交替流动的，所以从灯泡来看，时间轴上随时都有电流流过。

当二极管从电源插座向着灯泡正向连接时，将只有一半的时间有电流流动，平均电流减少一半，所以会看到灯泡的亮度变暗。如果用波形图来表示这种状态，则波形仅在电压正方向的一侧。

当二极管从电源插座向着灯泡反向连接时，电流波形将只出现在电压反方向的一侧，亦即负侧。当然，此时灯泡的亮度和二极管正向连接的情况是一样的。

想想将电源从家用电源插座换成电池的情况。

二极管的整流作用（交流）

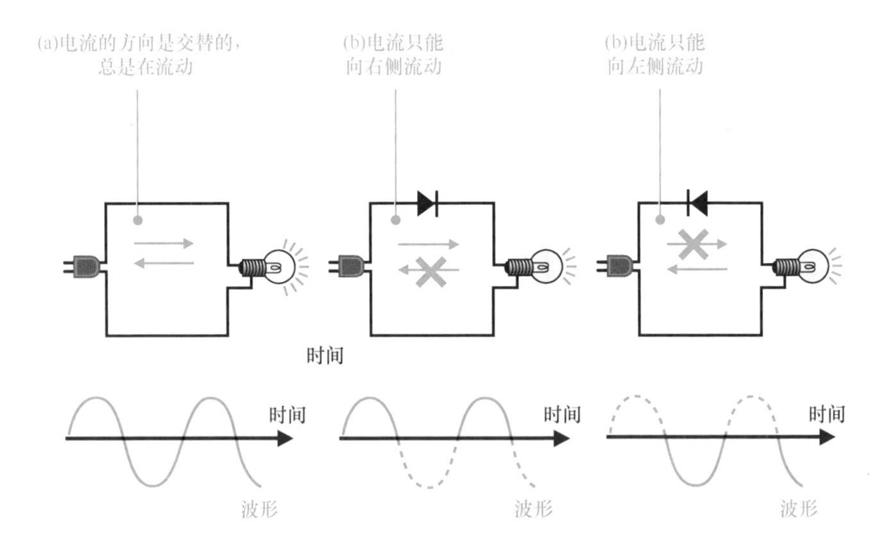

当二极管从电池朝向灯泡正向连接时（见下图 a）时，由于电路中有电流流动，灯泡会发亮。然而，当二极管从电池朝向灯泡反向连接时（见下图 b)，电路中电流不流动，灯泡也不会亮。

这就是电流只向一个方向流动的整流作用。

二极管的整流作用（直流）

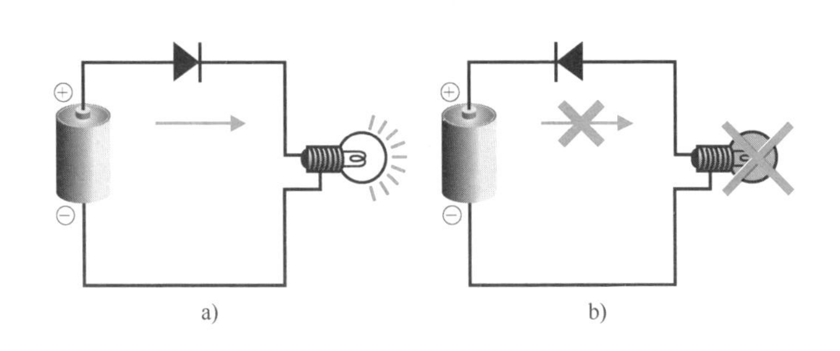

a)　　b)

3-3

双极型晶体管的基本原理

将 P 型半导体和 N 型半导体以夹层的形式结合而成的三明治状 NPN 或 PNP 半导体元件即为双极型晶体管（Bipolar Transistor）。双极一词源于空穴（正电荷）和电子（负电荷）两个极性（极）的载流子对元件工作的贡献。

NPN 型晶体管和 PNP 型晶体管

晶体管[㊀]具有由 P 型半导体材料和 N 型半导体材料结合而成的 NPN 或 PNP 夹层。元件结构由发射极（Emitter，载流子的注入）、基极（Base，动作的基础）和集电极（Collector，载流子的收集）3 个端子组成。NPN 型晶体管和 PNP 型晶体管的基本结构、IC 结构和符号将在后面分别介绍。

第3章

NPN 型晶体管基本动作

在此，我们考虑一下 NPN 型晶体管的基本动作。电源在集电极 C 和发射极 E 之间施加较大的电压 V_{CE}，在基极（B）和发射极（E）之间施加 V_{BE}。此时，由于 V_{CE} 是集电极（C）到基极（B）之间的反向偏置电压，所以电流不会流动。

另一方面，由于基极电压 V_{BE} 的施加，基极（B）和发射极（E）之间的 PN 结处于正向偏置，因此就有基极电流 I_B 流过。这意味着电子从发射极（E）向基极（B）注入。此时，从发射极（E）注入基极（B）的电子，一部分注入基极（B），尽管集电极（C）和基极（B）之间存在反向偏置，但大多数电子仍然穿过基极区（实际上由非常薄的层组成），并直接向集电极（C）移动，从而形成了集电极电流 I_C。

㊀ 通常，双极型晶体管简称为晶体管。

这意味着较小的基极电流 I_B 却能够得到较大的集电极电流 I_C。这就是双极型晶体管的放大作用。

NPN 晶体管

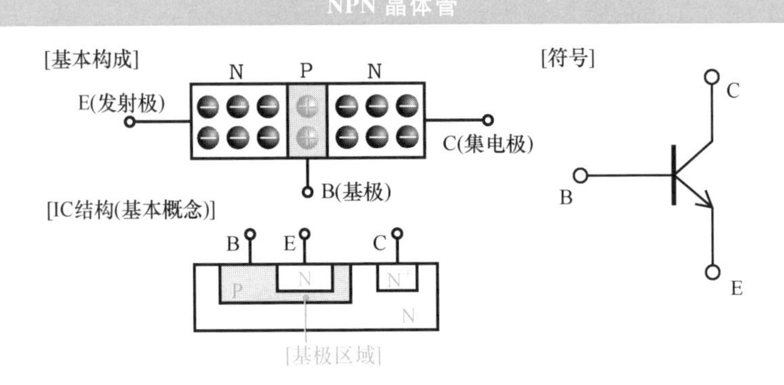

PNP 晶体管

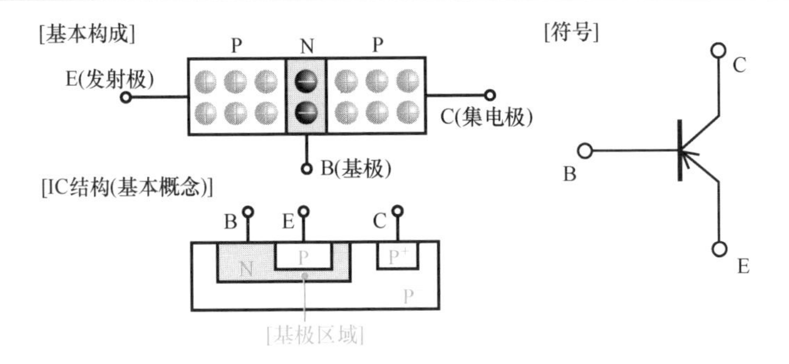

放大作用

再来解释一下晶体管的放大作用。在下面的电路图中，如下的关系式成立。

$$I_E = I_B + I_C$$

但是，由于 $I_C \gg I_B$，便成为

$$I_E = I_B + I_C \approx I_C$$

在此，如果令 $I_C / I_B = h_{FE}$（电流放大系数），则有

$I_C = h_{FE} I_B$。

由此可以看出，集电极电流 I_C 被放大为基极电流 I_B 的 h_{FE}倍，这是晶体管放大作用的基础。

在实际电路中放大的信号是复杂的交流信号，就像卡拉 OK 传声器输入的那样。因此，实际的放大电路是一个更加复杂的电路，因为它需要忠实地放大输入的微小信号并驱动扬声器发出声音。

NPN 晶体管的基本动作

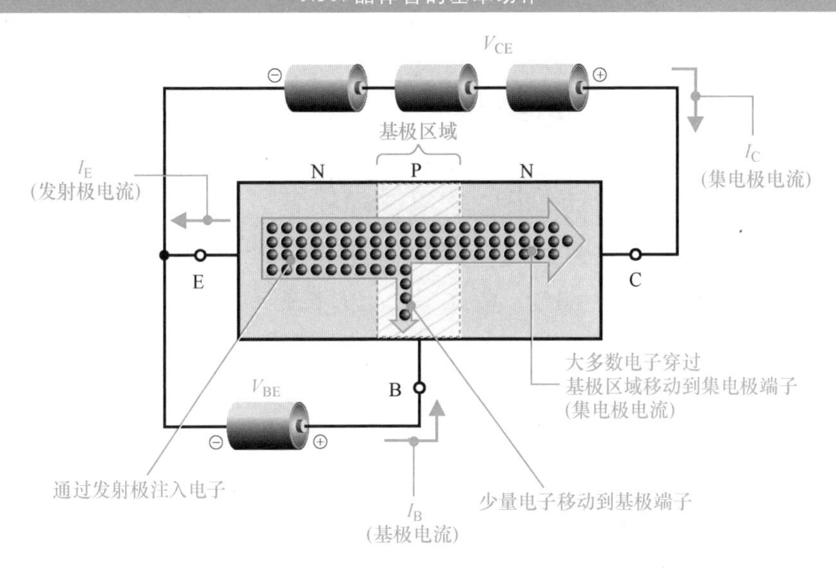

放大电路的电路原理图

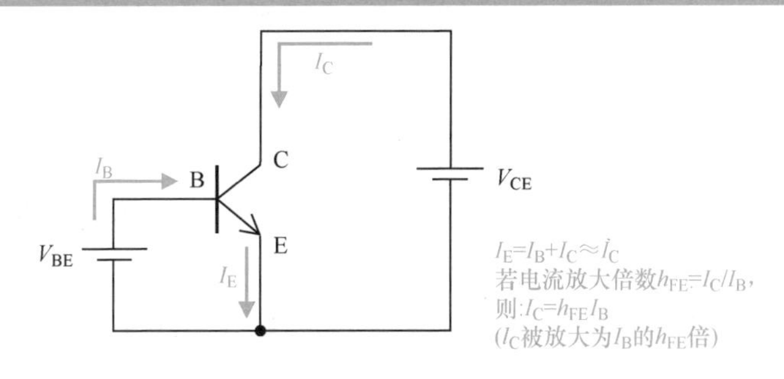

3-4

LSI 的基本元件 MOS 晶体管（PMOS、NMOS）

由于双极型晶体管在结构上的特点，使其不能有利于集成度的提高。因此，目前以数字电路为主的 LSI 大多使用适合于微细化的 MOS 晶体管。而这种 MOS 晶体管的基本类型有两种，即 N 沟道型和 P 沟道型。

MOS 晶体管基本结构

MOS 晶体管的全称是 MOS 场效应晶体管（MOS Field Effect Transistor）。之所以称其为场效应晶体管，是因为不同于双极型晶体管通过电流控制进行工作，MOS 晶体管（以下简称 MOST）是通过电压（电场）的控制进行工作的。除此之外，双极型晶体管有两种载流子（空穴和电子），共同用于电流的承载，而 MOST 则只有一种载流子，因此也可以将其归类为单极型晶体管。

MOST 的结构非常简单，相对于双极型晶体管通过垂直结构的基区空穴和电子载流子工作，MOST 通过控制栅极（G）电压的提供与否，在漏极（D）和源极（S）两个电极之间诱导电流通过（称为沟道），从而在漏极和源极之间传递电流。因此，在结构上，MOST 在半导体衬底上创建源极和漏极，并从栅极通过绝缘膜施加电压控制，这是一个简单的结构。

在沟道区域，有助于电流传导的载流子流动宽度方向称为沟道宽度（W），载流子行进的距离方向称为沟道长度（L）。

与双极型晶体管结构纵向结构相对的是，MOST 是一种横向（表面）结构，因此制造比较容易，并且可以实现微细化，因此更加适合需要高集成度的 LSI。

根据 MOST 工作时进行电流传导的载流子的不同，可以将 MOST 分为不同的类型。进行电流传导的载流子为电子的是 N 沟道 MOS 晶体管（NMOS），进行电流传导的载流子为空穴的则是 P 沟道 MOS 晶体管（PMOS）。

MOS 晶体管的开关操作（NMOS）

在 NMOS 中，在漏极（D）和源极（S）之间施加漏极电压 V_{DS}，在栅极（G）和源极之间施加栅极电压 V_{GS}。

当向 V_{GS}施加电压时，通过该电压（正电荷），会将电子（在这种情况下，为少数载流子）从 P 衬底（具有空穴的半导体衬底）感应到向 MOS 晶体管表面。

这是由于栅极充满了正电荷，因此通过其诱导作用，将带有负电荷的电子吸引到正下方的栅极表面上。

MOS 晶体管（N 沟道型）的基本概念图

沟道宽度
W
金属
栅极
氧化膜
N+
源极
L
N+
沟道区
沟道长度
P
基板
漏极

MOS 剖面的基本概念图

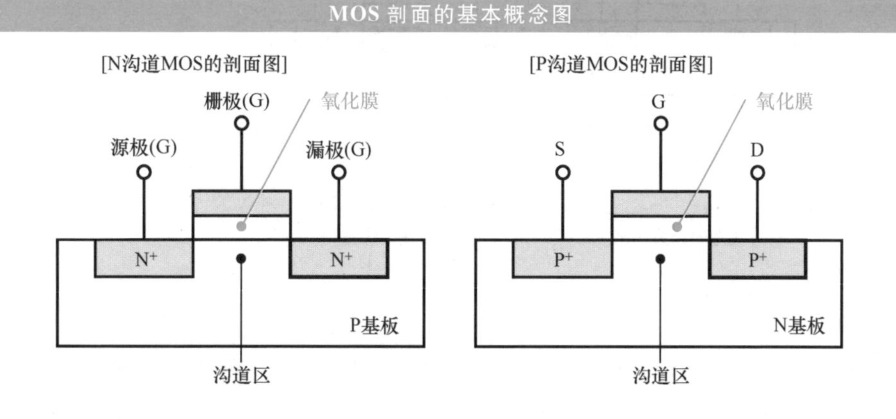

如果随着 V_{GS}的逐渐增大，大量的负电荷电子被吸引到栅极的正下表面（沟道区），则最终在漏极（D）（充满电子）和源极（S）（充满电子）之间形成一个允许电子移动的沟道，并将两个端子连接在一起。

由于 V_{DS}在这里被施加，电流 I_{DS}将从漏极（D）流向源极（S）。此时，NMOS 的开关操作将从 OFF 状态切换到 ON 状态。此外，SW = ON 所需的 V_{GS}的大小称为 V_{th}（阈值电压）。NMOS 在 $V_{GS}<V_{th}$时为 OFF 状态，在 $V_{GS}\geqslant V_{th}$时为 ON 状态。

PMOS 的开关操作同样可以以这样的方式加以分析。然而，PMOS 与 NMOS 不同，它们都在负电压下工作。后面图示出了这些电压 V_{GS}—电流 I_{DS}的特性。

正如您可以从电压 V_{GS}—电流 I_{DS}的特性中所看到的那样，电流 I_{DS}与电压 V_{GS}的大小成正比地增加。这说明在 MOST 中，根据电压 V_{GS}的大小也会表现出放大作用。

NMOS 的开关动作

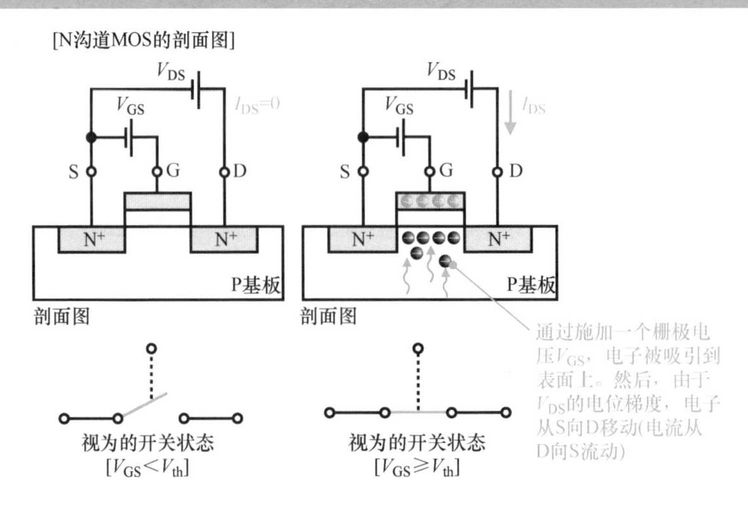

虽然双极型晶体管能够通过电流来进行放大操作（开关操作），而 MOST 的放大操作几乎不需要电流，仅通过电压进行放大操作（开

关操作）。这被称为电压控制。

除了微细化、结构简单外，MOST 在功耗方面也比双极型晶体管更有优势，这也是 MOST 成为 LSI 制造主流的原因。

NMOS、PMOS 的电压 V_{GS}—电流 I_{DS} 特性

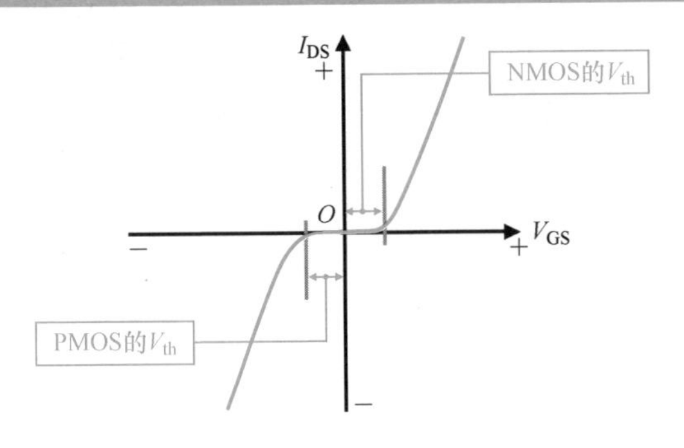

PMOS 的开关动作

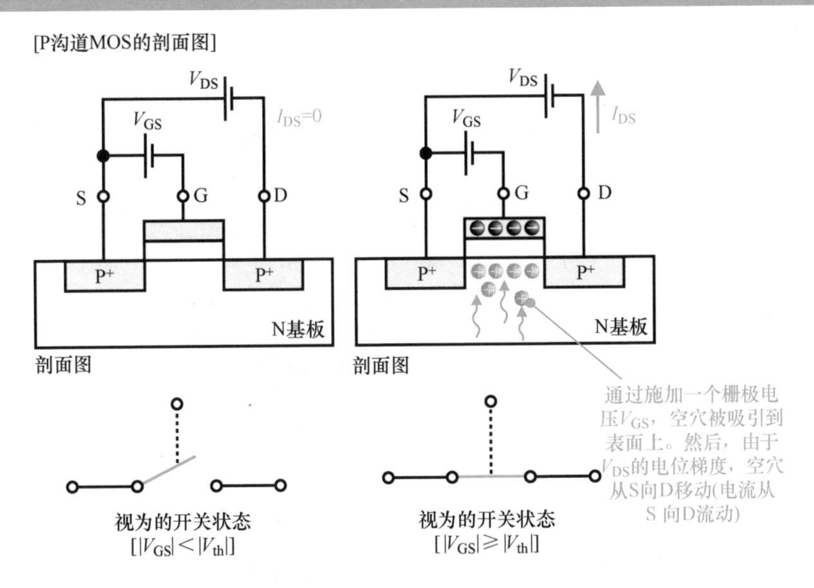

3-5

什么是最常用的 CMOS?

CMOS 是将 PMOS 和 NMOS 结合在一起的电路结构。CMOS 利用 PMOS 和 NMOS 电路工作特性的互补（Complementary）性，进行 CMOS LSI 电路结构的构建。与 PMOS 和 NMOS 的电路结构相比，CMOS LSI 以低功耗性能最为出色。此外，还具有低工作电压、抗噪声裕度大等优势，在各种 LSI 中得到了最广泛的应用。

PMOS+NMOS=CMOS

CMOS（Complementary MOS）将 PMOS 和 NMOS 成对地使用。如下图的左图所示，为 CMOS 电路的基本组成，也是一种最基本的 LSI 逻辑电路结构，即所谓的反相器⊖（在本例中称为 CMOS 反相器）。了解了该电路的工作原理，您就可以理解 CMOS 的最大特点即为功耗低。

下图的右图为该基本电路结构的半导体实现的示例，与下图左图的电路图一样，在硅衬底上也形成了成对的 NMOS 和 PMOS。由于在一个半导体基板上需要制造出两种类型的半导体，因此在本例中，NMOS 是在 P 阱（P 型半导体区域）中创建的。

CMOS 的基本电路和实现结构

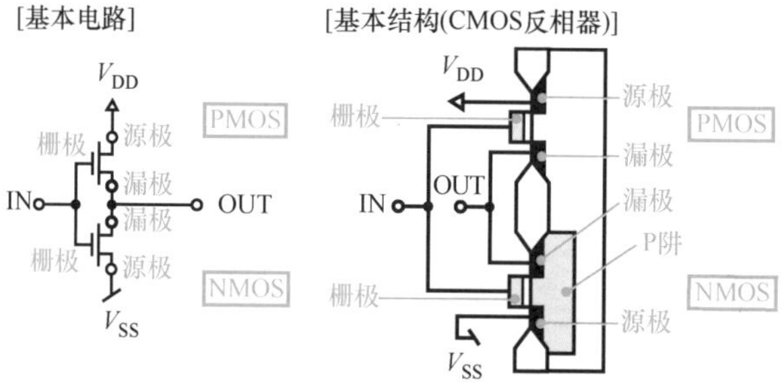

[基本电路]　　[基本结构(CMOS反相器)]

⊖ 对输入信号进行反相的电路。详细内容请参见本书“4-4 LSI 中使用的基本逻辑门”。

CMOS 反相器的基本操作同样使用 NMOS 的开关操作，也适用于 PMOS。关于反相器（Inverter，反相电路），后面还会详细介绍，这里请将其理解为对输入信号进行反相的电路，即当输入为 H（$=V_{DD}$）时，输出为 L（$=V_{SS}$），当输入为 L（$=V_{SS}$）时，输出为 H（$=V_{DD}$）的电路。因此，在这里，我们将 NMOS 和 PMOS 视为开关，以便介绍 CMOS 反相器的工作原理。

首先，当输入为 H 时，PMOS 晶体管处于 OFF 的关闭状态，开关使得电路处于开路状态，而 NMOST 处于 ON 的打开状态，开关使得电路处于短路状态，因此输出为 L。

话说回来，实际上也并不是像图中所示出的那样的机械开关，实现真实的开路和短路。每个晶体管都有自己的电阻值。例如，假设 PMOS 晶体管在 OFF 状态下，其电阻值大致为 1000MΩ 或更高。NMOST 在 ON 状态下的电阻值为 1~10kΩ（取决于沟道宽度 W/沟道长度 L、栅极电压等）。因此，输出电压由电阻的分压比确定，几乎等于 L（V_{SS}）。

相反，当输入为 L 时，由于 PMOS 晶体管为 ON，开关短路；而 NMOS 晶体管为 OFF，开关开路。因此，由于上述所述的原因，输出等于 H（$=V_{DD}$）。

在输入恒定的情况下，CMOS 反相器不会产生多余的电流

由于 CMOS 反相器利用了 NMOS 和 PMOS 工作电压之间的互补关系，因此，在输入为某一定值（H 或 L）时，这对 MOS 对管中一定有一个处于关闭状态，从而避免了从电源 V_{DD} 到地 V_{SS} 之间无用电流的消耗。

然而，在 NMOS 反相器中，当输入为 H（$=V_{DD}$）时，NMOS 为 ON，因此就有电流 $I=(V_{DD}-V_{SS})/R$ 从 V_{DD} 一直流向 V_{SS}。如此，在数字电路（“1”和“0”）的工作中将会有大约一半的时间内会产生无用的电流。PMOS 反相器也有同样的情况。

因此，与 PMOS LSI 和 NMOS LSI 在电路不工作时也需要恒定的无用电流消耗相比，CMOS LSI 具有很大的优势。

CMOS 反相器的基本特性（开关特性）

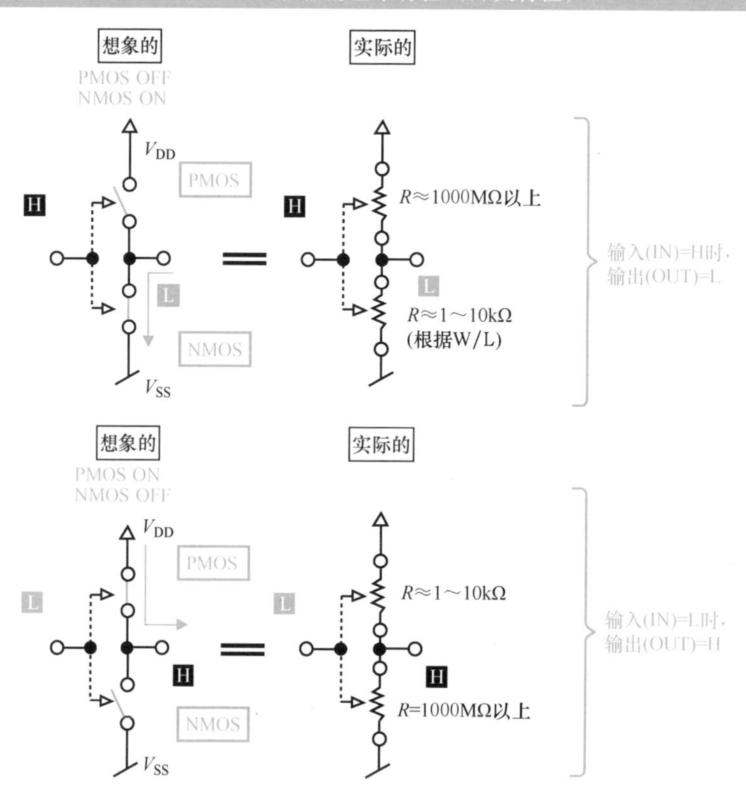

如果 CMOS 反相器输入恒定（H、L），则没有多余的消耗电流

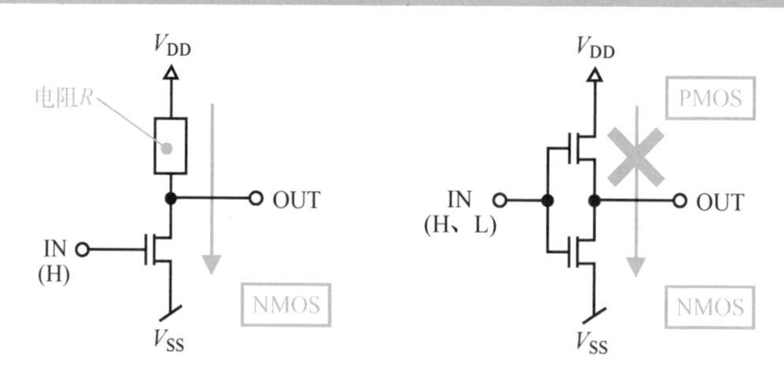

3-6

存储器 DRAM 的基本构造和工作原理

DRAM（动态 RAM）是一种典型的半导体存储器（存储元件）。DRAM 的存储单元由一个 MOS 晶体管和一个电容器组成。电容器具有存储电荷的功能，当电容器有电荷存储时记为二进制的“1”，当电容器没有电荷存储时记为二进制的“0”。MOS 晶体管是存储和读出电容器电荷的开关。

DRAM 的存储器单元结构和工作原理

DRAM 的存储单元[一]由一个 MOS 晶体管和一个电容器组成。通过字线[二]和位线[三]进行控制，选择在字线和位线的交叉点上，通过 MOS 晶体管向电容器进行写入（电荷充电）/读出（电荷放电）操作，进而实现存储器的访问操作。通常将电容器电荷存在时记为“1”，将电荷不存在时记为“0”。随着存储器容量的增加，MOS 晶体管和电容器都变得越来越小，但电容器采用垂直柱状结构，以有效获得单位面积的电容量。

DRAM 存储单元的结构

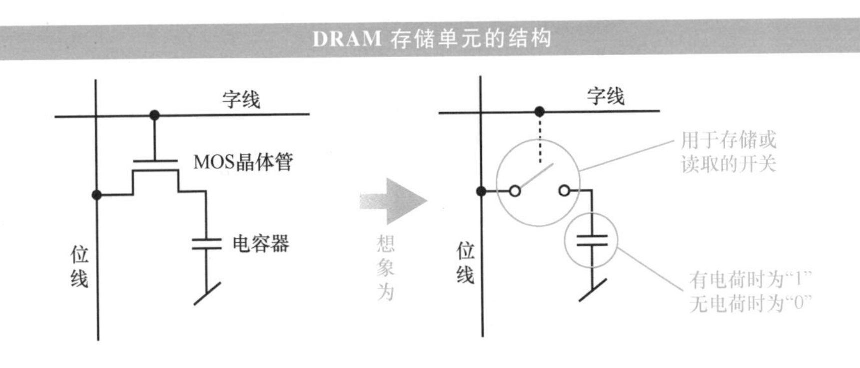

㊀ 构成存储元件的基本单元。存储器是存储单元的集合体。

㊁ 字线用于从存储单元阵列中选择一行时的控制信号线。

㊂ 位线用于从位线存储单元阵列中选择一列时的控制信号线。

存储单元的写入和读取方法

❶ 存储单元进行“1”的写入时，首先使字线处于 H 电平（即开关导通的电压状态，MOS 晶体管导通），同时也将位线的电压升高（H 电平），从而向电容器充电。此时，存储器存储单元的状态为“1”。如果电容器处于已带电荷的“1”状态，则写入操作也不会改变。

❷ 存储单元进行“0”的写入时，首先使字线为 H 电平，同时将位线的电压降低为 0V（L 电平），从而使电容器的电荷放电，消除电容器存储的电荷。此时，存储器存储单元的状态为“0”。如果电容器已经处于没有电荷的“0”状态，则写入操作也不会改变。

❸ 存储单元进行“1”的读取时，首先使字线处于 H 电平，位线处于检测状态。如果电容器处于有电荷的“1”状态，则电荷将从电容器流入处于检测状态的位线，位线的电压瞬间升高，从而将读取的状态检测为“1”。此时，存储单元的记忆内容也会暂时消失。

❹ 存储单元进行“0”的读取时，首先使字线处于 H 电平，位线处于检测状态。如果电容器处于没有电荷的“0”状态，则因为电容器没有电荷流失，位线的电压将不会改变，从而将读取的状态检测为“0”。

存储单元的写入、读取方法

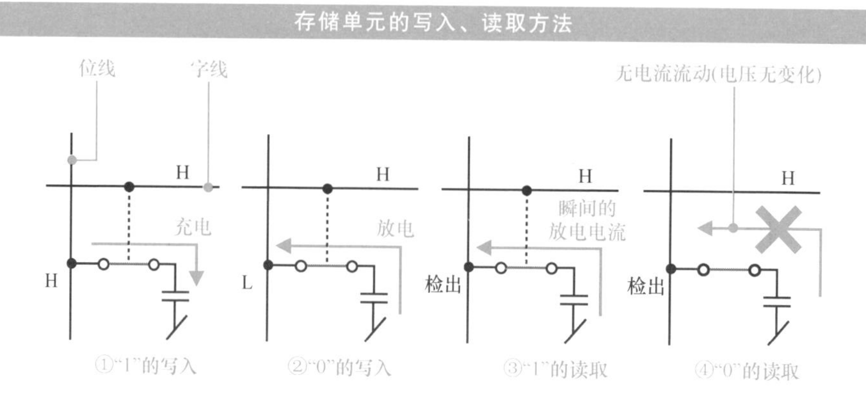

存储单元位置选择

将这些存储单元按照字线和位线排列，这就是实际使用的存储阵列。下图所示为一个 4 位×4 位的存储器阵列。在此，为了便于理解，用开关来替代 MOS 晶体管的作用。

刷新行为

如前所述，在 DRAM 中，由于存储单元的读取操作，会引起存储单元中存储电荷的流失，存储内容也会随之消失。此外，由于电容器存储的电荷也非常少，因此存储内容也会随着结构上的微小漏电流而发生改变。

因此，DRAM 需要刷新操作，每隔一段时间按照存储单元存储的内容重复写入相同的数据，以实现存储内容的保持。

精细加工技术带来的大容量化发展

随着半导体微加工技术的进步，DRAM 的大容量化正在发展。英特尔公司在 1970 年推出的世界上最早的 DRAM 是 1K 位，但现在从 32M 位到 8G 位（工艺制程⊖为 18～20nm）的产品也已经开始销售。存储器容量比竟然是 8G 位/1K 位的 800 万倍。

存储阵列

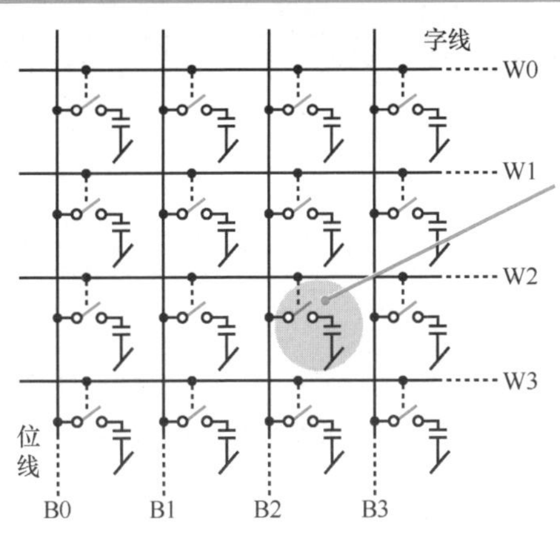

为了在存储阵列中选择特定的存储单元(W2，B2)，首先将字线设为高电平，即 W2=H，以打开字线控制的开关。然后选择 B2位线，写入时根据要写入的状态将其设为 H 或L电平。读取时将该位线设为检测状态。
由于选定单元以外的字线是L，因此其电容器通过开关与位线分离，并且其状态不会被改变。
如此，将通过字线、位线的依次选通，即能扫描所有的存储单元，并实现信息的写入/读取。

⊖ 通过规定半导体制造工序中最小加工尺寸的数值、工艺，决定电路设计的设计规则。

3-7

什么是活跃于移动设备的闪存？

闪存是属于 EEPROM 的非易失性存储器，它结合了 RAM 和 ROM 的双重特点，既可以像 RAM 那样进行数据的电重写（擦除），也可以像 ROM 那样在断电时保持数据。

将存储器领域分为 DRAM 和闪存

传统计算机中的存储器是由 DRAM 来担任的，但现在，闪存已成为数字信息消费电子设备中不可或缺的一部分，用于存储移动电话应用程序、邮件和图像数据以及数码相机中的图像数据等，从而在传统计算机存储器领域与 DRAM 一争天下。

闪存是属于 EEPROM[㊀] 的非易失性存储器，既具有 RAM 可以重写（写入和擦除）数据，又具有 ROM 即使关机也可以保留数据的双重优点。在存储器结构方面，与传统的 EEPROM 的按地址进行字节单元擦除的方法相比，闪存通过块单元的批量处理，简化了存储器单元结构，从而实现了高集成度和大容量化、数据读取速度加快（重写速度慢）等优点，并且更容易降低制造成本。

闪存兼有 ROM 和 RAM 的双重优点

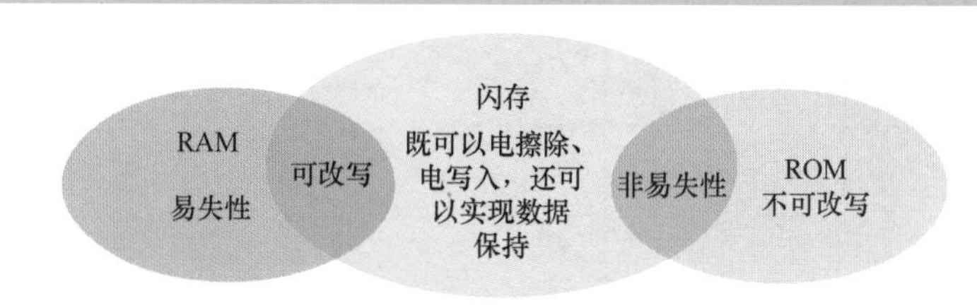

㊀ 详见本书“2-5 存储器的类型”。

闪存的分类和特点

闪存根据其结构方式的不同可以有多种不同的类型，大致可以分为 NAND 型和 NOR 型。

NAND 型通过串联存储单元来减少位线的数量以及每个单元的节点数（晶体管与布线金属连接的数量）来提高集成度。这种方式有利于数据的批量访问，广泛应用于各种设备中，以满足存储器的大容量要求，例如数码相机（像素数据的存储）、智能手机（图像等大容量数据的存储）和摄像机（提升录制时间）等。由于批量生产，成本急剧下降，闪存也被用作 SSD⊖来代替个人计算机的硬盘。

NOR 类型将位线并联到每个单元，因此集成度低于 NAND 类型。

闪存单元的阵列结构

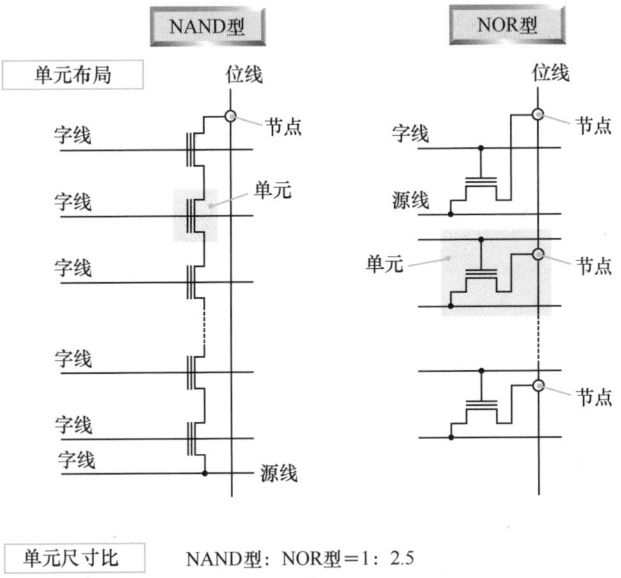

NAND型
NOR型
单元布局
位线
节点
字线
单元
源线
单元尺寸比
NAND型：NOR型＝1：2.5

然而，与 NAND 类型相比，NOR 类型的有些特点比 NAND 类型更有优势，例如随机读取，可以任意（随机）对存储单元的数据进行读

⊖ Solid State Drive，固态硬盘，是具有与硬盘驱动器（HDD）相同功能的半导体存储器。

取，而不受规则的限制，并且还可以高速访问数据，因此被用作存储计算机操作系统、移动电话程序和数据的存储器。

另外，NAND 闪存的大容量发展迅猛，由于 3D NAND 闪存的实现，1T 位（1000 G 位）的产品也已经出现了。

闪存（NOR 型）的基本结构

与普通 MOS 晶体管相比，闪存 NOR 型的基本结构的特点是在控制栅极和衬底之间有一个悬浮（浮动）栅极，这是第二个栅极。浮动栅极的电荷状态（有电荷和无电荷）决定存储器单元中的“1”和“0”的存储状态。由于这些电荷被隔离在绝缘膜中，即使关闭电源也能保持状态，以避免泄漏。

NOR 型闪存结构中的控制栅极与普通 MOS 晶体管中的栅极相同，但在功能上，用于施加控制电压以写入、擦除和读取存储器。

悬浮（浮动）栅极是不与任何电位点连接的电悬浮栅极，是闪存中使用的用于电荷存储的特殊栅极。

在浮动栅极的下层，还有一层由几纳米超薄绝缘膜制成的隧道氧化膜，它在写入时发挥作用，并以十几伏的电压通过电流。此时流过的电流称为隧道电流。

快闪存储器（NOR 型）的基本结构

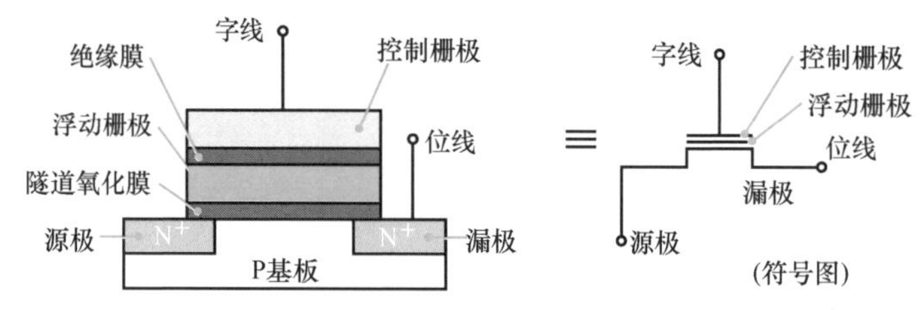

闪存（NOR 型）的工作原理

关于闪存（NOR 型）的工作原理，在此用图解说明闪存（NOR

型）在数据写入、数据擦除和数据读取过程中的工作原理。

NAND 型闪存的多值化技术

NAND 型闪存由于单元结构、电路构成、工艺技术等新技术的开发，继续实现了大容量化。在信息的保存形式上，通过从 SLC[1]（1 位/单元）到 MLC[2]（多位/单元）的多值技术，进一步实现了大容量化（位数/芯片）的发展。

闪存（NOR 型）的工作原理

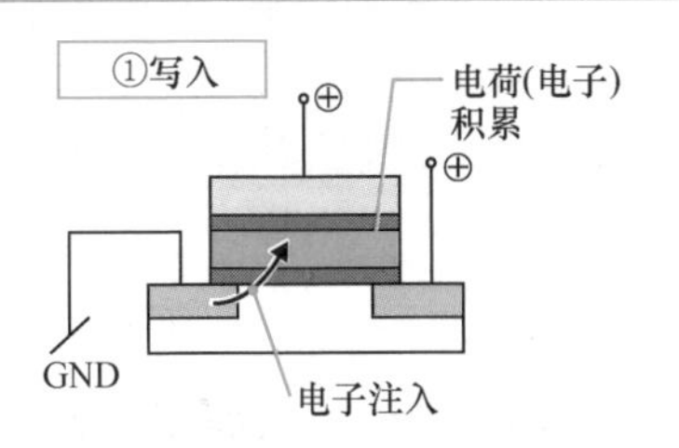

在漏极、控制栅极上施加正电压，通过隧道氧化膜，从基板侧注入电子，在浮动的栅极上蓄积电荷(有电荷)的状态。

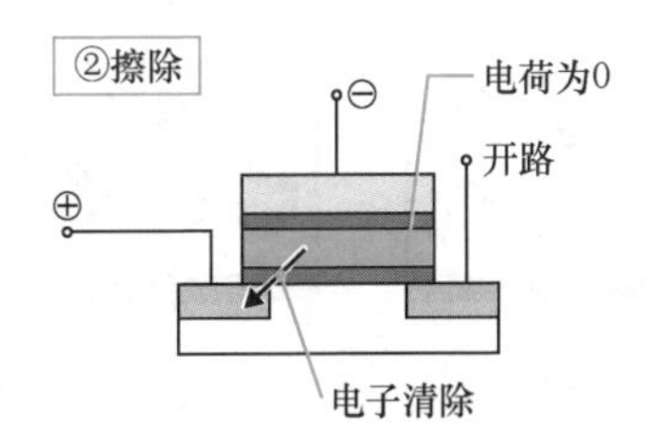

对控制栅极施加负电压，对栅极施加正电压，反向从浮动栅极向基板侧清除电子，使浮动栅极的电荷为零(无电荷)的状态。

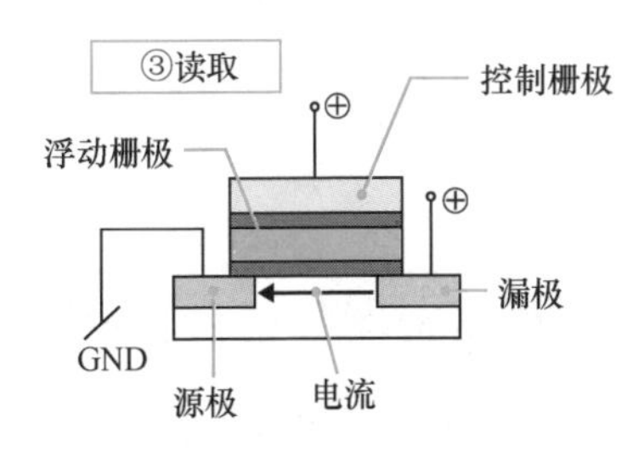

在漏极、控制栅极上施加正电压，将此时MOS晶体管电流的有无(开关的 ON、OFF)识别为数据写入的“0”或者写入(数据擦除)的“1”。

浮动栅极的状态
电荷蓄积→电流流动→“0”
零电荷→电流不流动→“1”

SLC（1 位/单元）技术可以存储 2 值“0”或“1”的数据，而 MLC（2 位/单元）技术可以存储 4 值“00”“01”“10”“11”的数

---

[1] Single-Level Cell，单级单元。

[2] Multi-Level Cell，多级单元。

据，与 SLC 相比，一次操作可以实现 2 倍的数据存储。

这种 MLC 技术利用了保存数据的栅电极（浮栅）电压的高低。例如，SLC 的 1 位（2 值）产品需要电压的“有”或“无”，而 MLC 的 2 位（4 值）产品需要将电压的高低控制为 4 个不同的级别。在 MLC 中，由于写入电压的控制，越多位的存储就越容易产生存储器访问速度降低、写入次数和保留时间减少等问题。

目前在售的闪存 1T 位（1000G 位）大容量产品除了采用 3D NAND 型的多层化技术外，还采用了这种多级单元的 MLC 技术。

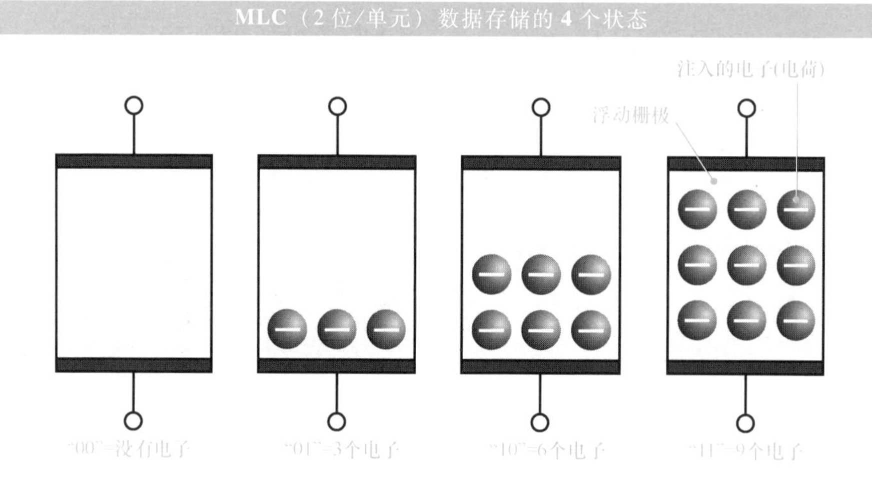

3D 闪存（3D NAND 闪存）

虽然闪存（NAND 型）每年都实现了更高密度和更大容量的目标，但进一步微细化不仅是由于曝光、成膜和蚀刻技术的问题，而且由于闪存单元本身的内在问题而变得困难。主要原因是：

① 微细化的加剧，会使得存储单元（浮栅）的电子密度无法维持足够的密度要求。

② 工艺制程的微细化会导致相邻存储单元间的干扰增大，难以确

保数据读写的长期可靠性。

因此，为了解决这些闪存单元本身的内在问题，目前设计了从硅平面垂直方向（立体型）堆叠的三维结构的闪存元件，而不是现有的在平面上排列的如 NAND 闪存元件的结构（平面型）。三维结构的闪存元件使得单位面积的存储容量得以大幅增加。在此示出的就是 2007 年东芝推出的一款名为 BiCS 的层叠立体结构 3D NAND 闪存。

从平面型到三维结构化的 3D NAND 闪存

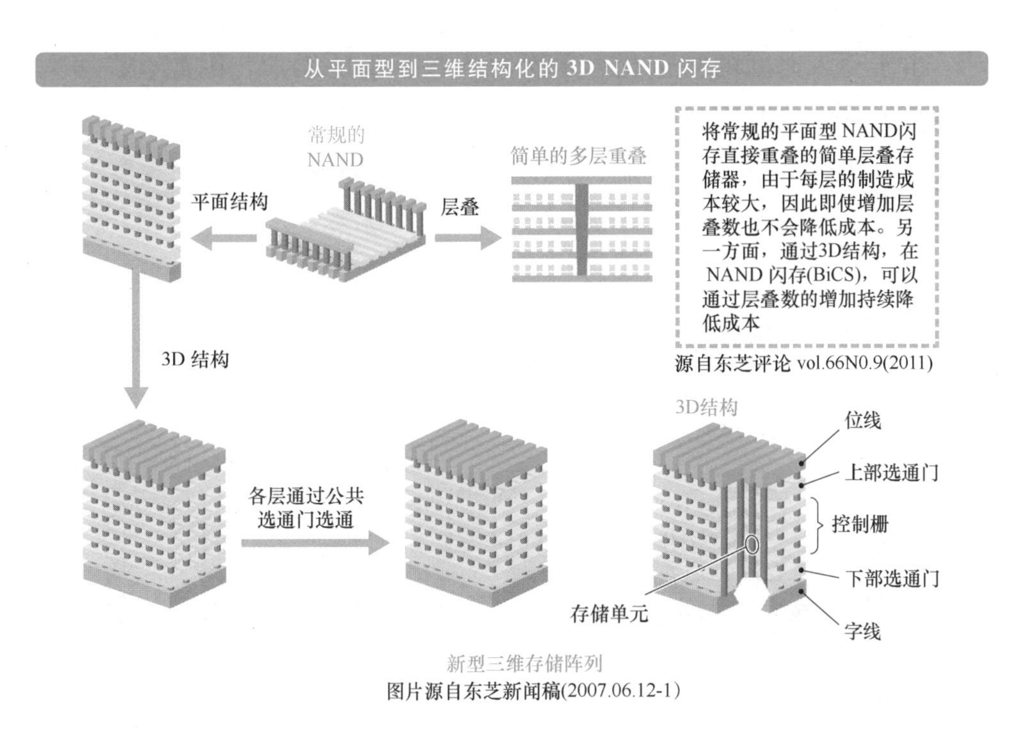

源自东芝评论 vol.66N0.9(2011)

图片源自东芝新闻稿(2007.06.12-1)

3D NAND 闪存单元的结构

采用垂直方向堆叠的闪存单元结构，而不是仅在硅平面上的堆叠，这种 3D 闪存结构大大增加了单位面积的存储容量。此外，这种 3D 闪存结构还带来了许多性能优势，并将其应用于个人计算机 SSD 和数据中心等服务器，从而极大地扩大了应用市场。这种 NAND 的 3D 化带来的性能优势有以下几个方面。

① 高速度

NAND 的 3D 化可以扩大存储单元的大小，从而可以增加单次写入的数据量，最终使得 3D NAND 的实际写入速度得以提高。

② 可靠性得以提高

NAND 的 3D 化可以扩大存储单元间的间隔距离，从而能够减轻相邻存储单元间的电干扰（比特变化），提高了 NAND 的可靠性。

③ 低功耗

由于写入速度的高速化，单次写入数据量的增加，因此，在写入相同数据量的情况下，就可以实现总功耗的降低。

闪存正在取得显著进展，预计到 2030 年将从目前的 128 层（1T位）增加到 512 层（8T 位）。

3D NAND 闪存单元的结构

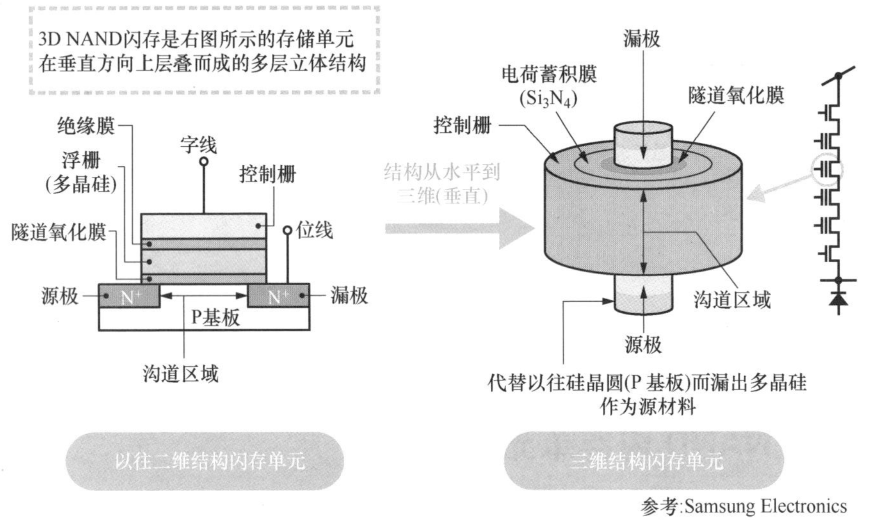

3D NAND闪存是右图所示的存储单元在垂直方向上层叠而成的多层立体结构

绝缘膜
浮栅（多晶硅）
字线
控制栅
隧道氧化膜
位线
源极
N+
N+
漏极
P基板
沟道区域

结构从水平到三维(垂直)

漏极
电荷蓄积膜（Si_3N_4）
隧道氧化膜
控制栅
沟道区域
源极
代替以往硅晶圆(P 基板)而漏出多晶硅作为源材料

以往二维结构闪存单元

三维结构闪存单元

参考:Samsung Electronics

3-8

DRAM、闪存及下一代通用存储器

当今，尽管DRAM和闪存的存储器市场正处于鼎盛时期，但为了未来高度信息化的社会发展，人们期待能够开发出仅用一种非易失性存储器技术就能涵盖多种存储器需求的更高性能的下一代通用存储器。

什么是通用存储器?

SRAM和DRAM的重写操作速度快，并且重写次数也不受限制，但由于其具有易失性，一旦断电，存储的信息就会消失，因此被用作保存当前所使用数据的工作存储器。另一方面，闪存除了具有非易失性外，还具有存储单元面积小、可实现大容量化等优点，但由于其重写操作需要时间，而且有次数限制，因此被用作用于程序代码和数据存储的存储器。

作为通用存储器，通常需要具有以下几个特性。

- 类似于SRAM的高速存取（写入/读取）;
- 与DRAM一样的高集成化（大容量化）;
- 与闪存类似的非易失性;
- 可承受小型电池驱动的低功耗。

如果能够在某类存储器上同时实现上述这些目标，则该存储器将有望成为适用于所有电子设备的通用存储器，如个人计算机的主存储器、高速缓存存储器，具有便携式设备、游戏设备等所期望实现的更小的尺寸和更高的功能等。然而，要实现通用存储器的设想，仅用一种非易失性存储器技术来覆盖目前使用的多种存储器，仍然还面临着许多困难。

这是因为各种电子设备对存储器应用的要求在技术性能上有着很大的不同。因此，本章将介绍下一代存储器所期待的新型存储器。

FeRAM、MRAM、PRAM 和 ReRAM 是下一代的有力候选者

继 DRAM 和闪存之后，作为下一代新型存储器的有力候选者，有将铁电体膜用于数据保持用电容器的铁电体存储器 FeRAM㊀（也称为 FRAM），利用磁阻效应实现的磁阻随机存取存储器 MRAM㊁，通过成膜材料相变状态检测实现的相变存储器 PRAM㊂，以及利用电压施加引起电阻改变的电阻式随机存取存储器 ReRAM㊃等。

新旧存储器类型的性能比较

	当前主流存储器			新型存储器			
	DRAM	SRAM	闪存	FeRAM	MRAM	PRAM	ReRAM
数据保持	易失性	易失性	10年	10年	10年	10年	10年
读取速度	高速	非常快	低速	高速	高速	高速	高速
写入速度	高速	非常快	低速	高速	高速	中速~高速	高速
刷新	必要（每毫秒）	不要	不要	不要	不要	不要	不要
单元大小	小	大	更小	小~中	小~中	小	小
可重写次数	10^{16}	10^{15}	10^{5}	10^{15}	10^{15}	10^{12}	10^{12}

1. 各类型存储器性能数据值使用最佳的性能值。
2. 在 MRAM 列中也包含 STT-MRAM 的性能值。
3. 在 FeRAM 列中还包含使用二氧化铪薄膜作为铁电体材料的存储器性能值。

FeRAM

FeRAM 存储单元的存储作用是将不施加电场也能自发极化（正、负方向）的强电介质铁电膜作为数据保持用记忆元件（电容器），并利用其电滞特性的铁电效应的存储器。

电滞特性是铁电体的一种性质，指的是在被施加电压极化时，在

㊀ Ferroelectric Random Access Memory，铁电随机存取存储器。
㊁ Magnetoresistive Random Access Memory，磁阻随机存取存储器。
㊂ Phase Change Random Access Memory，相变随机存取存储器。
㊃ Resistive Random Access Memory，电阻式随机存取存储器。

去除所施加的电压之后，施加电压时的极化仍然会被保留，其极化的方向性与存储数据的“0”、“1”相对应。所谓极化是指在电介质的两端施加一定程度的电场时，电介质内物质的电偶极矩方向与正、负电极的电场方向相平行的状态。

铁电介质 FeRAM 存储单元，由于其存储数据的非易失性、低电压的高速读/写操作、高达 $10^{12} \sim 10^{15}$ 次的数据重写次数等优良特性，使其具有与易失性存储器 DRAM 和 SRAM 相媲美的能力。

虽然使用锆钛酸铅（PZT）和 SrBi_2Ta_2O_9 钛酸铋锶（SBT）等作为介质材料，但由于铁电体的极化会使电荷随着时间的推移而减少，灵敏度变弱，因此难以进行微细化，不适合用于可安装在计算机上的大容量存储器（限制在 4Mbit~8Mbit 之间）。因此，它被实际应用于交通 IC 卡、信用卡和 OA（办公自动化）设备，这些设备要求低功耗和高安全性，而不需要大容量存储器。

然而，到了 2011 年，由于二氧化铪（HfO_2）薄膜铁电性的发现，提出了具有小型化结构的存储单元，从而出现了大容量化 FeRAM 的可能性。这一发现使 FeRAM 成为新一代新型存储器的一大亮点。

在使用二氧化铪薄膜作为铁电材料的 FeRAM 中，通过 PZT 材料的使用，构成了绝缘膜含有铁电层的栅极，从而形成了由一个晶体管和一个电容器构成的 FeFET 型晶体管。这是一种类似于 NAND 闪存的结构，有望实现与闪存一样的微细化和高密度化。

FeRAM（FRAM）结构和单元组成

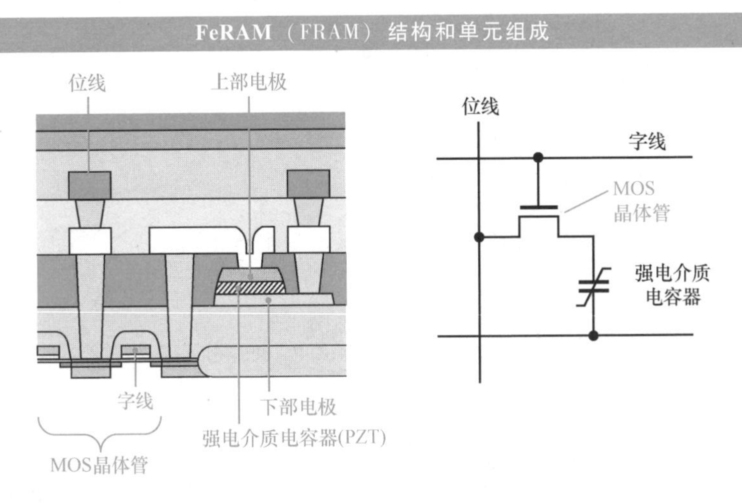

MRAM

MRAM 的工作原理是磁阻效应的利用。TMR[⊖]元件的阻值会根据夹有超薄绝缘膜的两个铁磁金属层的相对磁化方向（极化）而呈现出低阻值和高阻值的两个不同状态。

在进行 MRAM 的读取时，首先向字线施加电压，使要选择的 MOS 晶体管导通，在此状态下，通过位线提供的电流来检测磁阻元件两端的电压，当检测到的电压小（磁阻小，磁化方向正向平行）时将读取结果识别为“0”，当检测到的电压大（磁阻大，磁化方向反向平行）时将读取结果识别为“1”。写操作通过位线和字线电流值的组合来进行，使电流仅在所选磁阻元件上流动，以使其磁化翻转（磁化沿电流前进方向按右手螺旋定律发生）。

MRAM 存储单元和基本原理

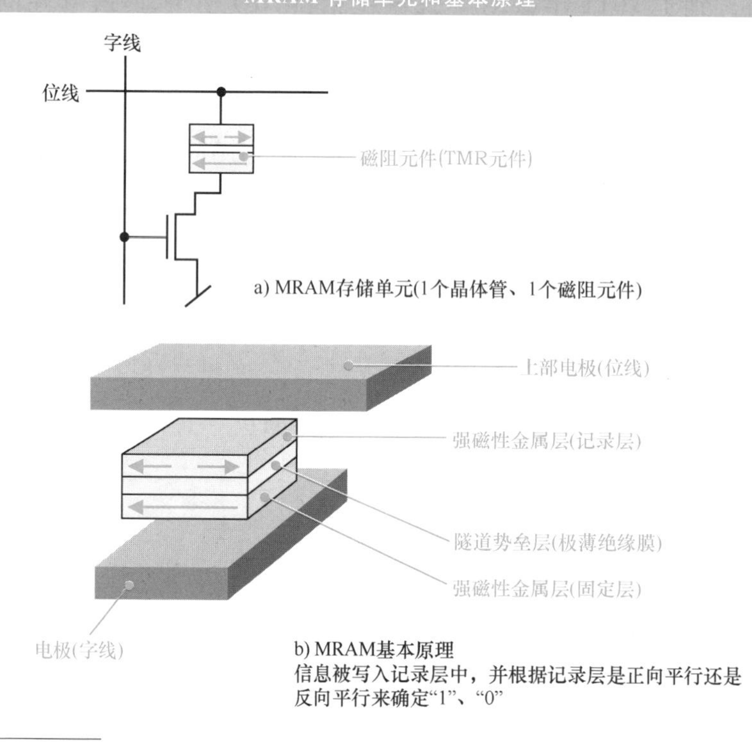

a) MRAM存储单元(1个晶体管、1个磁阻元件)

b) MRAM基本原理
信息被写入记录层中，并根据记录层是正向平行还是反向平行来确定“1”、“0”

⊖ Tunneling Magneto-Resistance，隧道磁阻效应。

MRAM 在 4Mbit~256Mbit 的产品已经实现量产，但由于元件尺寸越微细化，需要的磁场就越强，因此不适合像 DRAM 那样的微细化。因此，开发了自旋[1]注入磁化反转型 MRAM（STT-MRAM[2]）和自旋轨道转矩型 MRAM（SOT-MRAM[3]），这些 MRAM 可以实现大容量的 MRAM。

PRAM

PRAM 作为记录元件，不像其他存储器那样是电学的，而是利用化学反应的相变状态，使一部分膜材料的结构处于不规则（非晶）状态或结晶（多晶）状态。

PRAM 元件的上电极和下电极之间夹有一种由 GST[4]材料组成的相变材料，称为硫族化合物，在 600℃左右熔化时为非晶/高电阻状态，在 200℃左右缓慢冷却时为结晶/低电阻状态。因此，在 PRAM 存储单元结构中，每个数据存储位都有一个微小的加热器，电流通过该加热器产生焦耳热，而这种热变化引起的电阻变化会被用来表示存储器数据的“0”和“1”。

基于半导体元件（晶体管）工作原理的分类

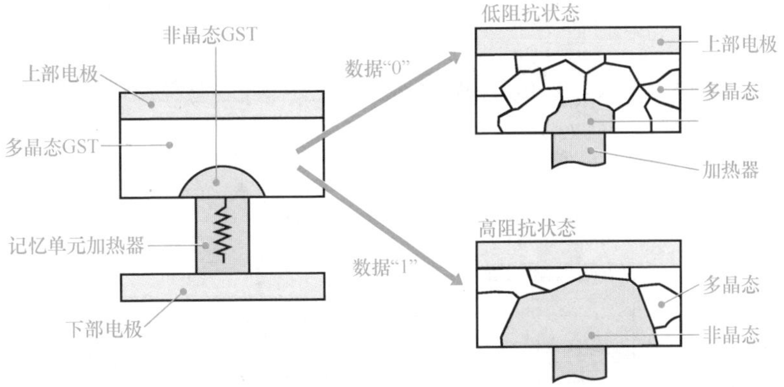

PRAM 已经作为 Intel 和 Micron Technology 共同开发的“3D XPoint

---

[1] 自旋电子的旋转产生磁矩。

[2] Spin Transfer Torque-MRAM，自旋转移矩 MRAM。

[3] SOT-MRAM　Spin Orbit Torque-MRAM，自旋轨道矩。

[4] GeSbTe（Germanium-Antimony-Tellurium，锗锑碲）。

存储器”投入实际应用。

ReRAM

电阻变化的电阻式存储器 ReRAM 在上下电极之间夹有电阻变化层作为存储元件。在电阻变化层的一个示例中，由金属氧化物构成，其中绝缘层位于上电极侧，合金层位于下电极侧。

ReRAM 存储单元数据写入时，通过在上下电极之间施加电压脉冲，使绝缘层中产生可导通的传导通路的状态（电阻小），以此对应于数据的“1”。反之，以不可导通的绝缘层的传导通路消失的状态（电阻大）对应于数据的“0”。在数据读取时，通过向存储单元元件施加低于写入时的电压脉冲，根据相应的电流差异来检测存储单元元件的电阻值，并以此确定读取数据的结果。

ReRAM 存储元件的电阻值变化是在电阻变化层处于电阻大的状态时施加负电压脉冲，使合金层的金属离子移动到绝缘层，从而形成传导通路。此时，上下电极之间的电阻对应于存储数据的“1”。在这种情况下，如果反向施加正电压脉冲时，则金属离子从绝缘层向合金层移动，绝缘层内部的传导通路消失，电阻对应于存储数据的“0”。

阻变储器 ReRAM 的基本结构和工作原理

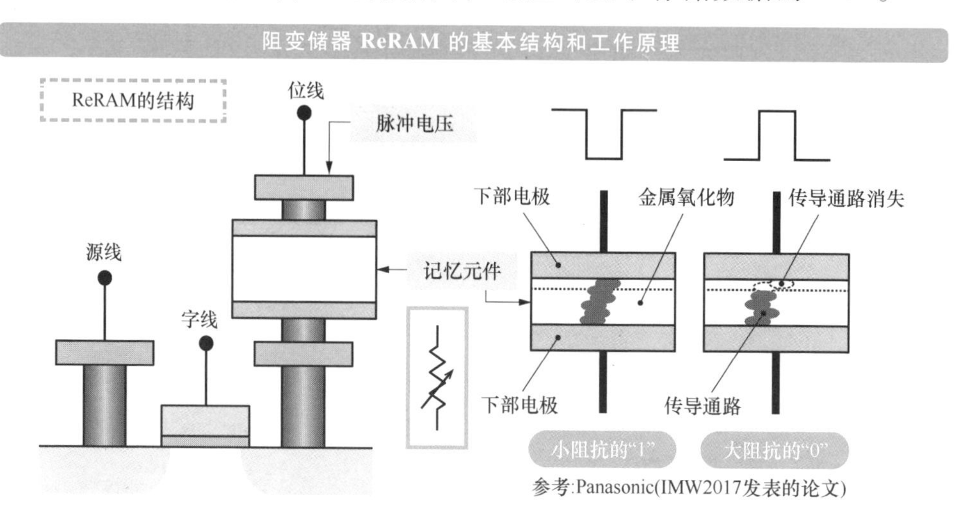

参考:Panasonic(IMW2017发表的论文)

第 4 章

数字电路原理

了解如何进行计算

LSI 主要通过数字电路进行运算。这些操作将满足 DVD、数字电视和移动电话等用户所需要的功能。

因此，本章将介绍数字电路所需的二进制的基本原理，二进制和十进制的转换，二进制的基本逻辑门，以及应用于加法电路和减法电路的原理。

4-1

模拟量和数字量有什么不同?

自然界的事件大多都是一些模拟量，如声音的大小、亮度的强弱、长度的大小、温度的高低、时间的流逝等，一切都是连续变化的。数字量是将这些模拟量量化为以数字“0”和“1”的组合来表示的数值，以利于计算机的计算。

用二进制表示所有事件

一般来说，数字是指像数字时钟一样，将传统钟表的时间指针显示，数字化后表现出来的数值形式，以及具有数字显示的设备所显示的数值等。

让我们举一个比较模拟量和数字量的例子。模拟量，是到了现在的计算机时代，为了区别于以数字形式表现出来的数字量而提出的(自然界的量原本都是模拟量的)。以模拟量表示时间的时钟，是用时针（角度）来表示时间的。而数字时钟则是用数字来表示时间的时钟。时间这个量表示的是时间流逝的一刹那，而不是停留在哪一刻，因此时间是模拟量。数字时钟和模拟时钟之间的区别在于时间显示是数字的还是非数字的（模拟的），这就是常见的数字量和模拟量。

通常的模拟量和数字量

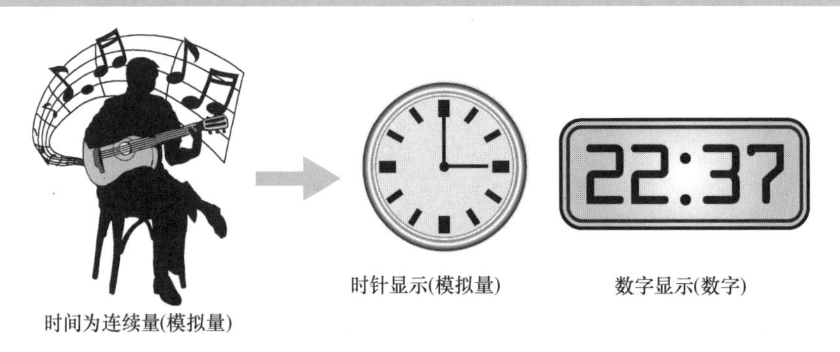

随着信息社会的发展，电子设备的数字化程度不断提高。这是因为计算机的计算处理擅长用“0”或“1”的数字信号进行处理，而不适合用模拟量进行处理。

只有“0”或“1”这样代表信号有无的不连续信号，可以用二进制数这种方式非常方便地表示，以替代传统的模拟量。比如在 CD 唱片的记录中，就是把音乐（模拟量）数字化后存储起来的数字化音乐。我们还可以通过存储在 CD 唱片中的这些数字符号，再现原来的模拟量。

简单看一下实际的流程

传声器的歌声（模拟量）经过 A/D 转换器（模/数转换器）转换为数字量，并以数字符号的形式录制到 CD 等媒体上。传声器的声音信号以连续的波形表示，但 CD 中的所有记录都是数字的，以一系列的“0”或“1”来存储。播放 CD 音乐时，数字代码被 D/A 转换器（数/模转换器）重新还原为模拟量，然后通过扬声器或耳机来收听。

以前的唱片（硬要说的话是模拟唱片），是在唱片圆盘表面的凹槽上刻着很细小的模拟波纹，然后通过唱机上的唱针进行纹理的检拾，再将检测信号放大后才能听取。

数字信号处理的优点是，它可以通过 LSI 进行处理。与模拟信号处理相比，数字信号处理没有模糊性，而且由于信号通过“0”或“1”的数字来记录，因此信息不会发生劣化或改变。

CD 的信号处理流程

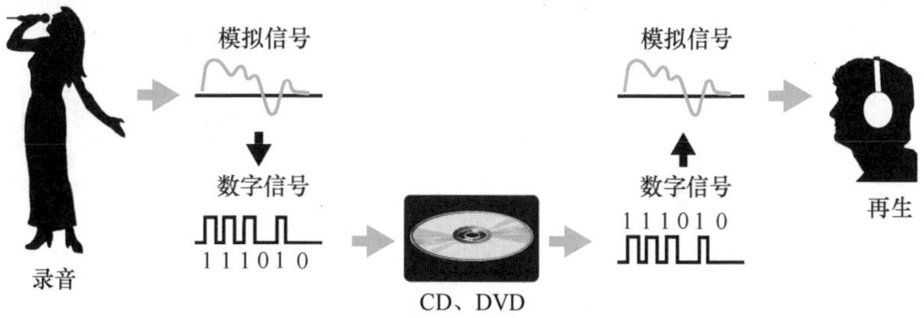

模拟量到数字量的转换

下面是将模拟波形转换为数字波形（数字符号）的示例。

这是一个很简单的例子。在实际应用中，我们分配了多个二进制位用于数字符号的表示，并使用这些“0”或“1”的不同组合来表示所有的模拟量（例如，声音的大小，音调的高、低等）。因此，LSI 还需要将这些模拟量从我们通常使用的十进制数转换为二进制数来处理。

位和字节

位和字节是计算机中信息量的基本单位。

1 位可以表示“0”和“1”两种状态。在此，称为“位”的词是源于二进制数字（Binary Digit）的比特（bit）。

将 8 位二进制数字组合在一起的信息单元称为字节（Byte）。一个字节可以表示 256 种状态，而一个位只能表示“0”和“1”两种状态。

模拟量→数字量转换的机制

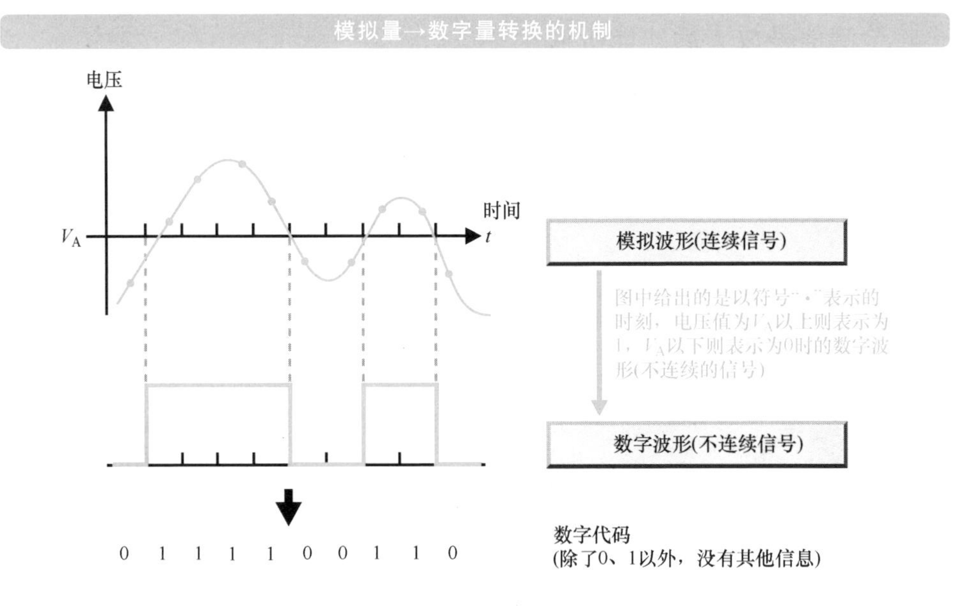

4-2

数字处理的基础——什么是二进制数?

计算机内部使用 0 和 1 的二进制数字信号来执行信息的处理。通常，对于十进制数来说，每逢 10 就需要有一个进位，而二进制数则每逢 2 就需要有一个进位。

在实际的 LSI 电子电路中，对于数字信号 1 和 0 的处理，在电压为 3V 时被视为 1，在电压为 0V 时被视为 0。

十进制数的结构和二进制数的结构

在解释二进制数之前，让我们先来了解一下通常使用的十进制数的结构。

例如，十进制数字“123”的个位是 3，十位是 2，百位是 1。如果想到硬币和纸币的话就很容易理解了，123 日元等于 1 枚 100 日元的硬币、2 枚 10 日元的硬币和 3 枚 1 日元的硬币。其结构如下所示。

$$\text{十进制数 } 123 = 1\times100+2\times10+3\times1$$

$$= 1\times10^2+2\times10^1+3\times10^0$$

↑ 百位　↑ 十位　↑ 个位

其中，各个数位都分别乘以 10 的 0 次方到 10 的 2 次方。此时的 10 即为十进制数的基数。然后，每一个数位都会有其低一级数位 10 倍的权重。因此，对于任意一个十进制数，都可以用其含有多少个 10^0、10^1、10^2……来表示。

下面，让我们用二进制数来表示这个“十进制数的 123”。由于二进制数的基数为 2，因此其各个数位的权重均为其低一级数位权重的 2 倍，所以你会发现，各个数位均为 1 的 n 位二进制数可以用 2^0+

第4章

$2^1+2^2+\cdots\cdots+2^{n-1}$来表示。

例如，我们假设有一种货币的面值分别是 1（2^0）元、2（2^1）元、4（2^2）元、8（2^3）元……，那么分别需要多少张不同面值的货币来表示这个“十进制数的 123”呢？

“十进制数 123”的构成

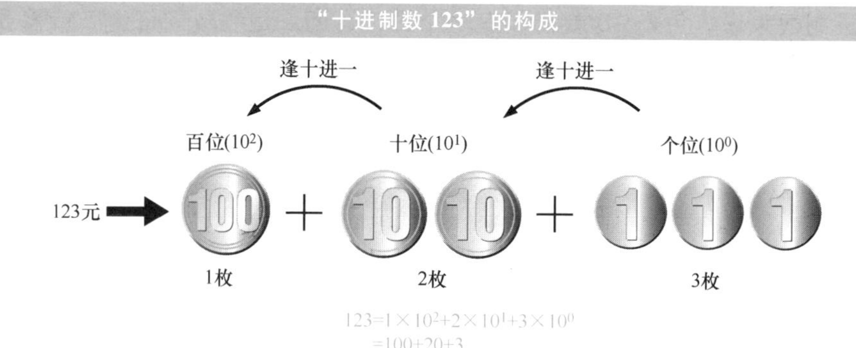

十进制数到二进制数的转换是将十进制数按顺序除以基数 2 来进行的，每次相除的余数（0 或 1）就是二进制数中相应位的系数。此时，最后一次相除的位是除以 2 的次数最多的，所以最后得到的余数就是二进制数的最高位的系数。

在二进制数字中，“十进制 123”可以表示如下。

$$1\times2^6+1\times2^5+1\times2^4+1\times2^3+0\times2^2+1\times2^1+1\times2^0$$

↑ ↑ ↑ ↑ ↑ ↑ ↑

2^6 位 2^5 位 2^4 位 2^3 位 2^2 位 2^1 位 2^0 位

亦即，用二进制数表示，即为“1111011”。

将“十进制数 123”转换为二进制数的步骤

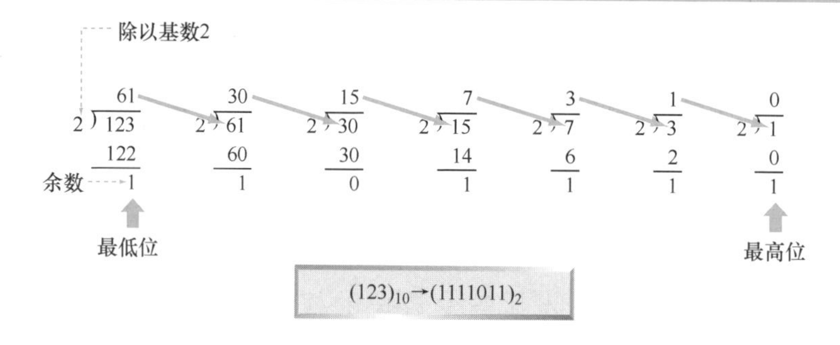

“二进制数 1111011”的构成

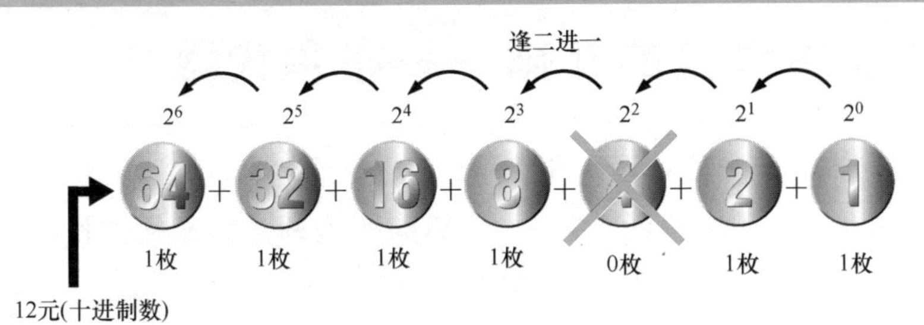

十进制数 123=二进制数1111011

也就是说，如果用虚拟的钱币来比喻的话，123 元共计需要 1 元的硬币 1 枚，2 元的硬币 1 枚，4 元的硬币 0 枚，8 元的硬币 1 枚，16 元的硬币 1 枚，32 元的硬币 1 枚，64 元的硬币 1 枚。

为了区分十进制数和二进制数，一般的书写形式如下。

十进制数 123→$(123)_{10}$或 123_{10}

二进制数 1111011→$(1111011)_2$ 或 1111011_2

电子电路的电压和数字信号（数字符号）

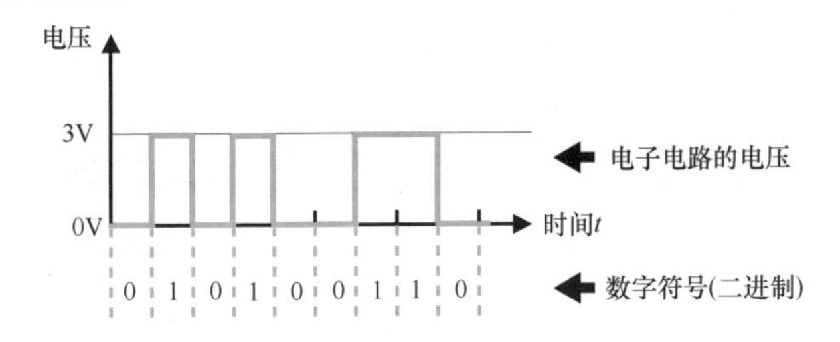

4-3

LSI 逻辑电路的基础——布尔代数

布尔代数是一种只处理 0 和 1 两个值的代数。LSI 数字电路也只能处理 0 和 1。因此，使用布尔代数来设计 LSI 数字逻辑电路是很方便的。布尔代数的概念包括基本运算——与（AND）、或（OR）、非（NOT），以及若干定理。

能够实现所有电路的代数

布尔代数是乔治·布尔[1]提出的逻辑数学。

由于布尔代数是一种只处理 0 和 1 两个值的代数，所以非常适合 LSI 的数字电路设计。布尔代数由基本运算和若干规则组成。基本运算包括与（AND）、或（OR）和非（NOT），它们可以在逻辑公式中组合，以表示所有电路。

● 与（AND）

如下图所示，开关 A、B 与灯泡串联连接。

AND 类似于开关串联的灯泡

[1] 乔治·布尔，英国数学家（1815—1864 年）。

与（AND）的真值表

$Y(灯泡) = A(开关)_{AND} B(开关) = A \cdot B = B \cdot A$

真值表

输入		输出
A	B	Y
0	0	0
1	0	0
0	1	0
1	1	1

在该电路中，只有当开关 A 和开关 B 同时闭合（逻辑值 = 1）时，灯泡才会亮起（逻辑值 = 1）。当某一个开关断开、或两个开关均断开（逻辑值 = 0）时，灯泡熄灭（逻辑值 = 0）。

用逻辑电路来表示这个操作，就是当输入值（A）为 1，并且输入值（B）也为 1 时，输出值（Y）才为 1。

这种关系被称为逻辑与（AND），用逻辑表达式 $Y = A_{AND} B = A \cdot B$ 表示。在此，即使开关 A、B 的位置关系互换，结果也是相同的，因此也就有 $Y = A \cdot B = B \cdot A$。

另外，我们把这些输入输出关系的对应表称为真值表。

● 或（OR）

如下页上方的图所示，开关 A 和 B 与灯泡并联。

在该电路中，当开关 A 或开关 B 中的某一个闭合（逻辑值 = 1）时，灯泡亮起（逻辑值 = 1）。如果二者均闭合（逻辑值 = 1），灯泡也会亮起（逻辑值 = 1）。

用逻辑电路来表示这个操作，就是当输入值（A）或者输入值（B）为 1 时，输出值（Y）为 1。

这种关系被称为逻辑或（OR），用逻辑表达式 $Y = A_{OR} B = A + B$ 表示。在此，即使开关 A、B 的位置关系互换，结果也相同，因此也就有 $Y = A + B = B + A$。

或（OR）的定义

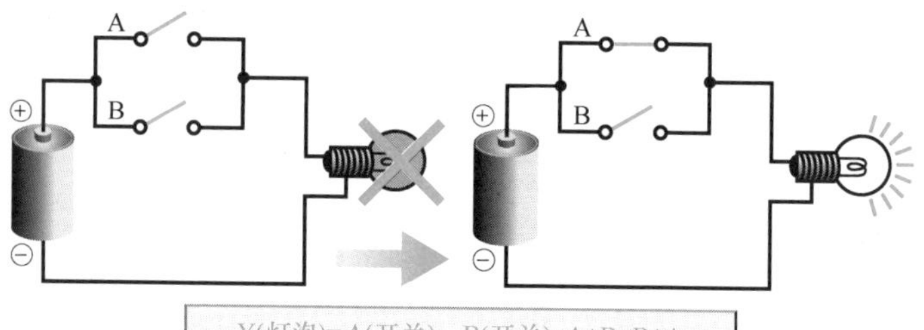

Y(灯泡)= A(开关)$_{OR}$B(开关)=A+B=B+A

真值表

输入		输出
A	B	Y
0	0	0
0	1	1
1	0	1
1	1	1

非（NOT）的定义

非的概念图

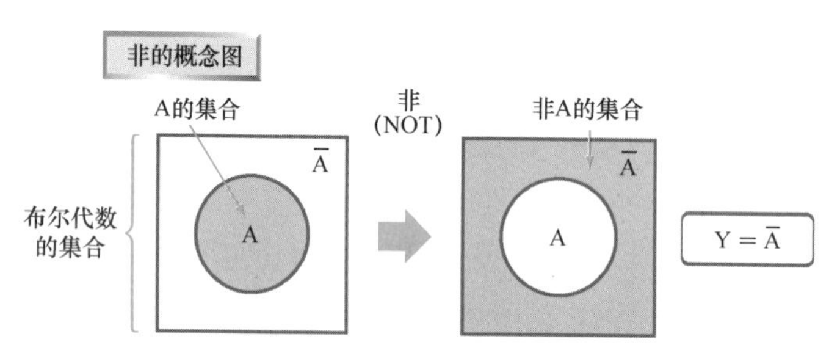

A的取值为0或1，为0时的否定值是1，为1时的否定值是0

真值表

输入	输出
A	Y
1	0
0	1

● 非（NOT）

当输出值为输入值的否定值时，其逻辑关系为逻辑非（NOT）。由于逻辑变量只有 0 和 1 两个值，因此，如果输入值为 0，则输出值是

1；如果输入值为 1，则输出值是 0，即呈现出反相（否定）的关系。因此，NOT 逻辑电路也被称为反相器。

这种关系用逻辑表达式 $Y=\overline{A}$（逻辑非）来表示。

布尔代数定理

前面介绍了布尔代数的基本运算：与（AND）、或（OR）、非（NOT），在此对布尔代数的一些主要定理进行归纳总结。

【定理】

❶ $A+0=A \quad A\cdot 1=A$

❷ $A+1=1 \quad A\cdot 0=0$

❸ $A+A=A \quad A\cdot A=A$

❹ $A+\overline{A}=1 \quad A\cdot \overline{A}=0$

❺ $A=A$

❻ $A+B=B+A \quad A\cdot B=B\cdot A$

❼ $A+B+C=A+(B+C)=(A+B)+C$

❽ $A\cdot B\cdot C=A\cdot (B\cdot C)=(A\cdot B)\cdot C$

❾ $A+B\cdot C=(A+B)\cdot (A+C) \quad A\cdot (B+C)=A\cdot B+A\cdot C$

❿ $\overline{A+B}=\overline{A}\cdot \overline{B} \quad \overline{A\cdot B}=\overline{A}+\overline{B}$

⓫ $A\cdot (A+B)=A\cdot A+A\cdot B=A$

⓬ $A+\overline{A}\cdot B=A+B$

4-4

LSI 中使用的基本逻辑门

使用布尔代数中的基本定义，在 LSI 中实际工作的电路被称为逻辑门⊖。以 AND、OR、NOT（INV）为基础，有 NAND、NOR 等应用电路。

反相器（INV）

逻辑非门（NOT）电路在 LSI 设计中被称为反相器。在数字信号中，由于只有 0 和 1 两个值，因此，如果输入值为 0，则电路的输出值是 1；如果输入值为 1，则电路的输出值是 0，即电路的输出呈现的是输入的反相。

应用了该反相器的代表性逻辑门就是 CMOS 反相器，在“3-5 什么是最常用的 CMOS?”中有具体介绍。关于反相器的输入等操作，请参考同章的相关内容。

另外，两个反相器串联构成的电路也被称为缓冲器。

在缓冲器中，驱动能力大的那个反相器被称为驱动器，但二者的逻辑符号是相同的。在下页右上方的图中，我们将驱动器的逻辑符号稍微做了一些放大，以表示二者的区别。

缓冲器是 2 个反相器的串联，所以其逻辑表达式为 $Y=\overline{\overline{A}}=A$。

CMOS 反相器的基本特性（反相特性）

CMOS反相器的基本特性(反相特性)

V_{DD} PMOS IN OUT NMOS V_{SS}

电压 IN(输入波形) V_{DD} V_{SS} 时间 反相 电压 OUT(输出波形) V_{DD} V_{SS} 时间

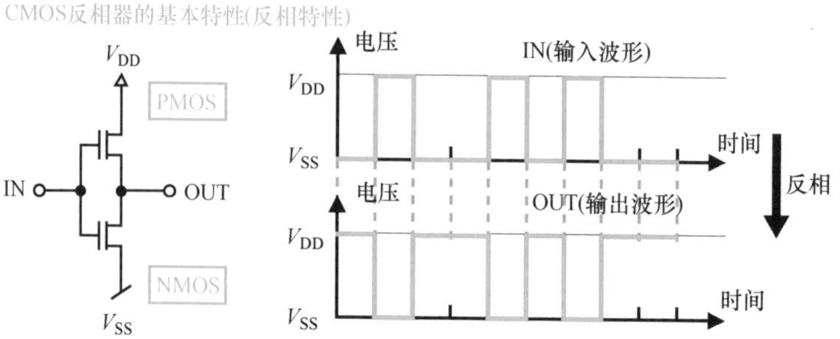

⊖ 为了区别于通常所说的逻辑门，晶体管结构中的门也称为元件门。但两者一般都被简称为门。

反相器及其应用逻辑门

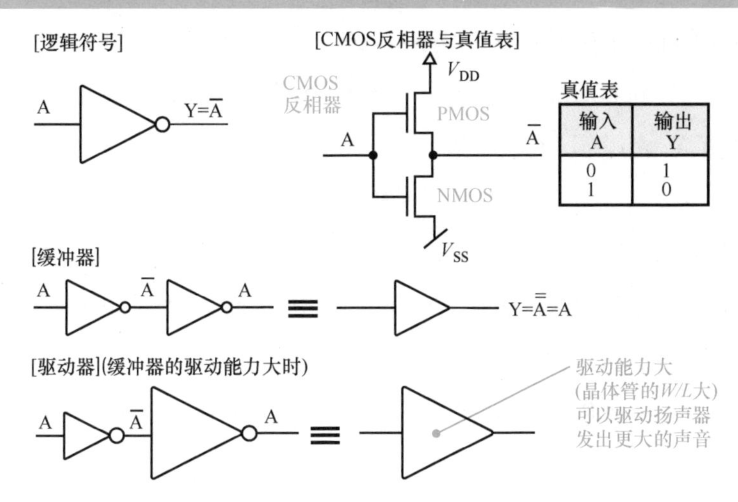

NAND 门

AND门的真值表

输入		输出
A	B	Y
0	0	0
0	1	0
1	0	0
1	1	1

NAND门的真值表

输入		输出
A	B	Y
0	0	1
0	1	1
1	0	1
1	1	0

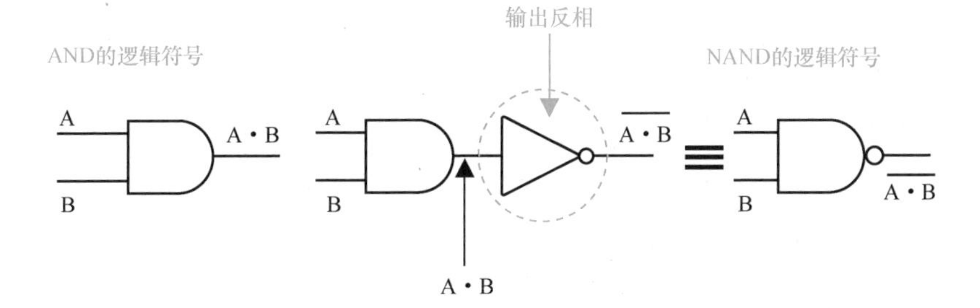

NAND 门

NAND 门即为 NOT-AND 门的意思。换句话说，它是一个具有否定 AND 输出功能的逻辑门。因此，当对应的输入值为 A 和 B 时，AND 门的输出值 Y 的逻辑表达式为

$$Y = A \cdot B。$$

NAND 门即为在 AND 门的输出端串联了一个反相器，其功能除了 AND 门的功能外，还要对 AND 门的输出进行一个反相操作。详细的输入、输出请对照真值表进行比较和确认。

在此之所以要介绍 NAND 门而不是 AND 门，是因为 NAND 门在实际的 LSI 逻辑电路中更容易创建。

在下一页的上图中，示出了在 CMOS 电路中实现 NAND 门的情况。

在此需要注意的是，CMOS 电路中的 PMOS 和 NMOS 晶体管的开关操作对于同一个输入值来说，总是在“ON”和“OFF”之间互补反相（参见 3-4“LSI 的基本元件 MOS 晶体管（PMOS、NMOS)”）。以 A=1、B=0 为例（下一页的中图）。此时，与输入值 A 对应的 NMOS 为“ON”的状态，PMOS 为“OFF”的状态；与输入值 B 对应的 NMOS 为“OFF”的状态，PMOS 为“ON”的状态。此时，电路输出值 Y 表现为电池的正极电位，即为 3V。因此，数字电路中的输出 Y=1。

接下来，我们再考虑一下 A=1、B=1 的情况（下一页的下图）。与输入值 A 对应的 NMOS 为“ON”的状态，PMOS 为“OFF”的状态；与输入值 B 对应的 NMOS 为“ON”的状态，PMOS 为“OFF”的状态。此时，电路输出值 Y 表现为电池的负极电位即为 0V。因此，数字电路中的输出 Y=0。

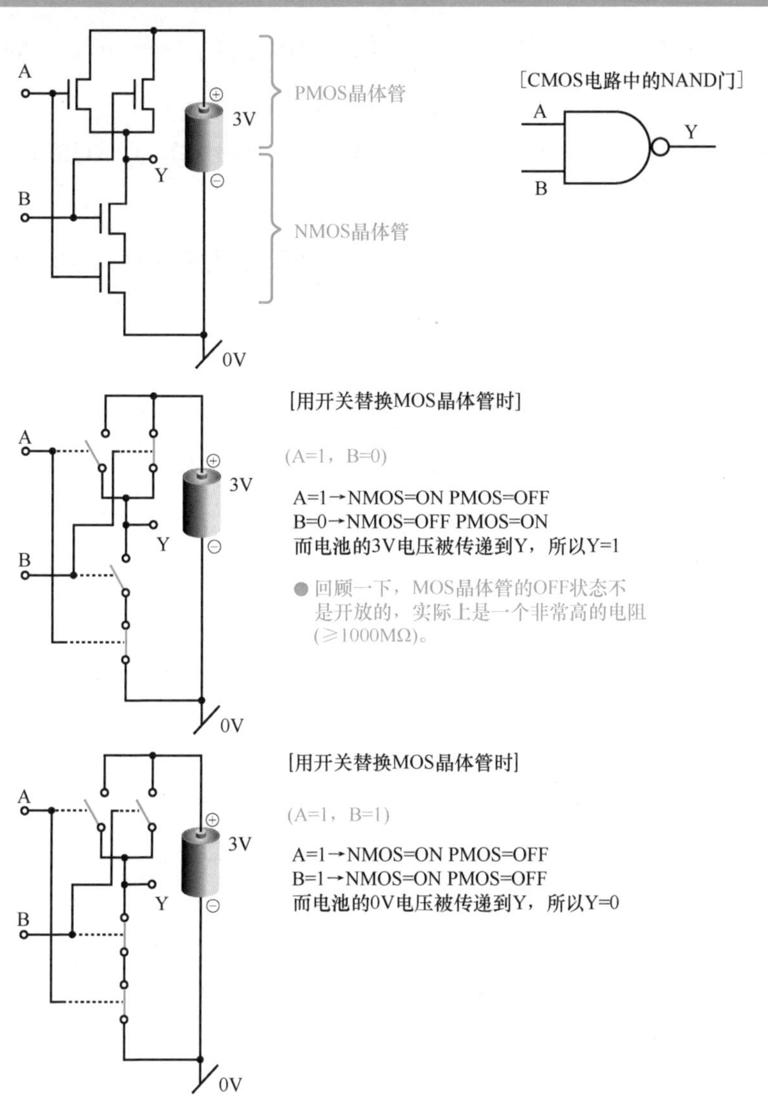

第4章

NOR 门

NOR 门即为 NOT-OR 门的意义。换句话说，它是一个具有否定 OR 输出功能的逻辑门。因此，当对应的输入值为 A 和 B 时，NOR 门输出值 Y 的逻辑表达式是

$$Y=\overline{A+B}$$

这与一个在输出端串联了反相器的 OR 门的逻辑功能相同。详细的输入、输出请对照真值表进行比较和确认。

在下一页的图中，示出了在 CMOS 电路中实现 NOR 门的具体情况。

以 A=0、B=1 为例。此时，与输入值 A 对应的 NMOS 的状态为“OFF”，PMOS 的状态为“ON”；与输入值 B 对应的 NMOS 的状态为“ON”，PMOS 的状态为“OFF”。此时，电路的输出值 Y 表现为电池负极的电位，即为 0V。因此，数字电路中的输出值 Y=0。

接下来，我们再考虑一下 A=0、B=0 时的情况。此时与输入值 A 对应的 NMOS 的状态为“OFF”，PMOS 的状态为“ON”；与输入值 B 对应的 NMOS 的状态为“OFF”，PMOS 的状态为“ON”。此时，电路的输出值 Y 表现为电池正极的电位，即为 3V。因此，数字电路中的输出值 Y=1。

NOR 门的真值表

OR门的真值表

输入		输出
A	B	Y
0	0	0
0	1	1
1	0	1
1	1	1

输出的反相

NOR门的真值表

输入		输出
A	B	Y
0	0	1
0	1	0
1	0	0
1	1	0

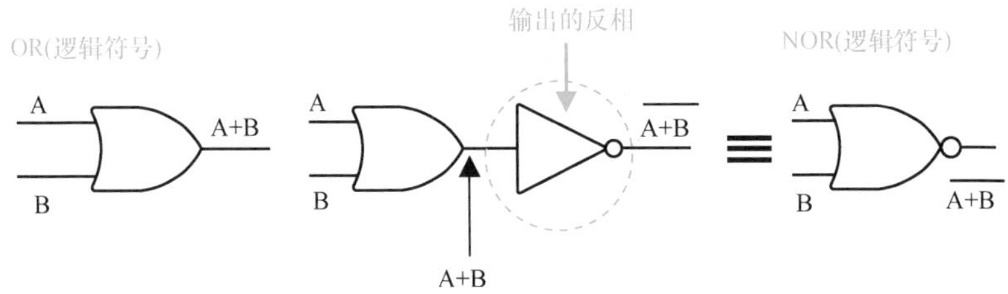

OR(逻辑符号)

A B A+B

输出的反相

A B $\overline{A+B}$ A+B

≡

NOR(逻辑符号)

A B $\overline{A+B}$

CMOS 电路中的 NOR 门

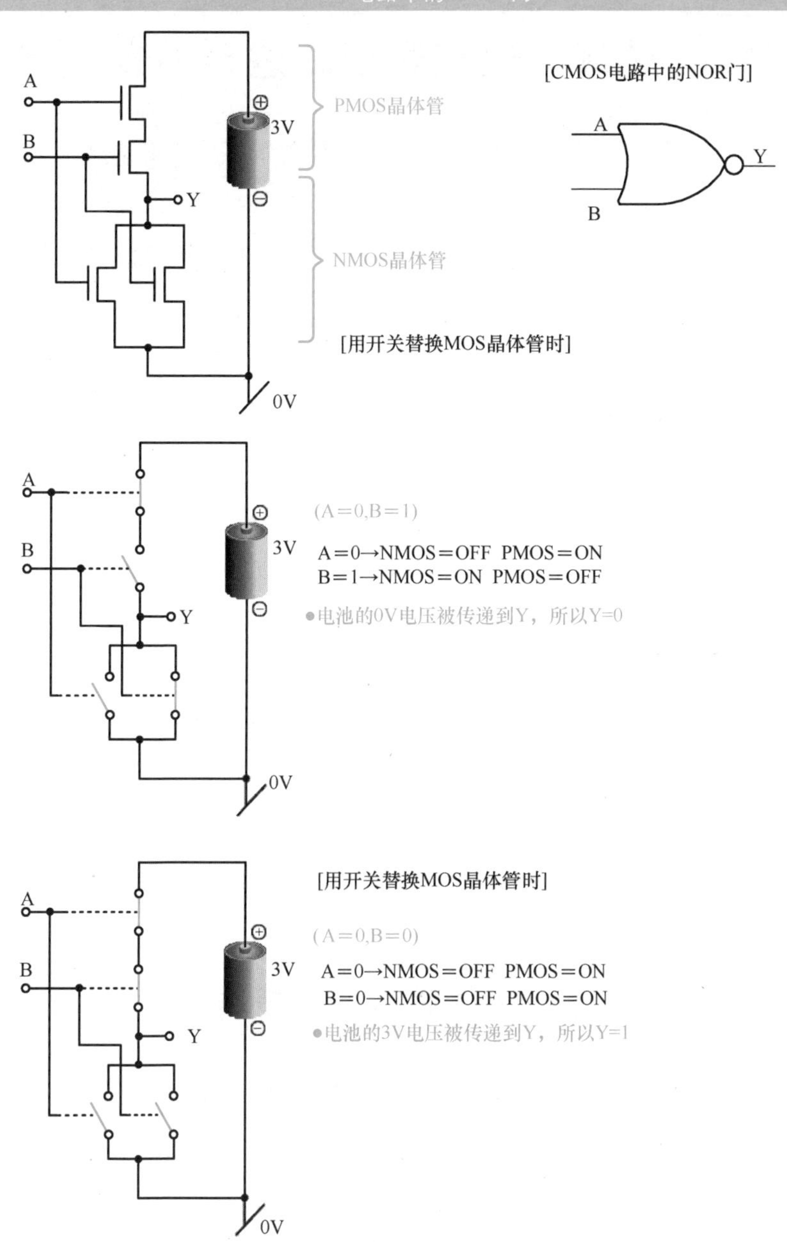

第4章

4-5

用逻辑门进行十进制数到二进制数的转换

试想一下如何利用基本的逻辑门将十进制数转换为二进制数。鉴于十进制数的二进制编码表示（BCD码）是将二进制数与十进制数对应的一种比较容易理解的方法，所以在这里，我们来制作一个将十进制数转换到BCD码表示的逻辑门。

什么是BCD码？

平时我们习惯使用的是十进制数，但在LSI构成的计算机世界中使用的是二进制数。通过BCD码可以将十进制数和二进制数以一种更加易于理解的方式对应起来。

BCD码将十进制数的每一位分别用4位二进制数来表示。如果用二进制数表示十进制数的10，则需要用到4位二进制数（$2^3=8$，所以不足以表示10；$2^4=16$，因此需要用4位二进制数来表示10）。因此，BCD码是以4位二进制数为一组。BCD码的例子如下页上图所示。

例如，此前我们已经看到，$(123)_{10} \equiv (1111011)_2$。如果用BCD码表示，则表示为0001 0010 0011。

制作十进制数→BCD码转换的逻辑门

为了进一步了解LSI逻辑电路的工作原理，让我们试着制作一个逻辑门电路，通过一些基本的逻辑门将十进制数转换为相应的BCD码。

另外，除了基本的二进制代码（binary）外，在实际的数字电路中还会用到八进制代码（octal）、十进制代码（decimal）和十六进制代码（hexadecimal）。因此，除了这里介绍的十进制数→BCD码的转换以外，还有其他各种不同的电路，分别实现相应编码的转换。

十进制数和 BCD 码

十进制数	BCD 码	十进制数	BCD 码
0	0000	20	0010 0000
1	0001	21	0010 0001
2	0010	22	0010 0010
3	0011	⋮	⋮
4	0100	99	1001 1001
5	0101	100	0001 0000 0000
6	0110	101	0001 0000 0001
7	0111	⋮	⋮
8	1000	1900	0001 1001 0000 0000
9	1001	⋮	⋮
10	0001 0000	2002	0010 0000 0000 0010
11	0001 0001		
12	0001 0010		

1 位十进制数→BCD 码的逻辑电路框图

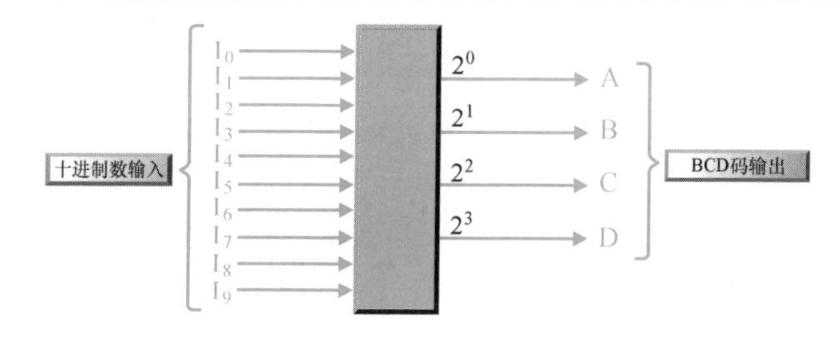

【1】表示十进制数→BCD 码逻辑电路框图的制作

对于一个 1 位的十进制数，其取值范围为 0 ~ 9，所以在实现十进制数→BCD 码转换的逻辑表达式中，逻辑输入的个数是 10 个。因此，分别将这 10 个输入分别定义为 I_0 ~ I_9，分别对应于 10 进制数的 0 ~ 9。BCD 码是一个 4 位的二进制数，其对应的取值分别为 0000、0001、0010、…、1001。除此之外，还将作为电路输出的 4 位 BCD 码设为“DCBA”。如此，即可以将十进制数→BCD 码转换电路的输入、输出逻辑关系绘制成一个框图，如上图所示。

【2】十进制数→BCD码的真值表

当输入 I_0 为“1”时，表示需要转换的十进制数为0；当输入 I_1 为“1”时，表示需要转换的十进制数为1；以此类推，共有10种不同的逻辑输入情形。相应地，与这10种不同逻辑输入情形对应的BCD码被创建为0000、0001、…、1000和1001。下面给出的是总结了1位十进制数输入和相应BCD码输出对应关系的真值表。

【3】逻辑表达式

这里，将作为BCD码输出的D、C、B、A这4个逻辑变量作为重点，并将各变量输出为“1”时输入 I_n 的条件总结如下。

输出变量D为“1”时→输入 I_8、I_9 为1；

输出变量C为“1”时→输入 I_4、I_5、I_6、I_7 为“1”；

输出变量B为“1”时→输入 I_2、I_3、I_6、I_7 为“1”；

输出变量A为“1”时→输入 I_1、I_3、I_5、I_7、I_9 为“1”。

通过逻辑表达式则可以表示如下。

1位十进制数→BCD转换逻辑电路的真值表

十进制输入										BCD码输出			
I_0	I_1	I_2	I_3	I_4	I_5	I_6	I_7	I_8	I_9	D	C	B	A
1	0	0	0	0	0	0	0	0	0	0	0	0	0
0	1	0	0	0	0	0	0	0	0	0	0	0	1
0	0	1	0	0	0	0	0	0	0	0	0	1	0
0	0	0	1	0	0	0	0	0	0	0	0	1	1
0	0	0	0	1	0	0	0	0	0	0	1	0	0
0	0	0	0	0	1	0	0	0	0	0	1	0	1
0	0	0	0	0	0	1	0	0	0	0	1	1	0
0	0	0	0	0	0	0	1	0	0	0	1	1	1
0	0	0	0	0	0	0	0	1	0	1	0	0	0
0	0	0	0	0	0	0	0	0	1	1	0	0	1

$D=I_8+I_9$

$C=I_4+I_5+I_6+I_7$

$B=I_2+I_3+I_6+I_7$

$A=I_1+I_3+I_5+I_7+I_9$

【4】通过 LSI 逻辑门的具体实现

如下图所示，是直接将上述 D、C、B 和 A 的逻辑表达式转化为逻辑电路的结果，并用逻辑符号进行表示。在这个例子中，实现 1 位十进制数→BCD 码转换的逻辑电路，实际上并不不需要输入 I_0。

像这个电路的功能那样，实现 1 位十进制数的 BCD 编码功能，我们通常将这种实现编码的逻辑电路称为编码器（编码电路）。

相对地，将功能相反的逻辑电路称为解码器（解码电路）。

一般来说，几乎所有的数字电路都可以用上述方法进行设计。

1 位十进制数→BCD 码转换的逻辑电路

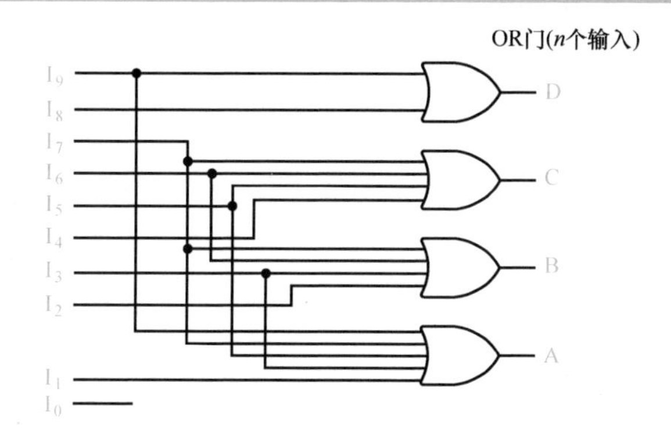

4-6

数字电路中如何实现加法运算（加法器）？

在数字电路（二进制）中具有加法功能的电路被称为加法器。加法器分为不考虑从低位进位的半加器（Half Adder，HA）和考虑从低位进位的全加器（Full Adder，FA）。

半加器

如下图所示，在二进制运算中，两个 1 位数之间的加法运算一共有 4 种可能的情况。其中，在“1+1”的运算中，出现了运算结果的位数超过了原有一位的情况。这种运算过程中出现的位数上升被称为进位。另外，还给出了用二进制运算进行十进制数 14+34=48 的运算。

1 位二进制数的加法和进位

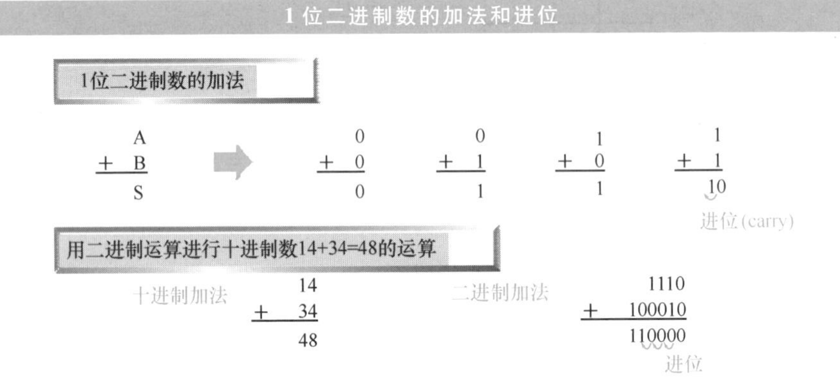

在进行 1 位二进制数的加法运算时，不考虑从低位进位的是半加器。半加器对 A、B 两个输入进行加法运算，输出 A 和 B 的和（S：Sum）和进位（C：Carry）。

A=B=0、A=B=1 时 S=0；

A=0、B=1 或 A=1、B=0 时 S=1；只有 A=B=1 时 C=1。

换句话说，即为当 A 和 B 不一致时，S=1，当 A 和 B 一致时，S=0，这种逻辑被称为 XOR 门[⊖]。这种状态可以用真值表、逻辑表达式、逻辑符号（框图）来表示，如下图。

● 逻辑表达式的创建方法

❶ 注意到半加器的真值表中 S=1 的行，S=1 出现在第 2 行和第 3 行

第 2 行是 A=0，B=1→A · B

第 3 行是 A=1，B=0→$A\cdot\overline{B}$

这两种情况下都能使 S=1，所以可以将二者进行逻辑和运算，OR→$S=\overline{A}\cdot B+A\cdot\overline{B}$

❷ 注意到半加器的真值表中 C=1 的行，S=1 的是第 4 行

第 4 行是 A=1，B=1→A · B

因为 C 为 1 的情况只有这一行，所以直接有→C=A · B

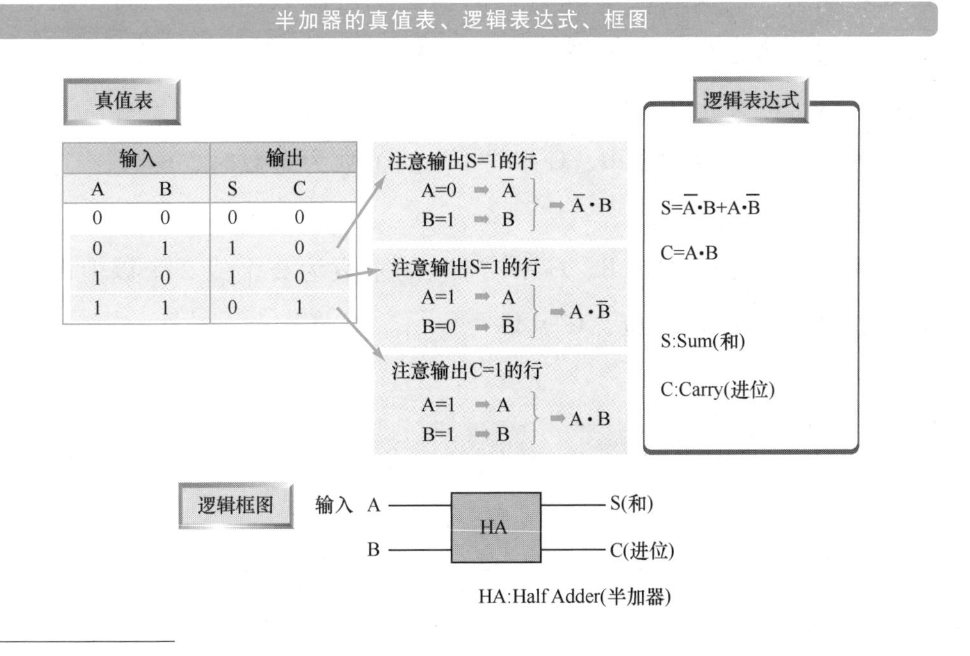

⊖ Exclusive OR Gate，异或门。

半加器逻辑电路的示例

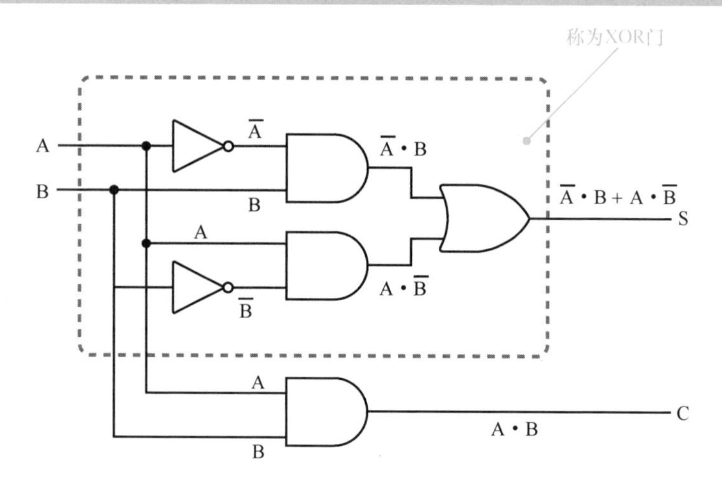

全加器

由于半加器是仅能够实现 1 位二进制数加法运算的加法器，所以在处理现实中涉及进位（Carry）的多位二进制数加法运算时，就需要使用全加器来进行。全加器输入 A、B 以及来自低位的进位（C），输出输入 A、B 及进位（C）的和（S）以及向高位的进位（C_+）。

- 当 3 个输入 A、B、C 中“1”的个数为奇数时，S=1；
- 其他情况 S=0；
- 只有当输入 A、B、C 中“1”的个数为 2 个或 2 个以上时，才需要通过 C_+向高位进位，$C_+=1$。

考虑进位的 3 输入二进制加算

A	0	0	0	0	1	1	1	1
B	0	0	1	1	0	0	1	1
+ C	+ 0	+ 1	+ 0	+ 1	+ 0	+ 1	+ 0	+ 1
S	0	1	1	10	1	10	10	11
				进位		进位	进位	进位

全加器的运算状态可以用真值表和逻辑表达式表示如下。除此之外，还基于该真值表给出了使用半加器的全加器逻辑框图及逻辑符号。

全加器的真值表和逻辑表达式

真值表

输入			输出	
A	B	C	S	C_+
0	0	0	0	0
0	0	1	1	0
0	1	0	1	0
0	1	1	0	1
1	0	0	1	0
1	0	1	0	1
1	1	0	0	1
1	1	1	1	1

逻辑表达式⊖

全加器逻辑电路的示例

[逻辑框图]

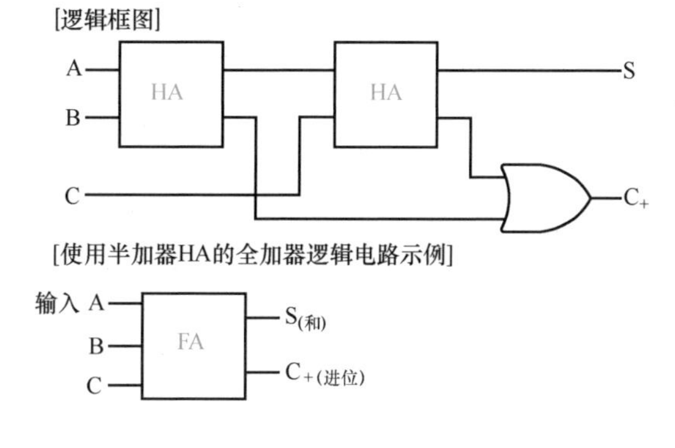

[使用半加器HA的全加器逻辑电路示例]

⊖ 有关表达式的扩展内容，请参见本书“4-3 LSI逻辑电路的基础——布尔代数”。

4-7

数字电路中如何实现减法运算（减法器）?

在数字电路（二进制）中具有减法运算功能的电路被称为减法器。减法器也分为不考虑来自低位借位的半减器（Half Subtracter，HS）和包含来自低位借位的全减器（Full Subtracter，FS）。

正数、负数

如下图所示，在 1 位二进制数的减法运算中，可能出现的情况一共也有 4 种。

在“0-1”的情况下，由于 0 本身是不够进行减 1 的，因此，我们可以假设从高位借来一个 1，高位借来的这个 1 实际就是二进制的 10。这样相减的结果就出现了借位（B：Borrow），B＝1。

-1 在二进制中的表示是 $(11)_2$。这与用十进制表示的 3 相同。因此，在实际的二进制表示中，正数和负数通过最高位这个符号位来表示，最高位为 0 表示正数，最高位为 1 表示负数。

例如，如果数值数据由 4 位构成，则 $(0101)_2$ 表示的即为正数 $(00101)_2$ 本身；而 $(10101)_2$ 表示的则是一个负数。像这样，通过在数值数据的最高位加上一个符号位来表示数的正、负。

1 位二进制数的减法

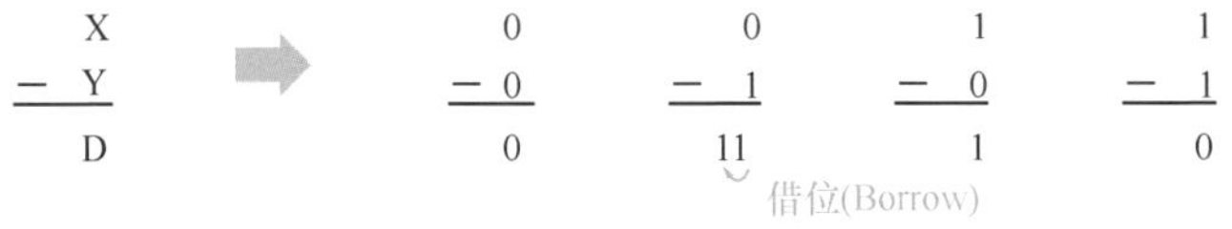

	→				
X		0	0	1	1
− Y		− 0	− 1	− 0	− 1
D		0	11	1	0

（0 − 1 的结果 11 中，高位的 1 为借位(Borrow)）

半减器

在进行两个1位二进制数之间的减法运算时，如果不考虑来自低位的借位，则是半减器。半减器输入2个值X、Y，输出X和Y的差（D：Difference）和运算中产生的借位（B：Borrow）。

X=0、Y=0→D=0、B=0

X=0、Y=1→D=1、B=1 相当于-1（B=1是负号）X=1、Y=0→D=1、B=0

X=1、Y=1→D=0、B=0

换句话说，当X和Y不一致时，D=1，当X和Y一致时，D=0，这与上一节介绍的XOR门（异或门）的逻辑相同。

像这样，由半减器实现的两个1位二进制数之间的减法运算的状态，可以用真值表和逻辑表达式表示如下。

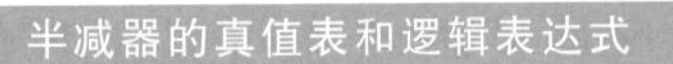

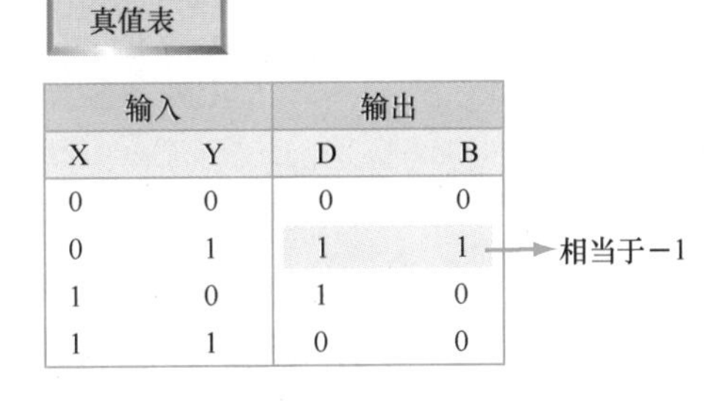

真值表

输入		输出	
X	Y	D	B
0	0	0	0
0	1	1	1
1	0	1	0
1	1	0	0

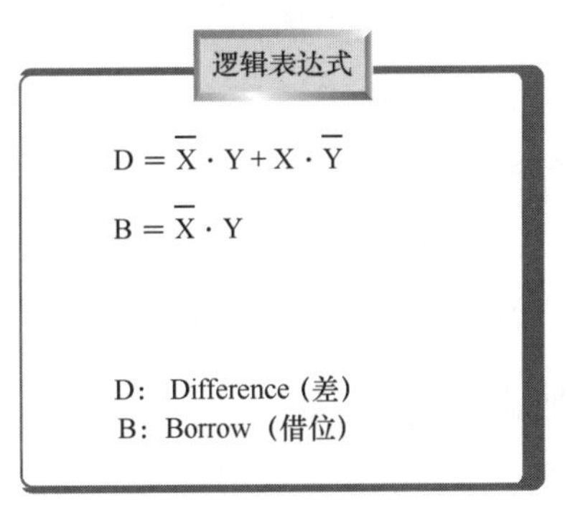

基于该真值表直接构成的半减器的逻辑电路示例以及逻辑符号（框图）如下页所示。

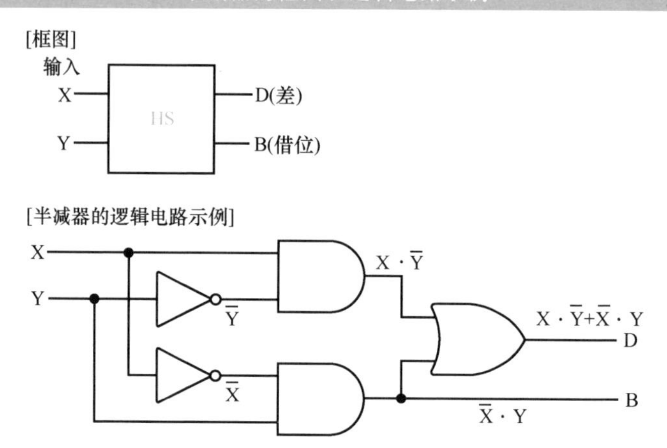

全减器

全减器的输入作为被减数和减数的 X、Y 以及来自低位的借位 B，输出作为运算结果的差值 D 以及向高位的借位 B。

全减器运算过程的这种逻辑状态可以用真值表、逻辑表达式来表示，如下页上图所示。

此外，基于该真值表，使用半减器的全减器逻辑符号（框图）以及逻辑电路组成的示例，如下页下图所示。

● 乘除法器

乘数×被乘数的乘法运算基本上可以通过重复被乘数次数的乘数加来完成。除法也一样，只要重复被除数次数的除数减就可以实现。

然而，这种计算方法在实践中并没有被使用，因为它的效率很低，需要大量的运算时间。虽然本书没有对其进行详细介绍，但在实际的乘法运算中，采用的是按位进行计算的，是一种通过移位来进行求和的方法。除法也是用类似的方法完成计算。

全减器的真值表和逻辑表达式

真值表

输入			输出		
X	Y	B_	D	B	
0	0	0	0	0	
0	0	1	1	1	→ 相当于−1
0	1	0	1	1	→ 相当于−1
0	1	1	0	1	→ 相当于−2
1	0	0	1	0	
1	0	1	0	0	
1	1	0	0	0	
1	1	1	1	1	→ 相当于−1

[全减器逻辑电路的示例]

逻辑表达式⊖

$$D=\overline{X}\cdot\overline{Y}\cdot B\_+\overline{X}\cdot Y\cdot\overline{B\_}+X\cdot\overline{Y}\cdot\overline{B\_}+X\cdot Y\cdot B\_$$

$$\begin{aligned}B&=\overline{X}\cdot\overline{Y}\cdot B\_+\overline{X}\cdot Y\cdot\overline{B\_}+\overline{X}\cdot Y\cdot B\_+X\cdot Y\cdot B\_\\&=\overline{X}\cdot\overline{Y}\cdot B\_+\overline{X}\cdot Y(B\_+\overline{B\_})+X\cdot Y\cdot B\_\\&=\overline{X}\cdot\overline{Y}\cdot B\_+\overline{X}\cdot Y+X\cdot Y\cdot B\_\end{aligned}$$

全减器的框图和逻辑电路示例

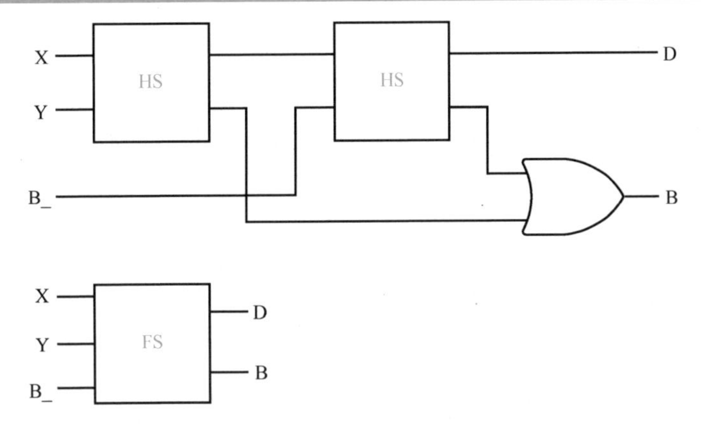

⊖ 关于逻辑表达式展开的相关内容，参见本书“4-3 LSI 逻辑电路的基础——布尔代数”

4-8

其他重要的基本数字电路

除了前面介绍的数字电路之外，还有一些重要的基本数字电路，例如作为存储电路的触发器和应用触发器进行计数操作的计数器电路。

组合逻辑电路

到目前为止，本书已经介绍了作为数字电路的基本逻辑门AND、OR、NOT以及由这些基本逻辑门电路组合而成的XOR逻辑门。在此基础上还介绍了加法、减法电路的构成。所有这些数字逻辑电路均被称为组合逻辑电路，其输出状态在收到输入信号后即能立即确定（实际上会有与电子电路延迟时间相等的延迟）。在组合逻辑电路中，是基本上没有反馈回路（一种将输出返回到输入的结构）的。除此之外，基本数字逻辑电路中还有一类被称为时序逻辑电路的结构，在这样的电路内部具有逻辑状态的存储，因此，其输出状态不能由电路的输入信号来决定，而是由输入信号和电路内部存储的逻辑状态共同决定。实际的数字逻辑电路是由组合逻辑电路和时序逻辑电路二者共同构建的。

触发器

时序逻辑电路中具有逻辑状态存储功能的基本组成元件是触发器。触发器是一种存储电路，能够根据时钟输入信号（上升沿、下降沿）来进行数据的捕获和存储，并执行与数据值相对应的操作。触发器电路之所以是一种具有存储功能的电路，是因为其能够保持着“1”或“0”的两种稳定的内部状态。

❶ RS触发器

触发器中最基本的电路形式是RS触发器。在下页的上图中所示出的为一个使用NAND门构成的RS触发器的实例。在该电路中，电路的输出返回到了电路的输入，因此有一个反馈回路。当输入 S=0、R=1 时，电路的输出 Q=1（置位状态）。当输入 S=1、R=0 时，电路的输出 Q=0（复位状态）。当输入 S=R=1 时，电路的输出 Q 不发生改变，保持（记忆）原有的状态。注意，RS 触发器禁止使用 S=R=0 的输入状态。

RS 触发器（NAND 门构成的电路示例）

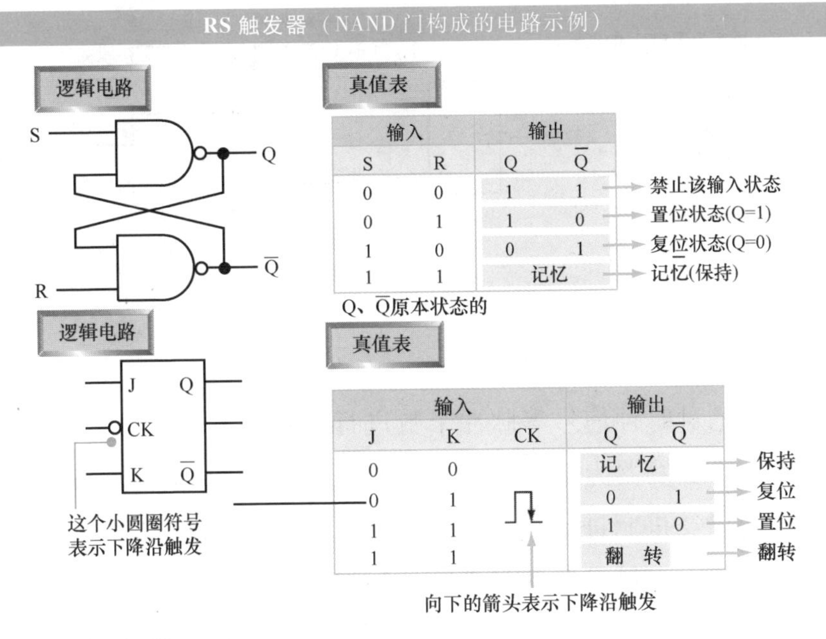

S	R	Q	Q̄
0	0	1	1
0	1	1	0
1	0	0	1
1	1	记忆	

J	K	CK	Q	Q̄
0	0		记忆	
0	1		0	1
1	1		1	0
1	1		翻转	

② JK 触发器

JK 触发器是一种根据作为电路输入的 J 和 K 的输入状态和时钟信号[⊖]CK 的输入状态（下降沿）共同决定输出状态的逻辑电路。如在上图所示的这个电路示例中，输出状态由时钟信号的下降沿决定的情况，被称为下降沿（负边沿）触发[⊜]。相反，由时钟信号的上升沿确定输出状态的情况，被称为上升沿（正边沿）触发。

③ T 触发器

T 触发器是一种仅根据输入时钟信号 T 对电路的输出状态进行反相操作（电路的原输出状态 Q 为“1”时则变为“0”，电路的原输出状态

⊖ 指具有一定宽度的脉冲电信号，如决定计算机运行处理速度的时钟频率（时钟信号）信号。

⊜ 信号导致的触发状态的变化。

Q 为“0”时则变为“1”）的逻辑电路。T 是取自英文单词 Toggle（反转的意思）的首字母。由上图的电路示例可知，可以通过将 JK 触发器的输入固定为 J = K = 1 的状态，则可以将 JK 触发器变成 T 触发器。

T 触发器

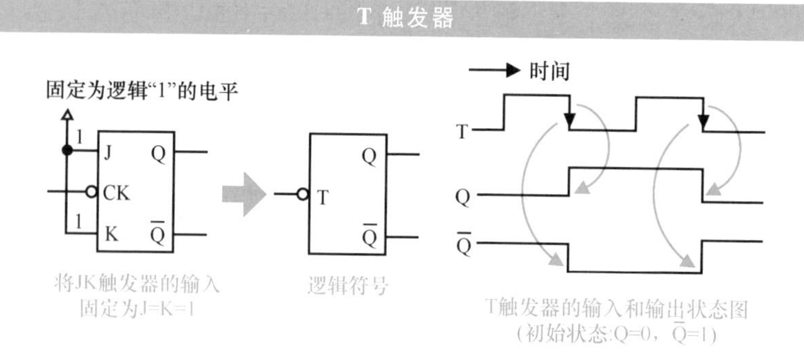

计数器

计数器是对时钟信号等脉冲个数进行计数的电路。

在一个以触发器为基础的计数器电路中，使用 n 个触发器的二进制计数器（以二进制进行计数的计数器），可以计数到 $2n$。

下图是使用 T 触发器的二进制计数器的示例。

计数器（使用 T 触发器的示例）

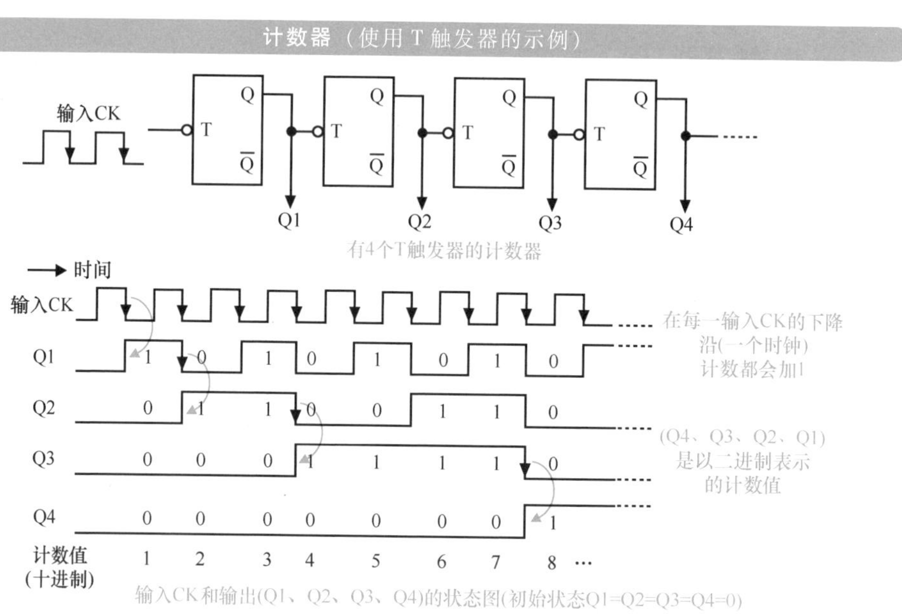

第 5 章

LSI 的开发与设计

设计工程是怎样的

LSI 决定了电子设备的性能和功能，它的设计和开发需要经历从基于用户性能需求的 LSI 规划和开发阶段开始，到设计完成并交付制造工厂生产制造为止的过程。本章将从功能设计、逻辑设计、布局设计、电路设计，以及到光掩模、LSI 测试的完整流程，对最新的 LSI 设计、技术进行介绍。

5-1

LSI 开发——从规划到产品化

LSI 的开发是从满足符合电子设备市场要求的 LSI 性能和规格开始的。首先，研究需要什么样的系统，其次，根据系统要求进行功能设计（具有什么样的功能）、逻辑电路设计（使用什么样的逻辑电路）、版图设计（在掩模版图上如何进行逻辑电路的配置、布线），如此依次进行工作。

LSI 产品化的流程

❶ 功能设计

在进行 LSI 开发时，需要在采用 LSI 的优点和实施 LSI 的技术限制等基础上，综合考虑需要搭载的具体功能。功能设计结束后，再将各个功能划分为 LSI 能够具体实现的层级，并按功能组成对整体的系统层级进行详细校核。

LSI 开发的每个过程都有相应的层级描述㊀文件，以描述其对应的内容。在功能设计层级，其上层的系统概念表示的是行为级的描述，而靠近 LSI 版图设计的功能块（单元、模块）表示则采用功能级的描述。因此，功能设计层级有时也被称为运行功能设计过程。

❷ 逻辑设计

考虑到半导体技术对功能块（模块和单元）的影响、以及对 LSI 化更具体的认识，在门数及输入和输出数、速度等的限制条件下，首先进行系统功能块的划分，并找出可重复利用的 IP（功能块、电路块），从而进入更详细的电路逻辑设计。其中，将功能块的内容用逻辑门来进行表示，便是属于门级的层级描述。

㊀ 在功能设计、逻辑设计等各设计过程中，为了使其组成内容明确化而采取的最佳描述方法，并将与各设计过程级相对应的描述表现方式称为层级描述。

各设计过程中的描述层次

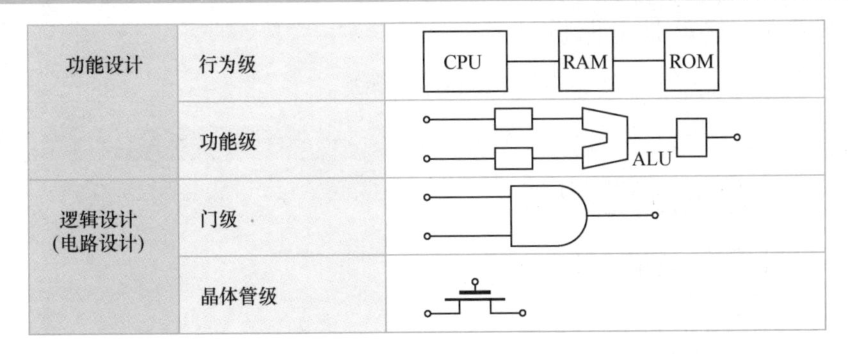

③ 版图设计

版图设计是按照逻辑设计，设计掩模照相正片的掩模图案的工程。版图设计在决定晶体管、电阻等的形状、尺寸的同时，还要实现门和单元的配置，并进行这些元件、单元（块）之间的布线。此时，需要考虑元件的尺寸及其电气特性，同时进行配置布线的最优化。另外，从成本的角度考虑，还必须努力减小芯片的面积。因此，为了在短期内高效地进行版图设计，目前计算机辅助的自动配置和布线是必须的。

④ 评价分析与测试

将经过制造过程得到的 LSI 原型产品作为实际器件，进行实际的评价分析和功能测试，并寻求获得最终的电气性能认证。如果电气性能认证得到批准，就可以开始进行产品的批量生产了。

⑤ 器件设计/电路设计

器件设计是以 LSI 制造的工艺数据㊀（掺杂浓度、扩散深度等）为基础，对晶体管尺寸等进行详细的元件设计。具体预测 MOS 晶体管的电压、电流特性和最高工作频率等。

将这些器件设计数据应用到各个晶体管上，更加详细地确定满足

㊀ LSI 制造时的掺杂浓度、杂质扩散深度等数据被称为工艺数据（制造条件指示数据）。基于该工艺数据进行 LSI 的生产和制造。详细内容请参照本书的“第 6 章　LSI 制造的前端工程”。

电气特性的电路结构（依赖半导体工艺规则的晶体管等元件的结构、连接关系），这就是电路设计。

电路设计过程所处的层级是晶体管级。

典型的 LSI 设计和开发流程

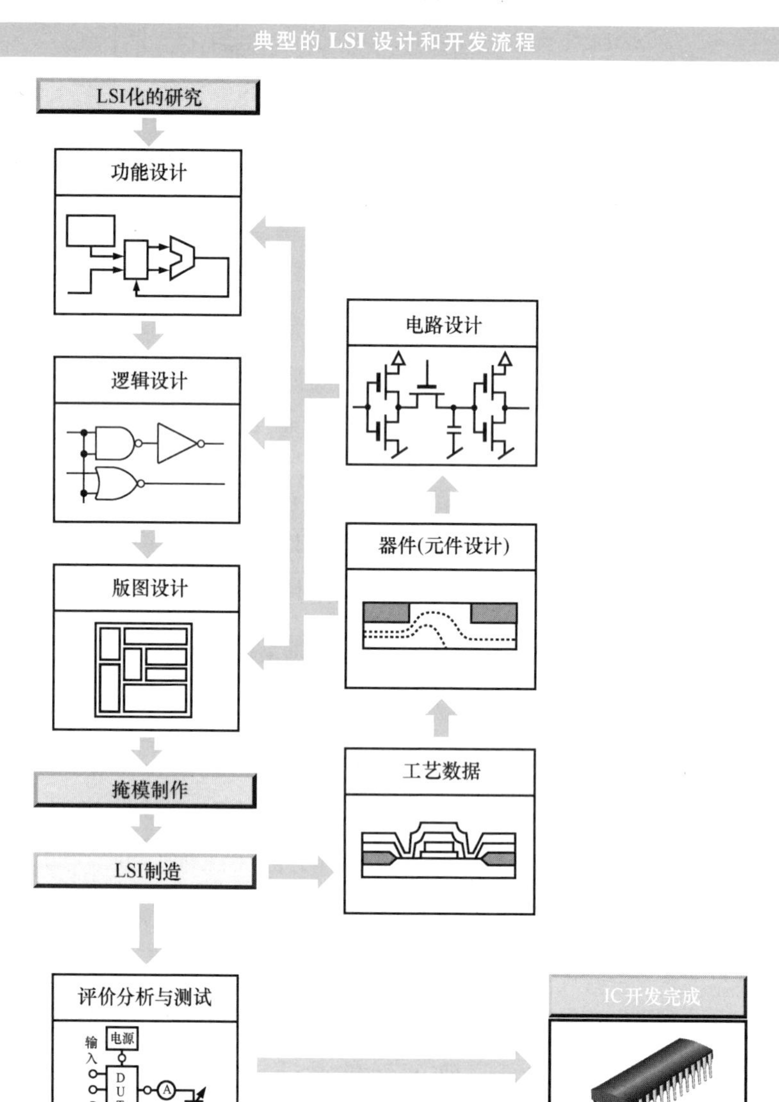

5-2

功能设计——确定想要实现什么样的功能

应该搭载什么样的功能才能实现满足开发要求的 LSI 呢？要得到这个答案需要对设计方法、设计资产（如已经拥有的 IP 块等）和制造工艺等进行综合探讨，并对要实现的各个功能进行细分，使其能够在 LSI 中得以实现，以构建整体的系统。以房屋建造为例，首先要决定要建什么样的房子，然后是综合考虑建筑面积、格局以及外墙设计等。

使用 CAD 是前提

对于配备数百万到 1000 万晶体管以上的 LSI 设计来说，构思阶段非常重要。一旦开始设计，就不允许后退。另外，IC 开发初期方法是在印制电路板上实现实际的电子电路，然后将其 IC 化。但这种方法由于电路规模过大，在现在的 LSI 设计中已经不适用于实际应用。

因此，要想在短时间内实现出配备庞大晶体管数量且功能强大的 LSI 设计，CAD[一]是绝对必要的条件。特别是，最近开始利用硬件描述语言（HDL[二]）和更上层的软件程序设计中所使用的 C 语言[三]进行设计的方法，能够划时代地提高开发设计的效率。[四]

例如，假设要开发面向某电子设备的系统 LSI，在功能设计阶段需要讨论哪些项目和内容呢？下面通过一个实例加以说明。

例如，对于一个处理器（CPU）的性能（处理速度、处理器位数、总线宽度等）需要达到什么程度？则需要考虑和讨论以下的项目

㊀ Computer Aided Design，计算机辅助设计。

㊁ Hardware Description Language，用于描述系统和 LSI 等设计数据的语言。面向 LSI 数字电路的 HDL 分为 VHDL 和 VerilogHDL。从设计层级开始，行为级（behavior level）、RT 级和门级都是这些 HDL 的描述层级。

㊂ 由美国 AT&T 贝尔实验室开发的编程语言，是当前最普及的软件语言之一。

㊃ 参照本书“5-7 最新的设计技术趋势——基于软件技术 IP 利用的设计”。

和内容。

❶ 内存组成的 DRAM、SRAM 需要多大的容量。

❷ 确定外围电路的主要功能，并确定将其划分为多少个功能块。

❸ 目前是否持有作为设计资产（公司持有的设计数据库）而划分和使用的功能块？另外，对它们的表现是否满意？

❹ 电子设备运行所需要的软件是什么？

❺ 如何协调与划定软件（程序）和硬件（LSI 设计）的功能分工？

❻ 确定要进行自主开发的系统 LSI 化的部分，并选择要购买的 LSI 的型号（产品编号、制造商）。

❼ 将使用什么样的设计和开发环境（计算机辅助工具等），以及如何进行管理？

通过问题的综合考虑，最后进行 LSI 系统功能的划分，以确定整个系统的 LSI 组成（用功能块等表示的完整系统图），这一步相当于房屋建造过程中的房屋布局确定。然后确定与房屋建造方式、外墙设计和成本相对应的制造工艺和设计规则，并仿真确定工作电压、工作速度、耗电量和芯片尺寸等。

LSI 和搭载软件的协调设计很重要

在传统的设计方法中，LSI（硬件）和软件的设计基本上是独立进行的。因此，只有在两个原型完成后才能对整个系统进行验证。

然而，现在需要缩短开发周期。因此，在开发的早期阶段，为了优化性能、成本和开发时间，在功能设计过程中协调构成系统设备（系统 LSI）的硬件（LSI 逻辑电路）和软件（与 CPU 相关的编程部分等）的设计变得更加重要。

下页以汽车导航系统开发为例，展示了从产品性能规格来探讨究竟有哪些部分需要采用自主研发的系统 LSI 等。一旦决定了自主研发的系统 LSI，所研发的 LSI 的内部模块将以同样的方式被分解和探讨，并进行更具体的 LSI 映像设计功能。

另外，这个阶段的功能设计过程是用来确定 LSI 的功能动作的，与具体的 LSI 设计相比抽象度较高。

汽车导航系统开发中从产品规格到 LSI 的开发决策

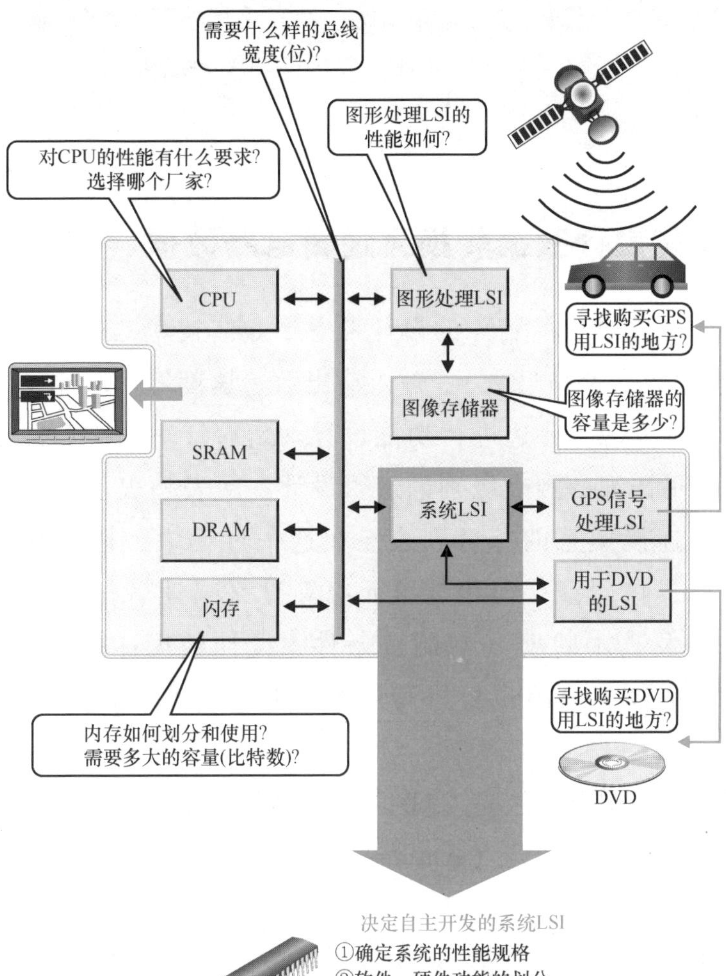

5-3

逻辑设计——逻辑门级的功能确认

在逻辑设计中，将功能设计过程中划分出来的功能框图和硬件描述语言（HDL）等表现的块及其连接关系，用门级的逻辑电路来进行具体的实现和制作。逻辑电路（门级）与功能级相比，具有更具体的 LSI 映像。以房屋建造为例，是决定房屋格局中各个具体房间的详细技术规格（墙壁材料、颜色、窗框等）的阶段。

将功能设计数据转换为逻辑电路数据

功能块（模块和单元）的设计考虑半导体技术，意识到更具体的 LSI 化，在门数（晶体管数）、输入输出数、速度等的限制下，一边优化功能和逻辑分区，一边进行功能设计。然后针对分割后的区块，进入可以展开更详细的网表级别的逻辑设计。网表是表示 LSI 中晶体管和块等相互连接关系的综合列表。在这个过程中，根据需要，通过逻辑层级（晶体管级、门级、单元级等）来描述各门之间的信号连接关系，以及技术映射（与制造条件、设计数据库等的磨合）。另外，所设计的逻辑电路也要进行逻辑和时序仿真，以确保其功能的正确运行。

逻辑设计的主要方法是 CAD，将功能设计数据转换为逻辑电路数据的操作被称为逻辑综合（synthesis）。

● 逻辑仿真

逻辑仿真是验证一个逻辑电路是否按照设计者的意图运行的过程。输入各门的逻辑操作、上升/下降时间等和网表，然后施加测试信号得到输出信号值（一般为 0、1 或不确定），将其与预期值进行比较验证。

逻辑仿真可以通过软件（逻辑仿真的程序）、硬件（通过在 FPGA

中实现和运行实际的逻辑电路等）或两者结合的方式进行。由于仿真的数据量巨大，因此，提高仿真速度，实现仿真的高速化是当务之急。

- 时序仿真

这是一种逻辑电路仿真，考虑到了布线和每个电路（门、单元等）的延迟时间。它以接近实际电路操作的方式，验证逻辑电路的时序关系等（例如，在时间轴上 A 信号必须比 B 信号提前 10ns 等）。

- 逻辑综合

从功能设计数据（硬件描述语言、逻辑表达式、真值表、状态转换图和其他层级描述等）自动生成逻辑电路（逻辑图、网表级）的软件。逻辑综合又可以进一步细分为行为级综合和逻辑级综合[⊖]，这是在输入层面上进行的详细区分。

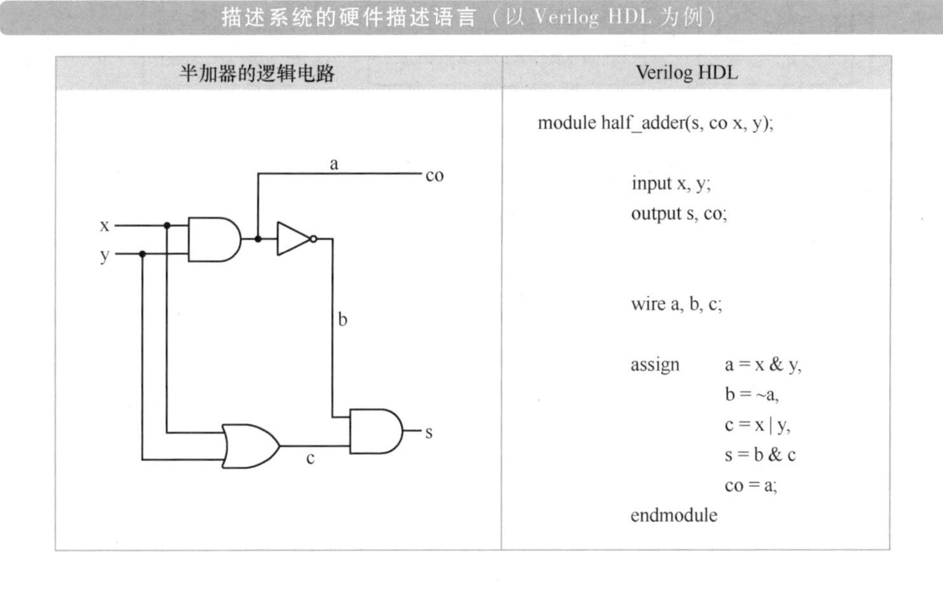

⊖ 详见本书“5-7 最新的设计技术趋势—基于软件技术、IP 利用的设计”。

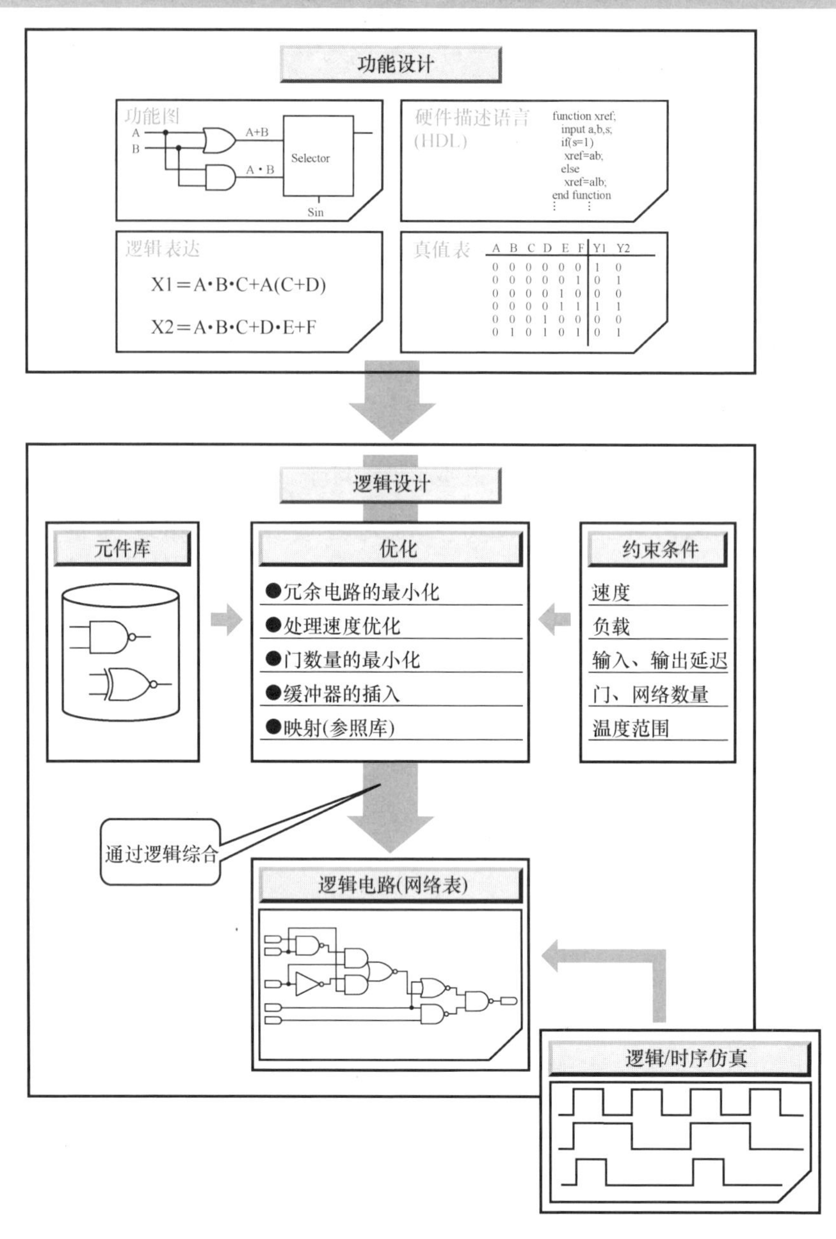

功能设计
功能图
A
B
A+B
A・B
Selector
Sin
硬件描述语言
(HDL)
function xref;
input a,b,s;
if(s=1)
xref=ab;
else
xref=alb;
end function
逻辑表达
X1=A•B•C+A(C+D)
X2=A•B•C+D•E+F
真值表
A B C D E F Y1 Y2
0 0 0 0 0 0 1 0
0 0 0 0 0 1 0 1
0 0 0 0 1 0 0 0
0 0 0 0 1 1 1 1
0 0 0 1 0 0 0 0
0 1 0 1 0 1 0 1
逻辑设计
元件库
优化
●冗余电路的最小化
●处理速度优化
●门数量的最小化
●缓冲器的插入
●映射(参照库)
约束条件
速度
负载
输入、输出延迟
门、网络数量
温度范围
通过逻辑综合
逻辑电路(网络表)
逻辑/时序仿真

5-4

版图/掩模设计——在保证电气性能的前提下实现芯片最小化

版图/掩模设计是设计掩模图案的过程，该图案将根据逻辑设计作为光掩模的原始图像。在确定晶体管、电阻等的形状和尺寸的同时，配置门、单元和功能块，并在这些元件和单元（块）之间进行布线。如果我们把集成电路工程比作房屋建造，这即为工程的最后阶段，进行每个房间的布局，包括家具、电气设备和门的位置等，都要考虑到整个房子的可用性再做决定。

布线问题是重要课题

在这个阶段，需要考虑设计规则[㊀]和电气特性，进行布线的最优化，并在不降低电气性能的前提下，尽可能地减小芯片面积。但是，仅仅依靠人工设计，是不可能完成现在数百万甚至一千万以上元器件的布局设计的。因此，目前采用单元基和门阵列等包含自动布线方法的系统 LSI 设计方法[㊁]。

在系统 LSI 中，诸如 DSP、MPEG、CPU 和存储单元等功能块被积极地重复利用，因此需要重新设计的部分越来越少。然而，在高度集成的系统 LSI 中，由于各功能块之间的布线变长，电信号的布线延迟增大，因此对关键路径（延迟时间误差的余量较小，需要进行详细延迟时间计算的布线路径）往往需要进行必要的时序调整（时序仿真），因此，布线问题也成为一个大问题。此外，关于功耗、工作速度和电磁噪声不仅需要密切关注信号线的布线，还需要关注电源线的布线。

为此，系统 LSI 通过采用 5 ~ 8 层的多层布线、布线材料由铝改为

㊀ 规定在制造过程中被认可的半导体器件尺寸、布线金属宽度和间距等的设计规则。

㊁ 见本书“2-8 所有功能向单片化、系统 LSI 的方向发展”。

更低电阻的铜等方法来应对。布线问题越来越成为重要的课题。

版图设计过程

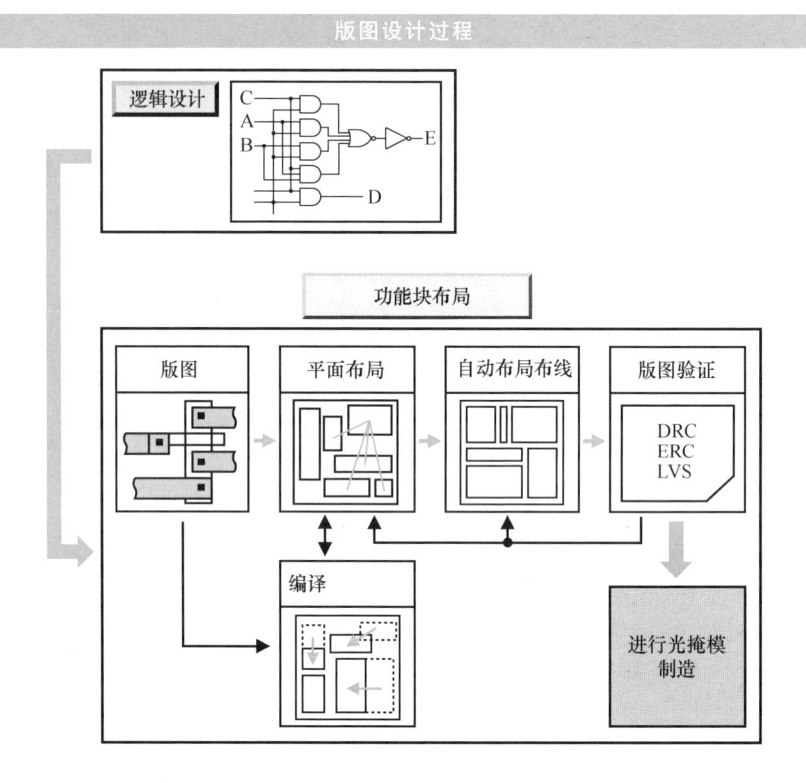

在版图设计领域，最初是通过 CAD 来提高设计效率的，并且在不同的设计阶段，分别有不同的 CAD 工具。在此，我们通过以下给出的一个在 CAD 版图上绘制 CMOS（NAND 门 +反相器）掩模版图的设计实例，介绍版图设计过程中使用的 CAD 工具。

● 基本版图（门、单元和功能块设计）

将需要重新设计的门、单元、功能模块等，通过晶体管、电阻、电容等进行组合布线连接，然后进行设计。最初的晶体管布线连接实际上是通过直接形状的输入来进行的，但是，如今使用的是符号输入（图形简化为符号）的方式，其效率更高，而且应用也越来越普遍。

CMOS（NAND+反相器）的版图

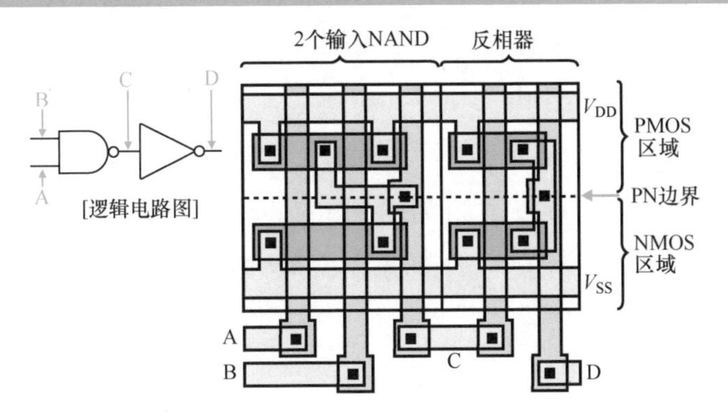

● 平面布局

平面布局是一种概略布局，它考虑到了诸如功能块（IP、内存模块等）和输入/输出端子在芯片上的位置，以便在满足电气性能的同时最大限度地减少芯片面积。在目前的系统 LSI 中，不仅需要布局，还需要进行临时的布线尝试，以便进行实际延迟的计算并将计算数据反馈给时序仿真。此外，在平面布局面积的最小化过程中，还需要根据设计规则在设计工作过程中反复进行布局的压缩作业。

布局压缩是指将芯片面积最小化（紧凑化）的工作。在初始阶段，单元和功能块的放置可以不考虑整个芯片的大小，只依据相互的位置关系来进行概略布局。但是，这样下去芯片面积会变得较大，所以需要在根据设计规则的基础上来进一步缩小单元和功能块之间的距离。如今，这些工作均可由 CAD 工具自动完成。

● 自动布局布线

在平面布局之后，在输入块数据的同时输入网表、单元库等技术文件信息，以自动生成详细的布局布线和掩模数据。在目前的 CMOS 工艺中，掩模的数量多达 20~30 个，因此相关的数据量也是巨大的。

● 版图验证

在将自动布局布线后的掩模数据转换为光掩模的写入数据之前（用于电子束光刻），可以使用版图验证工具对设计规则和部分电气性能进行验证，以提高掩模生成以及最终的集成电路 LSI 的质量。主要的验证软件包括以下几种。

❶ DRC（Design Rule Checking）

DRC 验证软件检查根据 LSI 的制造工艺确定的最小线宽、最小间距等几何设计规则。另外，因为全部的布局结束后的数据量巨大，所以最近广泛使用仅对新改写的部分和有修改的地方进行实时 DRC 验证的在线 DRC 验证技术。

❷ LVS（Layout Versus Schematic）

LVS 验证软件检查布局版图验证完成后的掩模数据是否与逻辑电路元件和元件之间的连接一致。利用 LVS 验证软件，可以发现布局版图中与逻辑电路的不一致（使用不同的单元、布线连接错误）等错误。

❸ ERC（Electrical Rule Checking）

ERC 验证软件可以从掩模数据中检测电源电路中的短路、断路、输入门开路、输出门短路等错误。

❹ LVL（Layout Versus Layout）

在对布局版图进行修改后，可以通过 LVL 验证软件对新旧版图进行检查和比较，以确认所进行修改的正确性，并检查修改对其他部分的影响（例如，是否影响了不需要修改的区域等）。

5-5

电路设计——更详细的晶体管级设计

确定满足逻辑功能、电气特性的更加详细的电路结构（依赖半导体工艺规则的晶体管等元件的结构、连接关系）。另外还计算出以门为单位的延迟、时序信息等来保证电路的运行。以房屋建造为例，它就像更加细化的室内设计，需要仔细考虑家具的质量、墙壁的颜色、窗帘的选择等。

广义上的电路设计

在电路设计阶段，为了满足逻辑功能的电气特性（速度、功耗等），根据半导体制造的工艺数据和设计规则，决定晶体管等元器件的结构和连接的详细电路结构。

为了满足所设计的逻辑门（功能块）的预期工作频率、功耗、驱动能力等条件，需要确定晶体管的构成和参数（掺杂浓度、尺寸等）。确定晶体管构成的是狭义的电路设计，确定参数的是工艺设计。

器件（元件）设计是通过进一步深入研究逻辑门来确定单个晶体管元件的电气特性的过程。例如，在 MOS 晶体管中，寻求制造工艺数据（扩散深度、掺杂浓度等）与直流、交流和瞬态特性之间的关系。

电路、器件和工艺设计这三种设计就是广义上的电路设计。

下列 CAD 工具用于验证电路设计中的流程顺序。

● 电路仿真（用于电路设计）

这种验证使用晶体管、电阻和电容等的操作模型进行直流、交流和暂态分析[㊀]。输入晶体管的电压电流特性、寄生元件[㊁]、参数、各种电容、电阻等，进行延迟时间的计算和元件常数的最优化，以保证电路运行。

㊀ 对电信号随时间变化的分析。例如，输出波形相对于输入波形的时间变化等。

㊁ 由于 IC 构成是在半导体底板上进行元件的构建，所以每个元件不是独立的，其与底板和绝缘膜之间寄生着等效电容和电阻等。

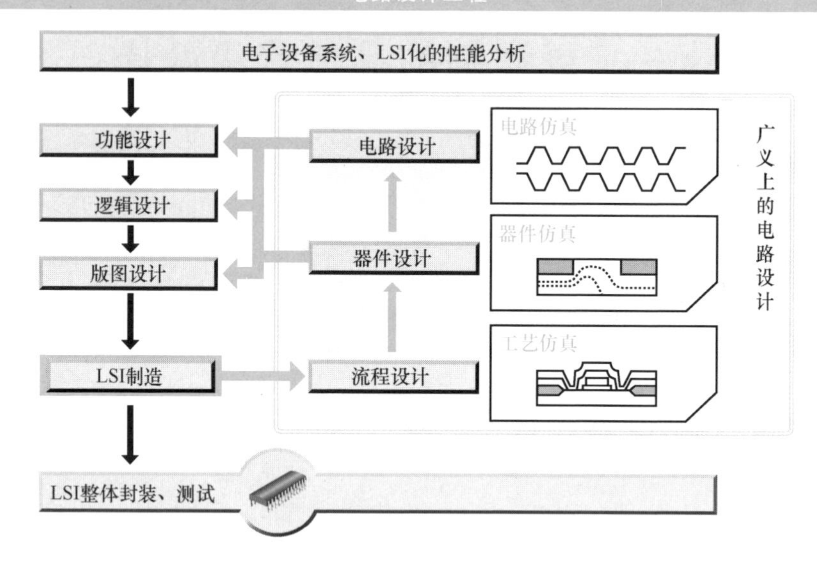

代表性电路仿真器“SPICE[㊀]”通过输入电路元件的网表（逻辑电路的连接信息）和器件参数（元件的尺寸和制造条件）来预测电路的实际工作状态。这样一来，就可以在集成电路芯片正式生产前通过电路仿真，确认实际产品能否按照所希望的性能运行。

● 器件仿真（用于器件设计[㊁]）

在涉及LSI制造技术和元件电气特性的地方，则需要输入制造过程中的设定条件，进行晶体管的电压、电流特性和电容等电气特性的计算。这方面的输入数据是需要通过工艺仿真等得到的。上述涉及LSI制造技术和元件电气特性的计算结果是电路仿真的输入数据。因此，器件仿真是介于电路仿真和工艺仿真之间的，本来就不是独立的，而是电路仿真和器件仿真两者结合的纽带，以提升仿真的效果。除此之外，为了制作晶体管等的器件模型，还需要从实际器件[㊂]进行参数提取。用作电路仿真器SPICE输入的器件参数被称为SPICE参数。

㊀ Simulation Program with Integrated Circuit Emphasis的首字母。
㊁ 详细内容请参见本书“第6章　LSI制造的前端工程”。
㊂ 这里的实际器件指的是TEG（测试晶体管组）。

SPICE 输出网表的例子

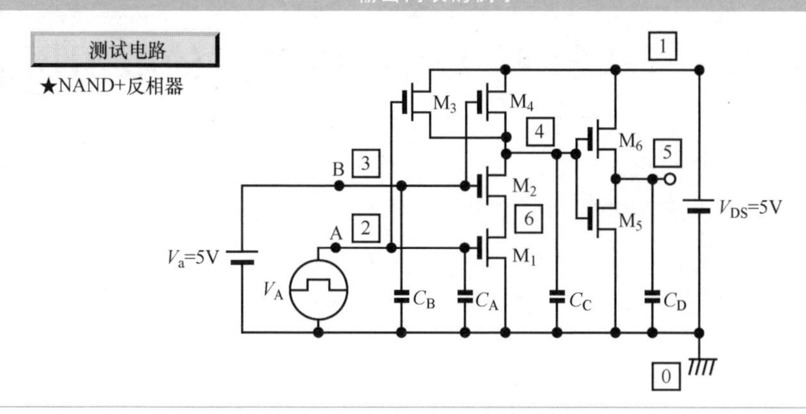


```
*******        NETWORK      SPICE_TEST1        **********
M1  6  2  0  0  NMOS1  L=4U  W=6U  AD=18P  AS=36P  PD=12U  PS=24U
M2  4  3  6  0  NMOS1  L=4U  W=6U  AD=36P  AS=18P  PD=24U  PS=12U
M3  4  2  1  1  PMOS1  L=4U  W=6U  AD=36P  AS=18P  PD=24U  PS=12U
M4  4  3  1  1  PMOS1  L=4U  W=6U  AD=36P  AS=18P  PD=24U  PS=12U
M5  5  4  0  0  NMOS1  L=4U  W=6U  AD=36P  AS=36P  PD=24U  PS=24U
M6  5  4  1  1  PMOS1  L=4U  W=6U  AD=36P  AS=36P  PD=24U  PS=24U
CA  2  0  0.0066  P
CB  3  0  0.0066  P
CC  4  0  0.0197  P
CD  5  0  0.0127  P
```

● 工艺仿真（用于工艺流程设计[㊀]）

工艺仿真在 LSI 晶圆生产所需的工艺技术方面，确定 LSI 制造工艺的流程和制造条件。工艺仿真将所实施的工艺过程中的热工艺温度、杂质扩散浓度等作为输入数据，进行掺杂浓度分布的预测和离子注入条件（注入加速电压、离子注入量）等的最优化。工艺仿真所得到的结果被用作器件仿真的输入数据。光刻技术中涉及的抗蚀剂形状和成品截面形状的预测被称为形状仿真或蚀刻仿真。另外，工艺仿真器的首次开发[㊁]是在斯坦福大学进行的。

㊀ 详细内容请参见本书“第 6 章　LSI 制造的前端工程”。

㊁ 首次开发的工艺仿真器被称为“SUPREM”。

5-6

光掩模——LSI 制造过程中使用的版图原版

所谓光掩模，是在 LSI 制造的曝光工程中所使用的转印用版图原版（在石英玻璃上绘制有 LSI 的曝光图案），是为了在硅片上转印电子电路而使用的 LSI 版图。用照相过程来进行比喻的话，冲洗出来的底片就相当于 LSI 的曝光掩模，定影烫制出来的照片就相当于 LSI 的硅片。

LSI 版图的原版

在 LSI 制造中，在硅片上制作电子电路（晶体管、电容、电阻和布线等）的工序是利用光刻（光蚀）技术进行的。实际上，这些电子电路（电子零件）是将绘制在 20 ~ 30 张（最尖端 LSI 是 30 ~ 50 张）按工序分解的光掩模上的版图原版[一]，经过反复多次光刻工序转印到晶圆上所形成的各种图案，最终在硅片内部形成的半导体结构和绝缘膜、金属布线等。

掩模结构的一个典型例子是在石英玻璃上形成的图案化的铬或氧化铬薄膜层。对于该薄膜层，如果其厚度太厚，则不利于图案分辨率的提高，如果厚度太薄，则不能实现有效的光影效果。因此，通常情况下，该薄膜层的厚度约为 100nm[二]。

光掩模的制造方法是，首先在平坦、低污染、低膨胀的石英玻璃板（空白掩模版）上通过溅射、蒸镀[三]等工艺，在整张石英玻璃板上形成铬（氧化铬）层。然后在此铬（氧化铬）层上涂上抗蚀剂[四]，再用电子束掩模绘制装置[五]进行曝光，以完成图案的绘制。经蚀刻显影后，在没有抗蚀

㊀ 溅射、蒸镀在石英玻璃基板上的隔绝光材料［铬（Cr）等］所形成的版图图案。

㊁ $1nm = 10^{-9}m$。

㊂ 半导体制造中生成薄膜的一种方法。参见本书“6-4　膜是如何成型的?”。

㊃ 蚀刻时用作掩蔽用的感光树脂。参照本书“6-5 用于精细加工的光刻技术”。

㊄ 用于制作光掩模的绘图装置，通过电子束（最尖端 LSI 用装置的电子束波长为 0.005 ~ 0.006nm）照射扫描形成图案。

剂的地方，铬被蚀刻而流失。最后剥离残存的抗蚀剂，就形成了掩模。

掩模及曝光过程

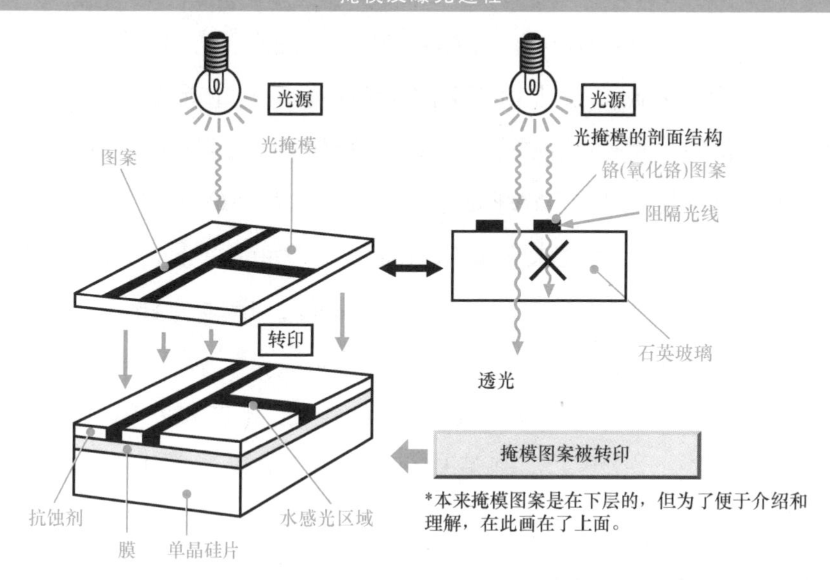

电子束掩模绘制装置的例子

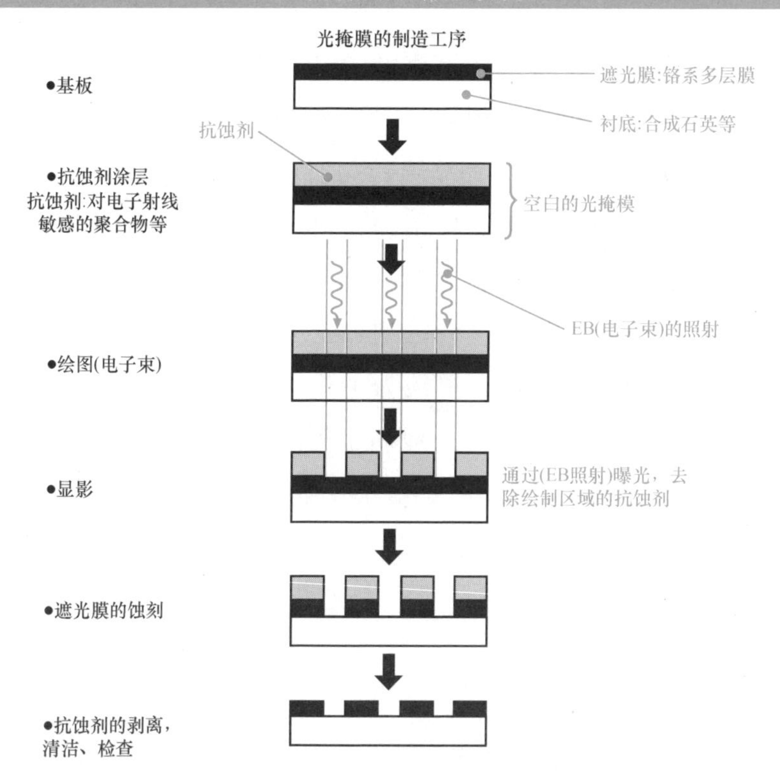

电子束掩模绘制装置

电子束（Electron Beam）掩模绘制装置在光掩模上形成电路图案，这是LSI版图的原版。由于电路图案是在光掩模上形成的，因此电子束在光掩模上的位置必须被精确控制，其定位精度不低于1nm级。定位的准确性和速度可与在足球场上铺设直径为20mm的一元硬币的准确性和速度相比较，位置误差要求控制在0.2mm以下，速度要求在2s内不允许有任何一个硬币的遗漏（资料源自：株式会社ニューフレアテクノロジー，Newflare技术）。

目前使用的大多数光掩模是比实际电路图案大4倍左右的掩模（称为网格掩模），用于LSI制造中使用的缩小投影曝光装置㊀（称为步进器，Steper）。

什么是相移掩模？

相移掩模作为提高曝光分辨率的方法被采用。移相掩模设置移相器以改变图案中光的相位，利用通过移相器的光和不通过移相器的光的相位差（光的干涉）来改善晶圆转印时的分辨率。

相移掩模的种类，有用氮化钼硅（MoSiON）等作为遮光材料代替铬的半透明膜，以及采用铬作为遮光材料的半色调掩模，用铬进行遮光的同时在石英玻璃基板上进行蚀刻加工的莱文森型掩模等。

另外，相对于相移掩模，单纯为了透光/阻挡光线的传统掩模（普通掩模）被称为二值化掩模，一般用于形成宽度超过曝光波长的图案。

而且，由于正式运行的EUV曝光装置㊁所使用的光掩模采用EUV光（13.5nm）进行曝光，因此不能使用以往曝光装置所使用的透射型掩模，而是使用反射型掩模。

㊀ 一种投影曝光装置，将掩模原版画面缩小，并将缩小的画面步进地在晶圆上进行曝光。参照本书“6-6　决定晶体管尺寸极限的曝光技术是什么？”。

㊁ 详细内容请参考“第6章中的EUV曝光装置。

相移掩模的效果

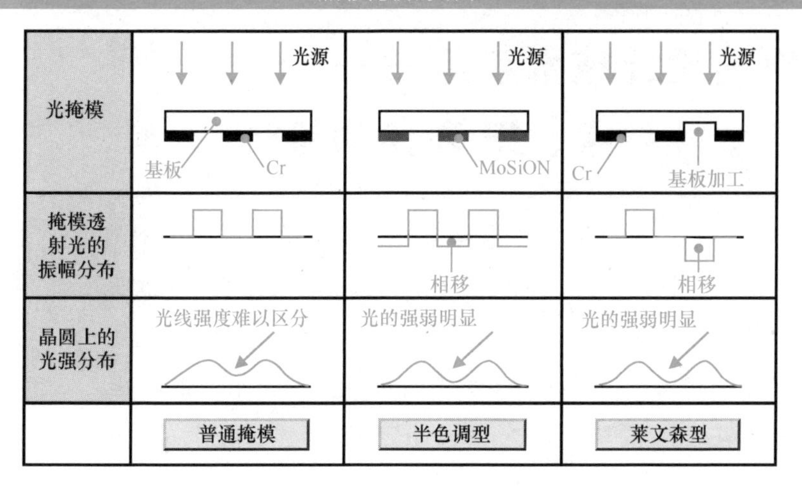
光掩模
光源
光源
光源
基板
Cr
MoSiON
Cr
基板加工
掩模透射光的振幅分布
相移
相移
晶圆上的光强分布
光线强度难以区分
光的强弱明显
光的强弱明显
普通掩模
半色调型
莱文森型

5-7

最新的设计技术趋势——基于软件技术、IP利用的设计

在高性能LSI设计中，必须解决一些困难的问题，如提高处理速度、降低功耗和缩短设计周期等。因此，在开发阶段的上游，通过使用C语言和其他语言的软件描述来提高设计效率，而在下游的版图设计过程中，考虑到时序的自动放置和布线，同时考虑到芯片面积的减少是很重要的。

另外，在新的LSI设计方法中，IP再利用设计现有的功能块（宏单元）被组合和再利用，以及可制造性设计（DFM），从设计阶段就考虑LSI制造技术造成的成品率降低问题，正在被推进。

从设计上游开始的基于C语言的设计方法

过去，从逻辑电路设计方面为急剧增加的门数提供支持的是，将硬件描述语言（HDL）中的模型自动转换为逻辑电路（网表）的逻辑综合工具。然而，对于集成度不断提高的LSI设计要求，人们希望从设计过程的上游获得一致的设计工具。最近，传统上在设计者头脑中进行的功能设计过程的自动化，已经以基于C语言的设计形式也已经实现。

在设计过程的上游采用C语言进行设计和验证，能够带来一系列的优势。

- 可以一开始就大致了解LSI的整体情况，从而能够进行不重复的单程设计。
- 可以使处理门数有飞跃性的增加。
- 软件（将在LSI系统中实施的程序）和硬件（原始LSI设计）进行合作设计成为可能。

如此等等。

然而，更重要的变化是，现在可以由软件工程师单独负责 LSI 的设计，而过去这两个领域是分开进行的，LSI 设计由 LSI 工程师处理，软件由软件工程师处理。

这一重要变化实际是增加了有效设计人员的数量，从而大大促进了电子器件（LSI）开发能力的提升。由于这个原因，设备制造商和半导体制造商正在迅速、积极地引入 C 语言作为 LSI 设计语言，以增加 LSI 设计人员的实际数量和提高设计效率。

在基于 C 语言的设计中，从规范设计到 HDL 设计的上游工程开发过程是连续的，因此可以明确以往反复试验的作业工序和步骤。具体来说，就是将被称为架构的系统构成的基本部分（例如总线构成、硬件、软件的分配等）用 C 语言进行行为级描述[㊀]，然后使用 C 语言仿真器进行验证，接着进行操作综合[㊁]。由于将以往依赖人工的工作自动化，因此该方法可以大幅缩短 LSI 的开发周期。

考虑时序的版图设计

随着 LSI 的大规模化，与晶体管和门等基本元件自身的延迟相比，由于单元和功能块的相互连接，其布线延迟[㊂]也越来越长。

因此，根据逻辑分区和功能块确定芯片布局的整体配置工具——平面布局器，发挥了重要的作用。

传统的平面布局器首先预测每个逻辑功能的功能块面积，并确定其位置和形状，以最大限度地减少芯片中的死角和整体布线长度。然而，最近的平面布局器功能增加了调整布线长度的能力（通过静态时序分析和验证工具计算布线延迟时间等），并将其作为整体配置构成阶段的一个重要元素。除此之外，与逻辑综合工具的协作也变得更加重要。

㊀ 描述系统的行为，表示概念性的操作，用功能图和 C 语言等高级语言表现电路的构成，接近软件程序。

㊁ 从基于 C 语言描述的操作级开始到寄存器传输级（Register Transfer Level，RTL）的生成。

㊂ 由于布线变长，精细化布线导致布线电阻增大等原因，导致连接两点之间布线的电阻增大，从而产生电信号延迟。

传统设计方法与基于 C 语言设计的比较

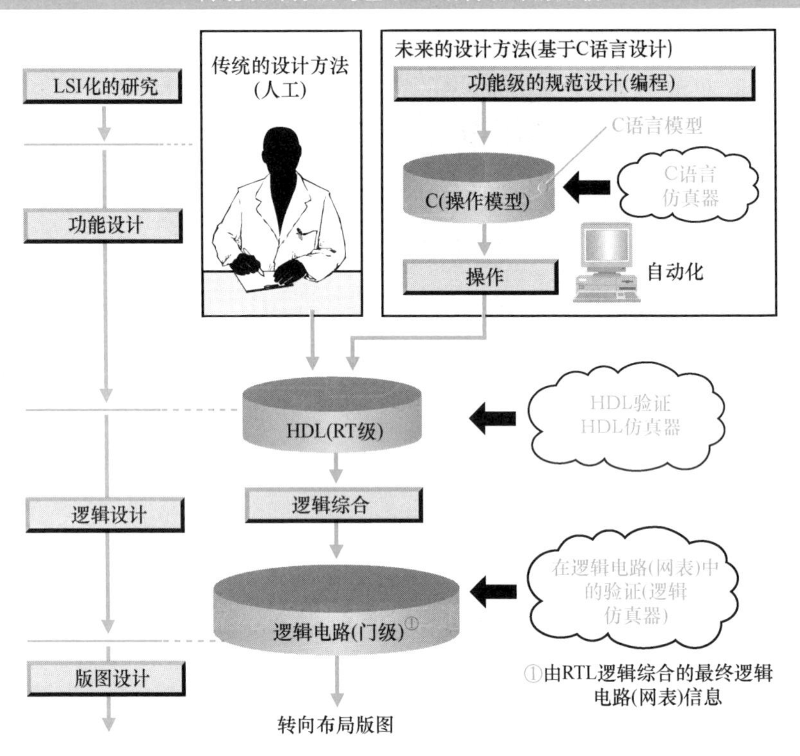

考虑时序验证来设计整体版图的平面布局器

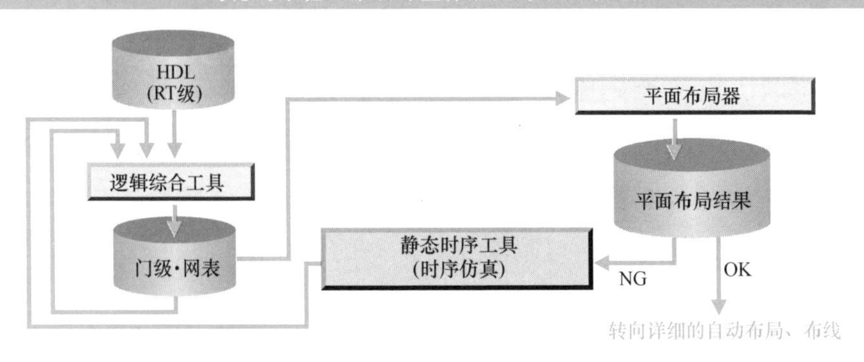

成为新型 LSI 设计决定性因素的 IP 再利用设计

在新型的 LSI 设计中，通过整合现有自主开发或在分销阶段从外部供应商处购买的 IP，建立一个高效的 IP 再利用设计环境是非常重要的。通过这种有实际成效的、有质量保证的 IP 再利用，与从头进行设计的传统电路设计方法相比，可以在非常短的时间内开发出高性能的 LSI。

IP（Intellectual Property，知识产权）最初是指专利和版权等知识产权，但在半导体行业，IP 是指已经设计和开发的功能块等设计资产，可以作为 LSI 设计数据重新使用。因此，这里所说的 IP 与我们传统上所称的功能块，在电气性能等方面是没有什么不同的。之所以称其为 IP，是因为它保护了已经被验证的开发块的优越性，并将其视为与传统专利和其他权利具有相同价值的知识产权。

IP 包括硬 IP 和软 IP，前者指的是具有固定物理形状的掩模版图，后者是用 LSI 设计硬件描述语言编写的设计文件。软 IP 是软件（程序），因此在性能调整上很灵活，但不能像硬 IP 那样作为掩模版图直接使用。

组合 IP 的系统 LSI 配置实例

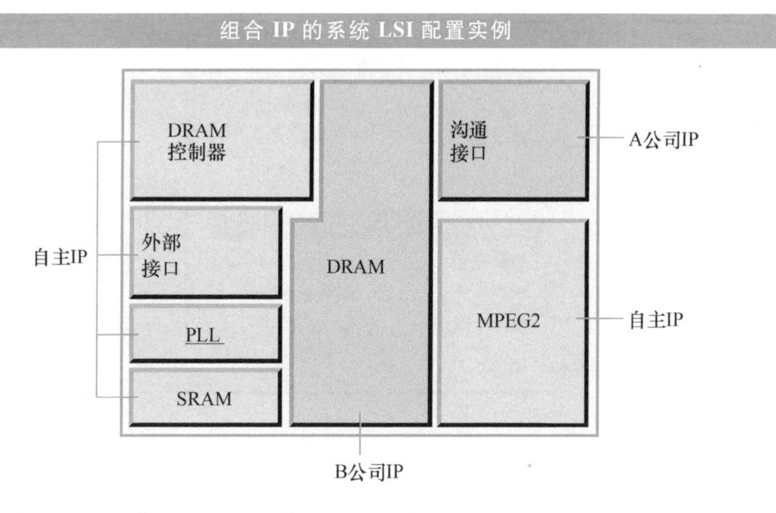

考虑了制造技术引起差异的可制造性设计

可制造性设计（Design For Manufacturability，DFM）是一种在设

计阶段就着手解决 LSI 制造过程中可能会出现制造差异的技术，从而使制造变得更容易（可以预期更高的成品率）。这种制造差异是由于制造技术引起的不稳定因素（波动）。

自 90nm 设计制程产生以来，当 LSI 制造工艺越来越精细时，DFM 正逐渐引起人们的关注。因为它可以避免由于灰尘造成的缺陷、曝光过程中的制造缺陷（形状是否按照设计数据精确完成）和 CMP㊀中的平整度（晶圆是否能被均匀切割）等因素导致制造成品率突然恶化。也就是说，过去应对制造过程中出现波动的是流程/设备/掩模技术人员等，今后，LSI 设计人员也必须考虑可制造性。

因此，DFM 方法可以利用以下对策最大限度减少不良产品的出现。例如，将版图上的临界区域最小化，以应对灰尘引起的元件、布线等缺陷，以及采用对曝光和 CMP 等差异耐受性高的版图设计，以应对曝光过程和 CMP 平整度的缺陷（与成品形状缺陷有关）。

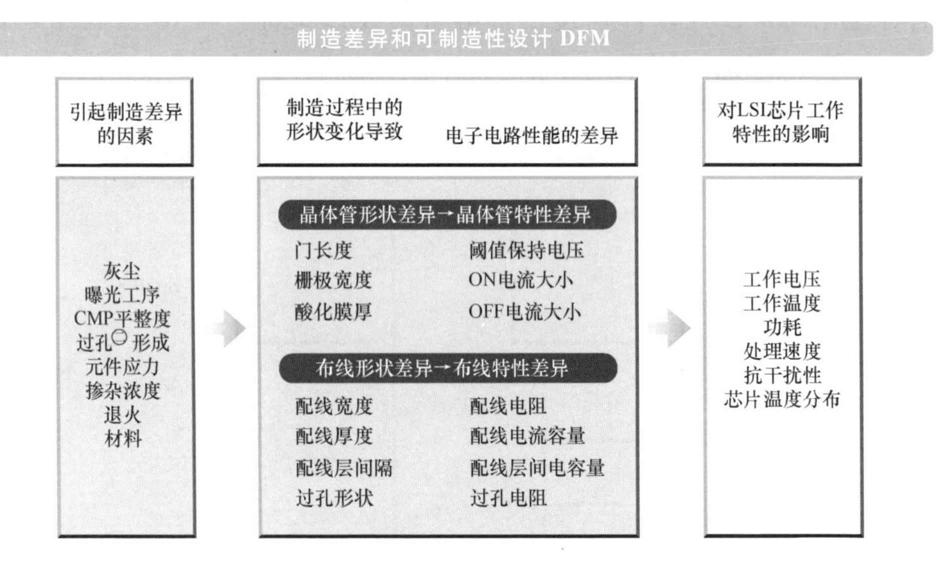

㊀ Chemical Mechanical Polishing，半导体制造中的化学机械抛光。

㊁ VIA。在多层布线中，将下层和上层之间的线路进行电气连接的区域。与此相对，接触孔是将布线层与晶圆表面的源极、漏极、栅极等进行电气连接的连接区域。

5-8

LSI 电气特性的缺陷分析与评价——如何进行出厂测试？

LSI 测试可以分为开发阶段的工程样品评价、出厂时的 LSI 量产测试以及残次品的缺陷分析。此外，对于像 SOC 这种制造完成后测试分析过于复杂而难以处理的 LSI，还需要从设计阶段开始就必须考虑便于测试的设计。

LSI 开发阶段的评价

在 LSI 设计和试制造流程完成后，第一批工程样品[⊖]被用来测试 LSI 是否能够按照设计进行运行。工程样品评价中的测试项目包括以下内容。

❶ 通过与逻辑仿真结果的比较进行功能验证测试。

❷ 对半导体元件（如晶体管等）进行直流（DC）特性测试，确认电气性能指标。

❸ 对半导体元件（如晶体管等）进行交流（AC）特性测试，确认电气性能指标。

❹ LSI 系统运行的综合功能验证测试。

❺ 上述项目的可靠性测试。

出厂时的量产测试

出厂时的量产测试包括为了筛选良品芯片的晶圆测试（也叫前端工程测试）和封装后的测试（也叫后端工程测试）。通过出厂时的量产测试，可以将残次品 LSI 完全去除，将成品发往市场。

在量产测试中，如何在充分确认功能的前提下降低测试成本是一

⊖ ES（Engineering Sample），指 LSI 开发初期用于评价的样品芯片，其电气特性等不能完全得到保障。

个很大的问题。LSI 越是高集成、高性能化，测试时间就越长，测试成本的上升是不可避免的。因此，自动测试设备（Automatic Test Equipment，ATE）不仅高速化、多引脚化，而且还可以通过同时对多个 LSI 进行测试等方式降低测试成本。在实际的 ATE 运用中，使用完全调整确认过的测试程序，进行功能测试、DC 测试、AC 测试，进行 GO（良品）/NG（残次品）的判定。

LSI 开发阶段以 ES 为中心的评价

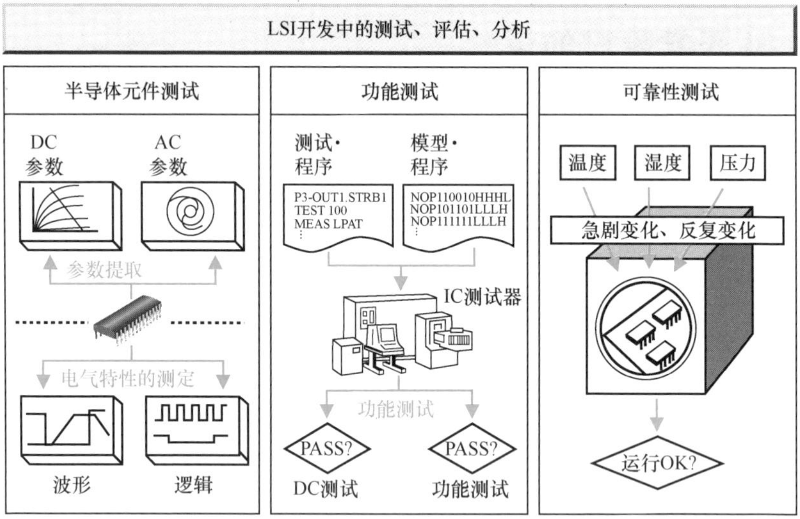

残次品的缺陷分析

为了分析 LSI 开发评价中出现的缺陷，并在量产测试中找到成品率降低的原因，有必要明确以下内容，以查找缺陷产生的原因。

1. 逻辑电路设计中的缺陷（不良缺陷）。
2. 生产工艺上的不良（生产工艺不良、光掩模不良）。
3. 为测试 LSI 而创建的测试程序中存在的漏洞。
4. 测试设备环境中的问题。

根据以上分析结果确定缺陷产生的位置，并根据此指示实施光掩模的修正、测试程序的修正、制造工艺条件的变更等改进措施。

此时，不仅是 ATE 测试仪，电子显微镜、各种分析设备、电子束测试仪和用于掩模修复的聚焦离子束校正等设备[1]，都被用于晶圆级的测试、观察和分析。

残次品的缺陷分析

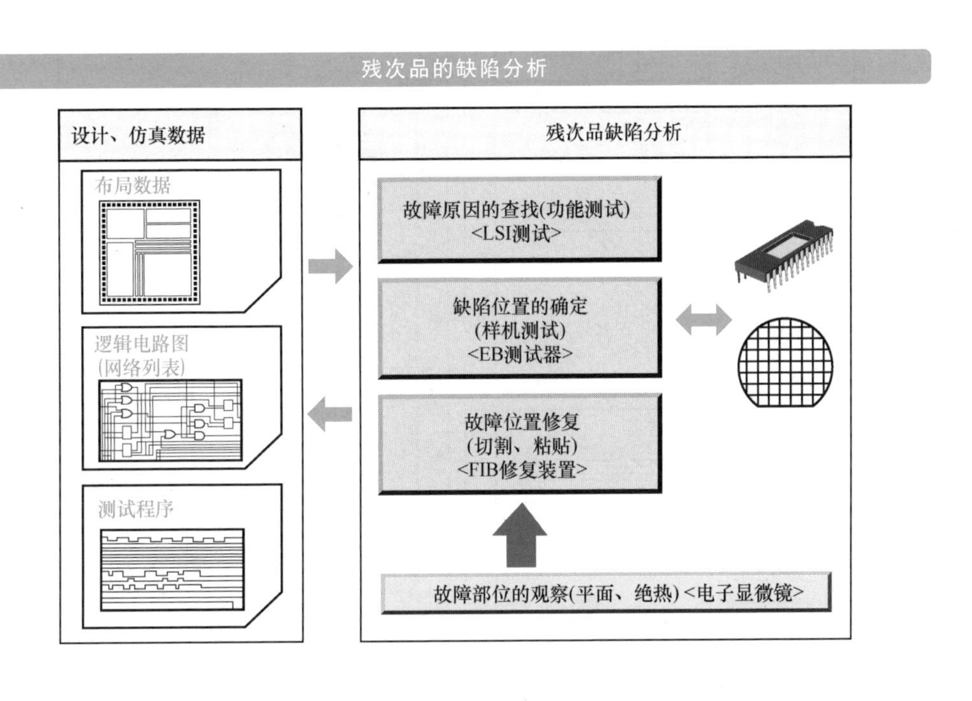

可测试性设计

在对复杂化、规模化的 LSI 进行功能测试时，分析和测试程序的开发需要花费大量的时间。因此，为了减轻 LSI 的测试负担，从开发初期阶段就需要开始考虑并设计对策。这方面的设计方法被称为可测试性设计（Design for Testability，DFT）。

例如，使用更加适用于自动测试模式生成工具[2]的逻辑电路等，

[1] 使用聚焦离子束（Focused Ion Beam，FIB）修正晶圆上光掩模版图和金属布线的专业设备。

[2] ATPG，Automatic Test Pattern Generation。

以便于测试程序的自动生成。在可测试性设计中，与设计 CAD 工具的紧密联系正变得越来越重要。

将逻辑设计环境与测试环境联系起来，对降低测试负担很重要

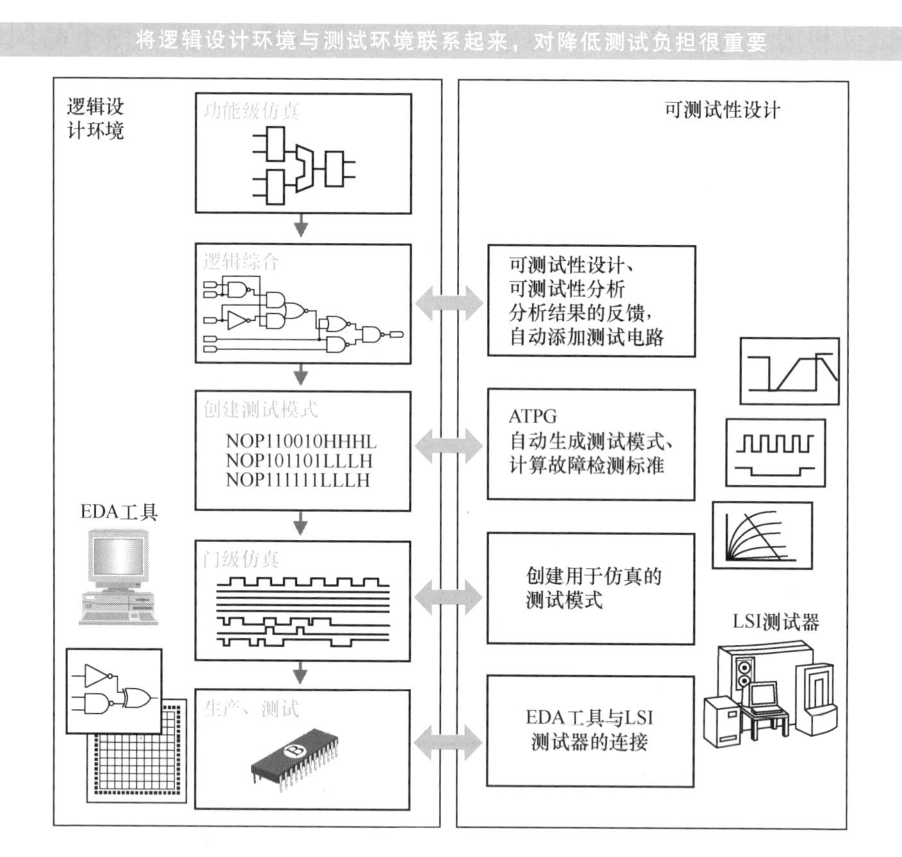

第 6 章

LSI 制造的前端工程

硅芯片是如何制成的?

LSI 是如何被制造出来的呢? 基本上是通过反复进行照相制版、精密加工、杂质扩散等技术加工步骤，最终在硅片上一次性制造出 100 万到数亿个以上的半导体元件。

下面将从硅片的清洗开始，按工序来介绍作为电子器件的硅芯片制造全过程。

6-1

半导体生产的全过程概览

LSI 制造工序可分为前端工程（晶圆工艺）和后端工程（组装、测试）。前端工程是在硅片上反复进行清洗、成膜（氧化膜、金属膜）、光刻（曝光、蚀刻）、杂质扩散等，以形成晶体管和金属布线。后端工程是芯片的组装和装配（封装），最后进行出厂测试，检验合格的产品才能出厂。

前端工程

❶ 单晶硅片的投入

购买符合 LSI 特性的硅片（基材厚度、基材电阻率、晶体取向等）。目前，直径为 200~300mm 的晶圆尺寸很常见，但最近正在研究下一代直径为 450mm 的尺寸。例如，一个 10mm 见方的芯片可以在 200mm 的晶圆上产出 280 个芯片，在 300mm 的晶圆上产出 650 个芯片。因此，较大直径的晶圆具有显著的大规模生产效果，对降低成本的策略有很大影响。

❷ 清洗工艺

然后进行晶圆的清洗，以去除污渍。污染物的种类有单纯的灰尘、金属污染、有机污染、油脂、自然氧化膜等。LSI 制造（前端工程）需要非常纯净的环境，这是因为晶圆上嵌入的半导体元件非常微小，灰尘可能造成布线的断线等。此外，半导体元件本身的化学稳定性以及形状对绝缘膜和杂质扩散也很重要。在每道加工工艺（处理）前后，清洁过程均要仔细地重复多次。

❸ 成膜工程

在硅晶圆上制造 LSI 时，为了形成晶体管元件结构上的电气分离（绝缘膜）和布线（金属布线膜），需要形成氧化硅和铝等材料的层（膜）。成膜的方法大致分为溅射、CVD、热氧化 3 种。

④ 光刻

光刻技术最初源于平版印刷技术。在 LSI 领域，为了进行硅片的加工和薄膜的成膜，照相蚀刻工序（光刻）是必要的。

⑤ 杂质扩散工程

这是为了形成半导体元件所需要的 P 型和 N 型半导体区域，在晶圆中添加杂质（沉积），然后在硅内部进行杂质分布的工序。实现杂质扩散的方法有热扩散法和离子注入法。

后端工程

❶ 封装工序（安装工序）

在前端工程完成后，在这个阶段还有一个测试检查工序[一]来进行良品芯片的选择。

测试检查工序完成后，接着进行晶圆的切割。①切割（将晶圆切成颗粒状[二]）。②固定（将芯片粘贴在引线框架上）。③焊接（导线与电极进行连接）。④模压（用密封材料对硅芯片进行密封）。⑤封装完成（标记）。

硅晶圆加工完成后进行的硅片装配工作（封装）是半导体制造的后端工程[三]。

❷ 测试（检查）

在芯片封装工序完成后，所有 LSI 在发货前都要进行良品测试[四]。除了电气性能外，检查可靠性的可靠性测试[五]（环境测试）也至关重要。将封装好的芯片放入环境测试机，施加不同的温度、湿度、压力，并进行剧烈以及反复的变化，判断包括封装在内的 IC 的可靠性和寿命（加速测试）。可靠性测试是通过 LSI 的随机抽样进行的。

㈠ 参照本书“5-8 LSI 电气特性的缺陷分析与评价—如何进行出厂测试?”

㈡ 切割成颗粒状的晶圆被称为“芯片”或“晶粒”。

㈢ 详细内容参照本书“第 7 章 LSI 制造的后端工程和封装技术”。

㈣ 参照本书“5-8 LSI 电气特性的缺陷分析与评价—如何进行出厂测试?”

㈤ 参照本书图“LSI 开发阶段以 ES 为中心的评价”。

半导体制造的全部工序

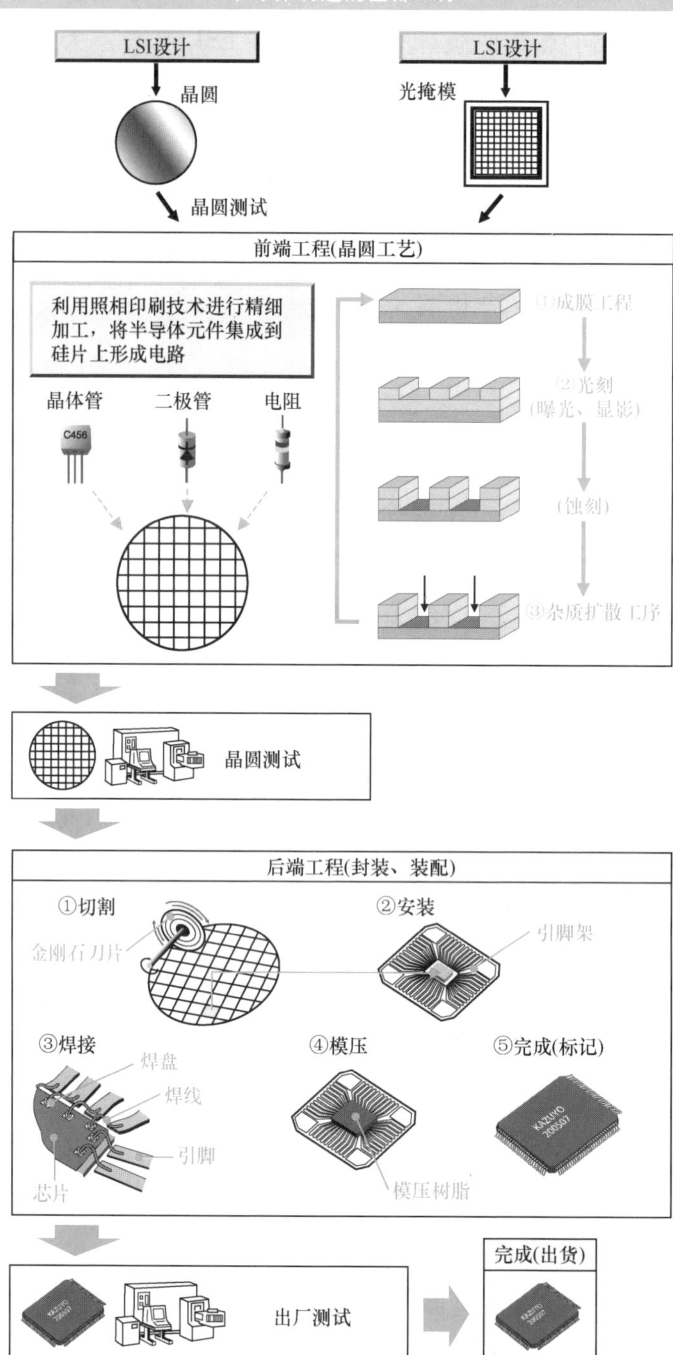

LSI设计
晶圆
晶圆测试
LSI设计
光掩模
前端工程(晶圆工艺)
利用照相印刷技术进行精细加工，将半导体元件集成到硅片上形成电路
晶体管
二极管
电阻
C456
①成膜工程
②光刻
(曝光、显影)
(蚀刻)
③杂质扩散工序
晶圆测试
后端工程(封装、装配)
①切割
金刚石刀片
②安装
引脚架
③焊接
焊盘
焊线
引脚
芯片
④模压
模压树脂
⑤完成(标记)
KAZUYO
200507
出厂测试
完成(出货)

6-2

清洗技术和清洗设备

晶圆加工是LSI制造的前端工程，需要一个极其洁净的环境。因此，在工艺处理前后，要对晶圆进行彻底清洗，以去除污染物。清洗工序要仔细重复进行多次，污染物包括灰尘、金属污染物、有机污染物、油和油脂等。

半导体是超级清洁的

需要清洁的污染物包括如下几个类型。这些污染物对芯片制造的成品率有很大影响，而成品率[㊀]是决定产品成本的最大因素。此外，如金属污染物等不可见污染因素也会对半导体元件产生显著的电气性能影响（例如MOS晶体管的耐受电压、泄漏电流、阈值电压等），这可能会导致产品质量下降，成品率降低。

❶ 灰尘（单纯的垃圾）

灰尘污染物是在前一工序中，当晶圆从制造装置中取出或经运转箱搬运时，附着在工厂环境（通常是无尘的清洁环境）中的灰尘，尺寸为0.1μm到几μm级。在半导体行业中，这种微小的灰尘通常被称为尘粒。

❷ 金属污染物

金属污染物，如作业人员流出的汗水中所含的钠（Na）分子，以及工厂内使用的药液中所含的微量重金属原子等。

❸ 有机污染物

有机污染物包括作业人员的皮屑和污垢中所含的碳，以及芯片处理中使用的化学药液中所含的微量碳（C）分子等。另外，在清洗工序中使用的纯水配管中产生的细菌也是有机污染物之一。因此，供水管道等设备也应定期进行清洗。

㊀ 成品率是指制造过程各工序中的合格率。通常，简单地说，术语成品率是指成品晶圆最终测试中的芯片合格率（合格芯片数/有效芯片数）。

❹ 油脂

油脂包括作业人员的汗水，以及制造设备产生的油分等。

❺ 自然氧化膜

当硅片暴露在空气中时，其表面与大气中的氧气结合，会形成一层非常薄的氧化膜，其厚度通常为1~2nm。然而，由于这种氧化膜中还含有来自大气的杂质，因此也成为污染物之一。通常情况下，晶圆被存储在清洁的、有温度和湿度控制的存储单元中，以防止灰尘的污染，保证晶圆的清洁度。

清洁设备

作为清除污染物的清洗装置，最普及的是湿式清洗，湿式清洗是应用最广泛的清除污染物的清洗设备类型。被称为湿式站的清洗设备由一系列含有化学溶液和纯水的水箱组成，将晶圆依次浸入其中，以溶解、中和并冲洗掉污染物，然后再进行干燥。湿式清洗装置被广泛用于尘粒（半导体中的微小尘埃）、金属污染物、有机污染物和氧化膜等的去除。

湿式站等清洗设备被称为批量型处理设备（批处理浸渍式批量浸泡系统），可以以25片/50片晶圆为单位进行晶圆批量处理。其优点是一次处理量（每小时的处理能力和吞吐量）大，可以使得晶圆清洗成本降低，而且根据清洗顺序的需要可以安排任意多个可选的清洗槽。其缺点是存在着设备尺寸不可避免地增大，化学药液和去离子纯水的使用量多等挑战。

与批处理方法相对的是，对晶圆逐片进行处理的单晶圆方法，单晶圆方法一次处理一个晶圆。单晶圆设备采用的是一种喷雾清洗法，将化学药液或去离子纯水直接从喷嘴喷到高速旋转的晶圆上，也被称为单晶圆旋转法。单晶圆清洗法可以解决伴随半导体微细化和晶圆单片口径增大而产生的晶圆面内缺乏均匀性而导致的精细结构损伤等问题。此外，单晶圆清洗法还适用于最近出现的少量、多品种定制的ASIC LSI生产。单晶圆清洗法的缺点是药液的循环复杂，而且回收存在浓度控制困难等问题。

目前，为了应对超微细化生产中更高的成品率要求，出现了从批处理清洗方法到逐片进行处理的单晶圆旋转法的快速转变。

除此之外，在清洗后，必须在拆除前将晶圆烘干，并且始终保持干燥状态。这是因为让晶圆处于含水的湿润状态会导致其表面氧化，并导致肉眼看不见的水印（水滴的残留物）留在晶圆上。从这个意义上说，清洗装置和干燥装置是一体的，是晶圆处理系统的一个组成部分。

洁净间

进行 IC 制造的半导体制造工厂同样需要一个非常清洁的环境。因此，在半导体制造工厂中，需要创造出可以免受尘埃和其他污染物污染的洁净间，并在其内部进行半导体 IC 的制造（前端工程，晶圆工艺）。

● 尘粒大小、数量的限制

半导体制造工厂的洁净间环境需要将空气尘粒、细菌等污染物的颗粒大小限制在 0.1~0.5μm 以下，并保持空间温度和湿度的恒定。因此，为了显示洁净间的洁净程度，使用清洁度等级（以每立方英尺［1 英尺（ft）= 0.3048m］中 0.1μm 的颗粒数表示）来表示洁净间的清洁度。例如，第 1 类意味着每 ft^3 中有一个 0.1μm 的颗粒，如果简单地理解等级 1（0.1μm）的清洁度，就是这么大的空间内只能有 1 个 0.1μm 的颗粒。半导体工厂洁净室的清洁度等级大致如下。

等级	10~100	杂质扩散、光刻
等级	10~1000	晶圆单片表面处理等一般工艺
等级	100~10000	后端工程（封装、测试）

● 洁净间的结构

洁净间的制作，通常通过超高性能 HEPA（High Efficiency Particulate Air）过滤器的空气从上部不断流向下部具有导电性的网状防静电地板，通过这样的空气流动方式，可使得洁净间内部整体环境始终保持在清洁空气的环境中。

- 大房间方式：制造装置、测量仪器等所有设备均配置在一个房间内。
- 清洁隧道方式：将清洁空间形成隧道状的锥形方式。
- 微型环境方式：通过局部围栏的设置，获得比周围环境清洁度明显高的局部清洁环境的方式。

考虑到洁净间环境制造的成本和清洁度的需要，采用微型洁净间环境的方式正成为今后洁净间的主流方式。

6-3

沉积技术和膜的类型

在LSI制造中，膜被用于多种用途，包括晶体管结构中的元件隔离、MOS晶体管的栅极绝缘体、栅极绝缘膜（MOS晶体管）、栅极电极、LSI中的金属布线互连和多层结构之间的层间绝缘膜等。这些膜的材料包括氧化膜、多晶硅、布线金属膜（铝和铜）等。

半导体结构需要的膜种类有哪些?

以下是对构成CMOS反相器的基本CMOS结构中使用的各种膜的简要介绍。

❶ 用于元件隔离的绝缘膜

对于半导体元件的隔离，如晶体管，使用厚的SiO_2氧化膜，称为场氧化膜，与MOS晶体管的薄栅氧化膜形成对比。以往，场氧化膜使用称为LOCOS（Local Oxidation of Silicon，硅的局部氧化）的选择氧化膜（对无氧化膜的部分的选择氧化作用）。后面图中的元件隔离采用的也是LOCOS结构。

然而，随着微细化制造技术的进展，浅沟槽分离已成为主流，其中硅基底被纵向蚀刻以形成嵌入的氧化膜。

❷ 双晶体管绝缘膜

MOS晶体管MOS（Metal-Oxide-Semiconductor，金属-氧化物-半导体）结构中的氧化物，即为氧化膜。栅极电压通过该氧化膜（栅极电容）施加到沟道上。

❸ 多晶硅膜

作为MOS晶体管的栅极G的电极材料，使用添加了N型或P型杂质的多晶硅膜。这种多晶硅膜由于添加了高浓度的杂质使其电阻变得很低，因此与铝金属一样，被用作布线金属的一部分。但是，与铝金属等相比，这种多晶硅膜的电阻值还是相当大的。

④ 铝膜

铝膜被用作金属布线。该膜是用溅射方法沉积进行成膜的。在最近的微细化 LSI 中，由于需要进一步降低布线的电阻，因此正在使用具有较低电阻率的铜来代替铝。

⑤ 层间绝缘膜

这是一种用于金属互连布线间绝缘的氧化膜。在当今的 LSI 中，正在开发微细化的互连布线和多层互连布线，需要对膜进行平坦化处理，因此在沉积成膜后，还需要采用 CMP（化学机械抛光）进行物理或化学的平坦化处理。

⑥ 保护膜（钝化膜）

钝化膜用于保护制造完成的半导体元件免受灰尘和湿气的影响。钝化膜材料可以采用氧化物或氮化物（Si_3N_4）。

基本 CMOS 结构（CMOS 反相器）中的膜质和用途

a) 剖面结构图

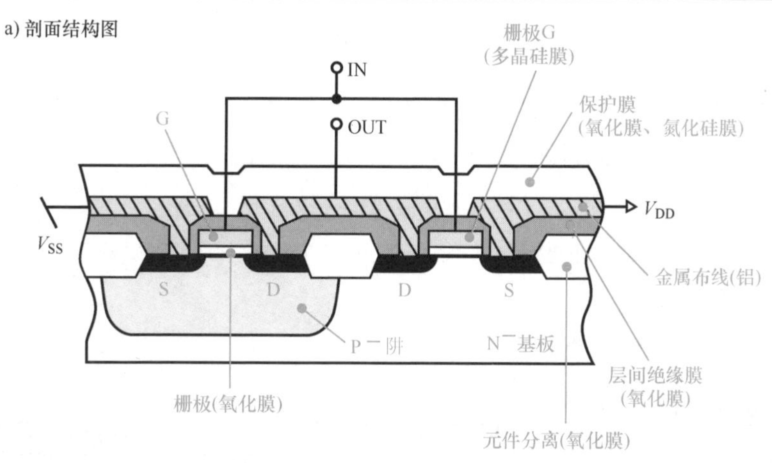

b) 电路符号图

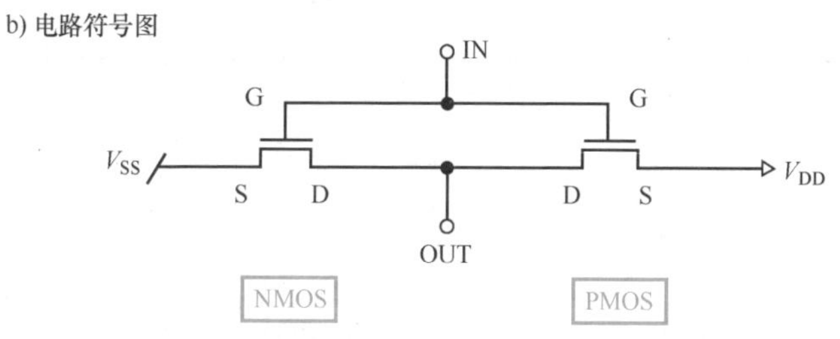

6-4

膜是如何成型的?

半导体制造过程中需要构造多种不同类型的膜，多种不同类型的膜主要依靠热氧化法、溅射法、CVD 法等方法进行膜的成型。

膜的 3 种成型方法

在此简要介绍一下膜的成型方法。

❶ 热氧化法

热氧化法是一种从表面到内部对半导体材料进行氧化，以形成氧化膜的膜成型方法。将硅（Si）芯片放入含有氧气（O_2）和水蒸气（H_2O）等气体的高温炉中进行加热，由于高温氧气和水蒸气对硅材料的氧化作用，在硅片表面形成二氧化硅膜（SiO_2）。

由于二氧化硅膜是从硅衬底的表面向硅衬底的内部生长的，因此能够产生具有非常好的绝缘性能的高质量膜。硅被用作半导体材料的原因之一就是这种高质量的绝缘膜容易产生。

热氧化法

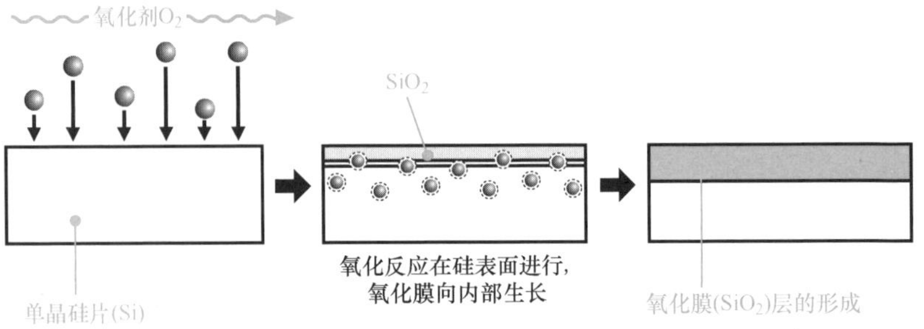

氧化剂O_2

SiO_2

单晶硅片(Si)

氧化反应在硅表面进行，
氧化膜向内部生长

氧化膜(SiO_2)层的形成

❷ 溅射法

溅射法膜成型方法首先在室式反应器的腔室中形成高真空环境，

然后使惰性气体，如氩气（Ar）等，高速流入反应器的腔室，与腔室内由金属材料构成的圆盘状物料块（称为靶材）碰撞。靶材被称为金属质量靶，由要沉积的材料制成。由于惰性气体原子被高压电场电离为高能离子，与靶材的碰撞会将靶材的原子撞出，碰撞后喷出的原子沉积在晶片的表面，形成相应材料的膜。例如，为了形成铝金属布线膜，将离子束轰击到铝制的靶材上，使铝原子被弹出并沉积在晶圆表面。溅射法也被称为 PVD（Physical Vapor Deposition，物理气相沉积）法，与下面的 CVD 法相反。

溅射法

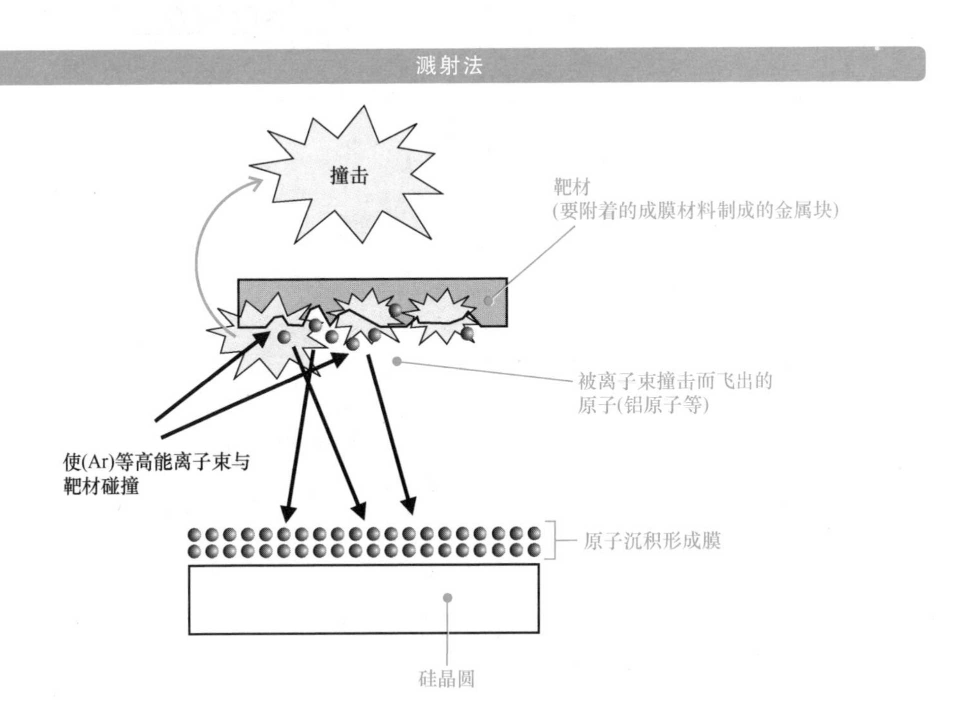

③ CVD 法

CVD 是化学气相沉积（Chemical Vapor Deposition）的缩写。CVD 法膜成型方法在反应器（称为腔室）内，通过成膜材料气体与要附着于其上的硅晶圆的化学反应，在硅晶圆的表面沉积所希望的膜。

CVD 法的膜成型方法，除用于氧化膜、氮化硅膜（通过硅烷+氨气流沉积成膜）外，还用于作为电极和布线使用的多晶硅、硅化钨（栅极等材料）等的膜成型工艺。

根据用于促进化学反应的催化方法，CVD 成膜装置包括利用热能的热化学气相沉积、利用等离子体能量的等离子体化学气相沉积和利用光的光化学气相沉积。

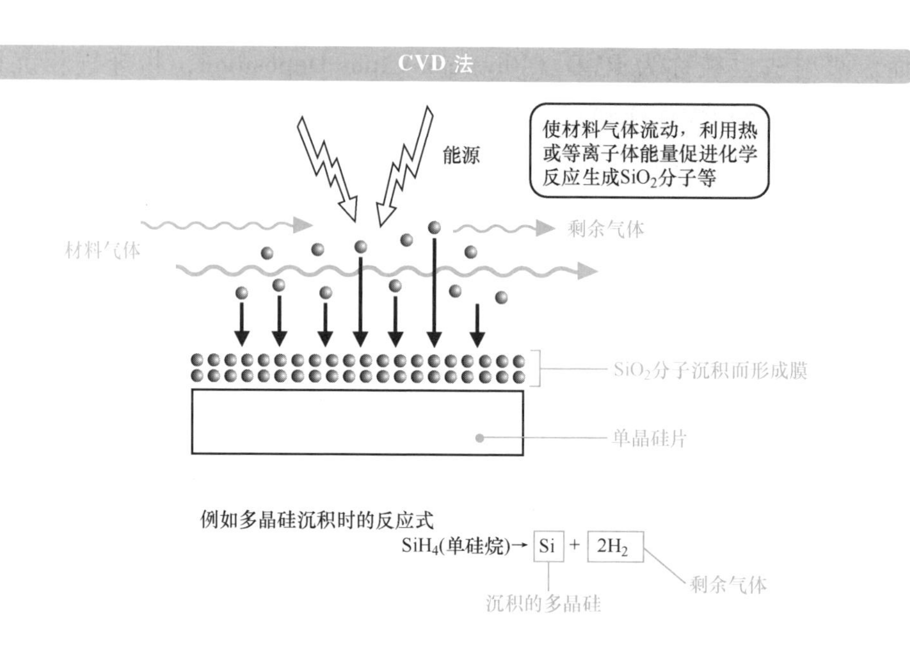

6-5

用于精细加工的光刻技术

光刻技术是指加工硅片和沉积膜所必需的照相雕刻工艺。它是一种通过应用光敏剂进行曝光、显影和蚀刻等光刻加工技术，将硅片和沉积膜加工成半导体元件所需要的微型图案的技术。

平版印刷工艺流程

在此，以 LSI 制造中的氧化膜加工工艺为例，介绍使用照相平版印刷技术的光刻技术，这也是光刻技术的完整流程。

❶ 光敏剂的涂布

感光性树脂的涂布是进行图案照相制作的开始步骤。这种光敏剂被称为抗蚀剂（或光致抗蚀剂、光刻胶）。

对于光敏剂，被光（能量）照射的区域不溶于显影液的类型被称为负性光敏剂，而相反的类型，即被照射的区域变得可溶，则被称为正性光敏剂。

❷ 曝光

曝光工序通过描绘有半导体电路图案的光掩模，将半导体电路图案转印并烧结到硅晶圆上。关于曝光技术，参见“6-6 决定晶体管尺寸极限的曝光技术是什么？”。

❸ 显影

显影工序用一种化学药液对光照（曝光）后硅晶圆上的抗蚀剂进行溶解，以得到想要的半导体电路图案。在这一工序后剩余的抗蚀剂所形成的半导体电路图案被称为抗蚀剂掩模。

❹ 蚀刻

使用抗蚀剂掩模（剩余的光致抗蚀剂所形成的掩模）对氧化膜进行蚀刻，无抗蚀剂遮盖的部分将被蚀刻掉。

⑤ 抗蚀剂的剥离

在氧化膜蚀刻完成后，即可以进行抗蚀剂的剥离，移除剩余的抗蚀剂。抗蚀剂下面的氧化膜在蚀刻工序中未被腐蚀而保留，成为最终的氧化膜图案。

这层最终的氧化膜图案将直接成为 MOS 晶体管的栅极区域或杂质扩散工序（将杂质扩散到无氧化膜保护区域的硅中的工序）中的氧化掩模，在没有氧化膜的区域，杂质会扩散到硅中。

光刻工艺（以氧化膜加工为例）

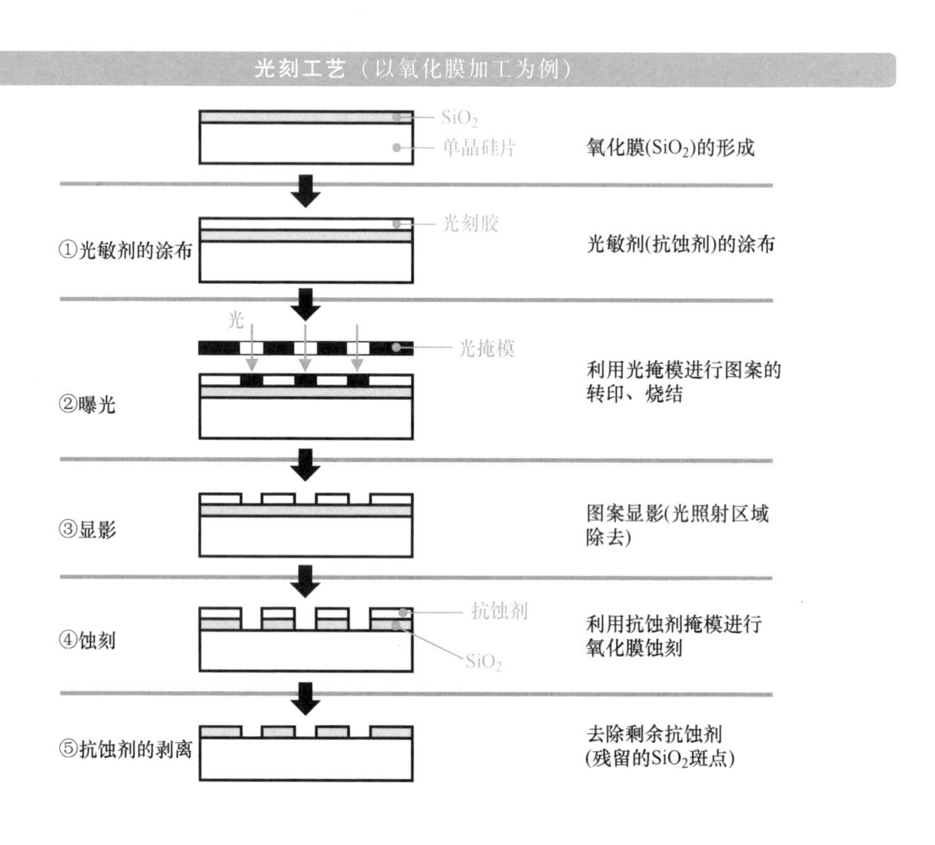

6-6

决定晶体管尺寸极限的曝光技术是什么?

用于在单晶硅片上转印和烧结掩模图案的曝光技术决定了晶体管尺寸的限制。为了提高曝光的精度，使用短波长的光源是不言而喻的，同时还采用了步进器的曝光方式，这是一种每次曝光几个芯片的多次曝光方法，而不是对整个晶圆表面进行一次性曝光。在 65nm 及以后的时代，当微细化加工进一步推进时，液浸湿式曝光装置、双重图案曝光和 EUV 曝光装置等已开始被采用。

步进器（缩小投影型曝光装置）

步进器是用于 LSI 制造的缩小投影型曝光装置。传统曝光装置，由于将光掩模（光掩模上配置有图案）的图案做成与晶圆整面一一对应的形式，因此可以实现晶圆整面的一次性曝光与烧结。步进器则有所不同，为了提高曝光精度，一边将光掩模版图缩小投影到晶圆上，一边对晶圆进行逐块重复曝光和烧结。这种曝光方式被称为分步重复机制，也是步进器一词的来源。

例如，当使用描绘有芯片原尺寸 4 倍大的光掩模图案“Mask”时，通过步进器，Mask 上的 100nm 的尺寸，使用透镜缩小到原大小的 1/4，因此可以在芯片上烧结成 25nm 的图案。然后，按步移动对每个 Mask 区块（例如 4 个芯片大小的区域）进行曝光，如此反复（重复曝光），实现对整个晶圆的曝光。

采用步进器的主要原因是步进器在绘制光掩模图案的过程中允许有更大的回旋余地，并且其光掩模图案版图的精度比整张的晶圆图案的精度更高。此外，由于步进器不使用晶圆整体一次性曝光的方法，而是将晶圆曝光分成若干个小的区域分别进行，每次曝光的面积很小，所以可以对每个小的曝光区域周边进行精确曝光，并且包括镜头系统在内的曝光装置的性能也得到了改善。

另外，目前使用的是在传统步进器（对准器）的基础上改进了的步进器（扫描器），能将掩模和晶圆的运动联动起来，已成为当前的应用主流。

曝光装置的光源是相对较短波长的

曝光装置的分辨率取决于曝光光源的波长和所使用镜头口径㊀，光源的波长越短，则分辨率就越高。

当前，在最先进的LSI量产工艺制程规定的线路宽度方面，已经发展到7~20nm，并且进一步的微细化还在不断发展。作为曝光装置的光源，也从以往使用的可见光g线（波长436nm）、紫外光i线（波长365nm）发展到较短波长的深紫外光KrF（波长248nm）、ArF（波长193nm）的准分子激光。

此外，为了提高现有曝光装置的分辨率，还使用了具有与模拟短波长化同样效果的ArF液浸湿式曝光装置。

步进器的结构

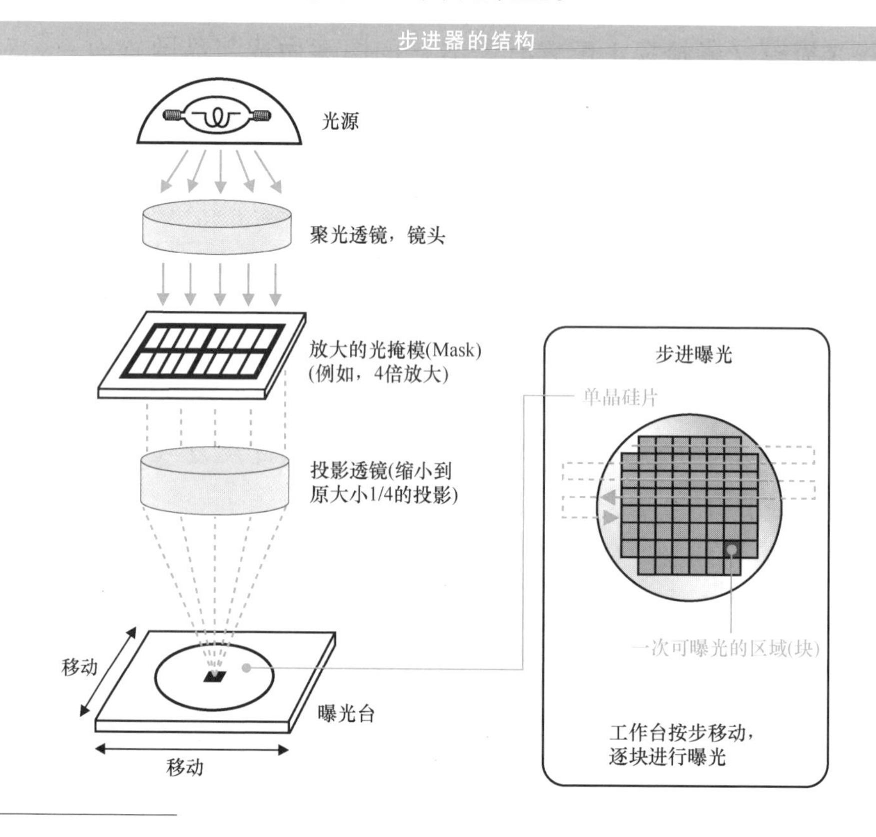

㊀ 即镜头孔径（Numerical Aperture，NA），是一个表示镜头亮度的数值，NA越大，分辨率越高。

曝光装置光源的波长

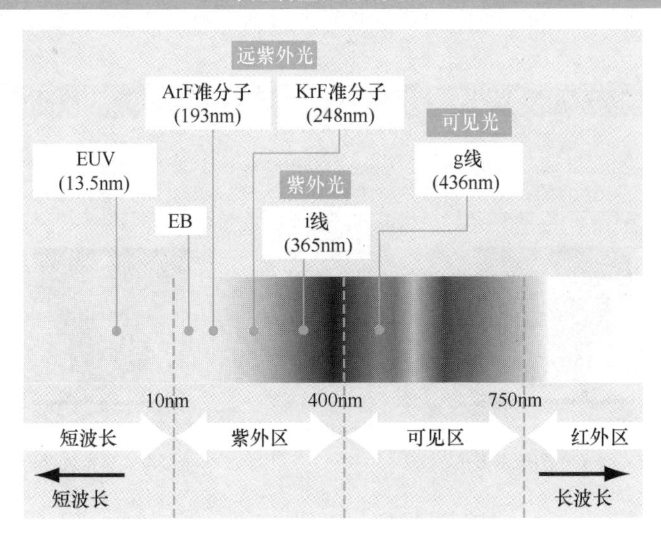

ArF 液浸湿式曝光装置

传统的曝光装置在投影镜头和单晶硅晶圆之间的介质使用的是空气，而液浸湿式曝光装置在它们之间使用液体介质来实现曝光的高分辨率。通过用水或其他具有高折射率的介质代替投影镜头和单晶硅晶圆之间光所经过的介质，能够起到增大投影透镜的口径 NA 值，从而提高曝光装置曝光分辨率的效果。

目前实际使用的液浸湿式曝光装置是 ArF 液浸湿式曝光装置，它使用 ArF 准分子激光器作为光源，镜头和单晶硅晶圆之间充满了浸入液纯水。半导体曝光装置的透镜和单晶硅晶圆之间的空间充满了纯水（折射率 $n=1.44$），它的折射率比空气（$n=1.00$）高。液体的使用本身就像一个镜头，降低了光入射到晶圆上的角度，因此可以使曝光的焦点深度（可以形成图案的焦点范围）扩大约 1.4 倍，实现了超越传统曝光装置微细化极限的高精度光刻。

ArF 浸液湿式曝光装置的开发使得上一代 65nm 工艺制程曝光技术的寿命延长到下一代的 40nm 左右，而这也是传统 ArF 光刻系统曝光精度扩展的极限。

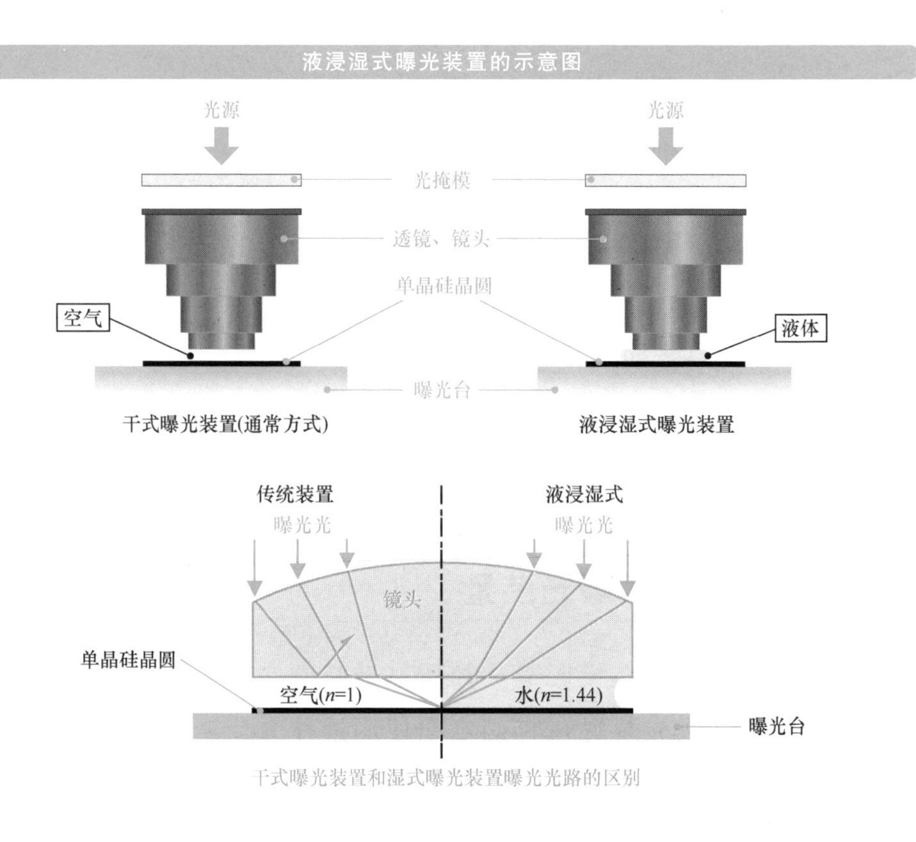

干式曝光装置和湿式曝光装置曝光光路的区别

延长曝光技术寿命的超分辨率技术

超分辨率技术是对目前使用的曝光装置、光掩模、曝光方式等进行改造，以实现比 ArF 曝光装置的 ArF 准分子波长（193nm）更短波长分辨率的曝光技术。超分辨率技术中的一项即为 ArF 液浸湿式曝光装置。

首先，通过以下 3 类措施的应用，将曝光装置的寿命延长到了 38nm 工艺制程。

① ArF 液浸湿式曝光装置。

② 双重图案的双重曝光。

③ OPC 校正掩模。

而现在有了沉积成膜等蚀刻技术，通过以下第 4 类方法实现了高达 5nm 工艺制程的分辨率。

④ 自对准双重图案曝光（SADP）

超分辨率技术——双重图案（双重曝光）

双重图案是多重图案（多重曝光）技术中的一种，这种曝光技术可以在使用现有曝光装置的情况下，扩展微细化曝光的分辨率极限。

这种双重图案（双重曝光）曝光方法首先向缓解微细化程度的方向将光掩模图案分割为 2 张光掩模，然后经过 2 次曝光，通过 2 次曝光图案的相互重叠，实现与以往相比 2 倍的微细化精度。

但是，这种曝光方法需要两次曝光、成膜、蚀刻等工序，会导致产线的吞吐量降低或停机。而且，由于最终的重叠精度为 2 次曝光精度相加所得到的综合精度，所以在此还需要 2~3nm 的精度余量。

因此，该方法也仅限于双重图案的双重曝光。要真正实现多重图案的多重曝光，即在一次曝光工序中重复进行两次或三次以上的曝光，采用 ArF 液浸实现比较困难。

由于其制造工艺的特点，双重图案曝光方法（双重曝光）也被称为 LELE（Litho-Etch-Litho-Etch）法或间距分割法。

双重图案分割方式

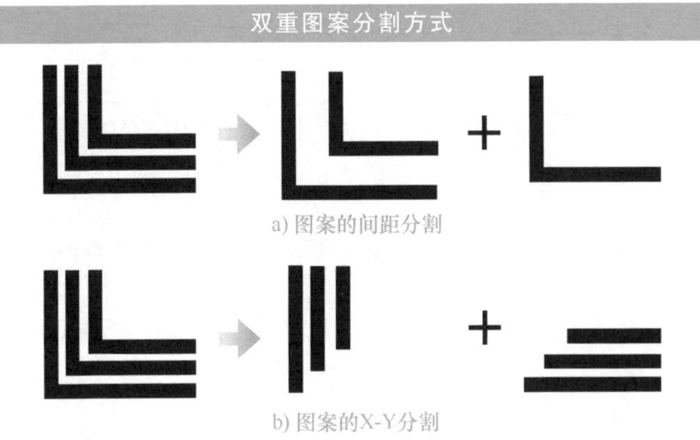

超分辨率技术——OPC 掩模

随着光掩模上绘制的几何图形越来越精细，由于接近效应[㊀]，从设计图案到转印图案的形状保真度会降低 。

为防止这种情况的发生，光掩模采用如下图所示的光学接近校正（Optical Proximity Correction，OPC）掩模，该掩模对设计图案进行了适当校正。如果不使用 OPC，直接将设计图案转印到抗蚀剂上，转印图案会在拐角处或相邻处发生短路或开路。为了防止这种情况的出现，在掩模设计时有意在特定的位置上添加或削减线条设计上的小矩形，以使有短路预测的位置间隔变宽，有开路预测的位置则间隔变窄。经过这样的修正，可以使得转印图案更加忠实于设计图案。

OPC 包括根据光学原理和制造过程中工艺反馈的实际测量数据来进行模拟，以获得图案形状误差的校正量，并将校正值处理到设计掩模图案中。除此之外，OPC 还需要进行软件处理，以压缩校正后的大量光掩模数据，并确定电子束掩模的写入时间，以保证电子束掩模的绘制速度。

OPC 掩模

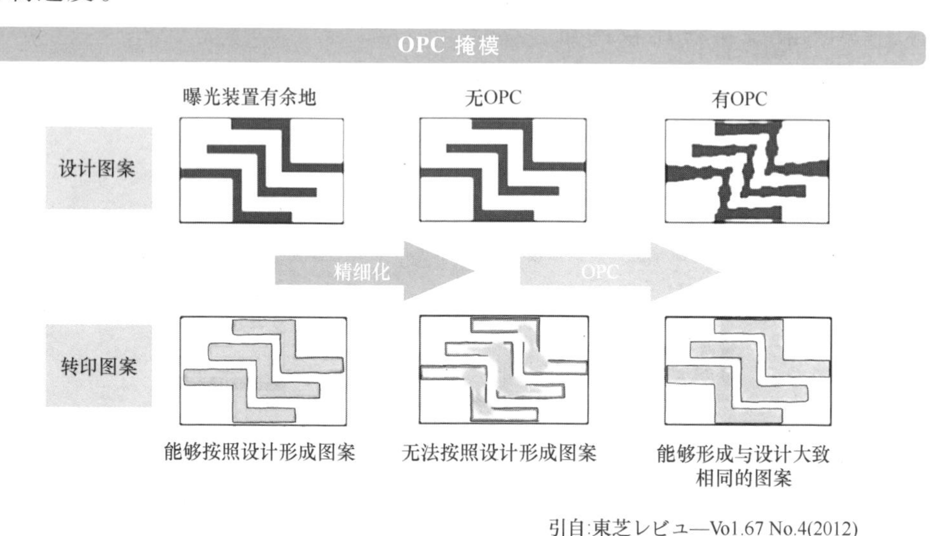

引自:東芝レビュ—Vol.67 No.4(2012)

㊀ 在曝光工序中，图案形状因多个图案的接近而改变的现象。

超分辨率技术——自对准双重图案曝光（SADP）

SADP（Self-Aligned Double Patterning）是一种基于已经在曝光装置中形成的模板（芯材结构）进行 Sel-Aligned[⊖]（自对准）的双重图案化技术。该技术通过 Self-Aligned 形成侧壁，并利用该侧壁将曝光成像的结构密度提高一倍（将图案间距减半）。因此，SADP 也称为侧壁间隔法，其工序如下。

①在处理过的胶片上建立初始结构的模板。②膜的沉积。③通过各向异性的蚀刻在模板侧壁上形成侧壁模。④去除模板，留下侧壁膜。⑤以侧壁膜为掩模，对加工后的膜进行蚀刻。⑥去除侧壁膜后，留下半间距的加工膜。

使用传统的超分辨率技术的分辨率极限是 38nm，但使用 SADP 的极限是 20nm。重复两次 SADP 进行的 SAQP（Self-Aligned Quadruple Patterning，自对准四重成像）可以为达到 10nm 的分辨率极限，重复三次 SADP 的 SAOP（Self-Aligned Octuplet Patterning，自对准八重成像）分辨率极限为 5nm。

然而，与双重图案的 SADP 工艺相比，重复两次 SADP 进行的 SAQP 效果要差，并且其工序更加复杂，工序负荷非常高。

自对准双重图案曝光（SADP）

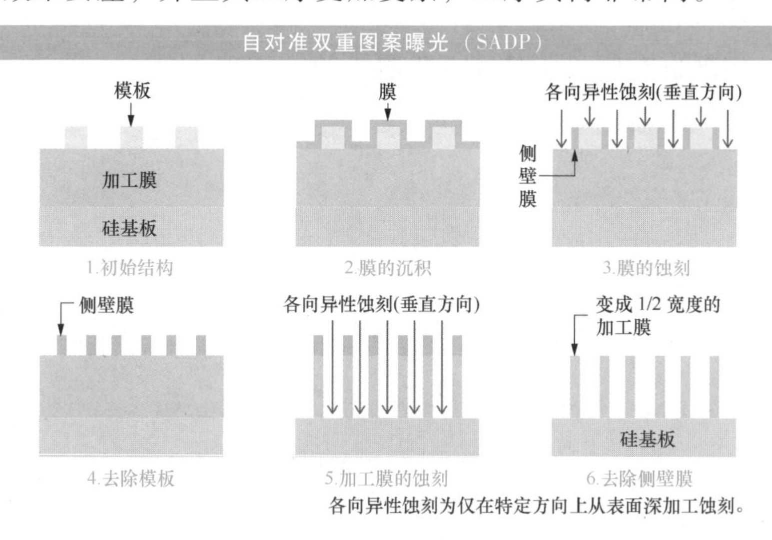

各向异性蚀刻为仅在特定方向上从表面深加工蚀刻。

⊖ 自对准型对齐（使用已创建的图案作为掩模，在没有掩模对准的情况下创建下一个几何体的方法）。

EUV 曝光装置

目前，通过 ArF 液浸湿式曝光（波长 193nm）和超分辨率技术，可以制造到 7nm 左右的 LSI。然而，该工序变得非常复杂，EUV 曝光装置（波长 13.5nm）的正式投入使用是值得期待的。

但是，为了实现该目标还存在一些障碍。①EUV 光由于直行性强，在使用玻璃透镜的透射光学系统中不能聚焦，所以需要超高精度的多层膜镜反射光学系统。②EUV 装置需要在高真空度的真空容器内进行，去除空气和水分（EUV 光易被氧分子吸收）。③需要开发决定成品率的高输出光源。④开发超低缺陷反射掩模等。因此，EUV 曝光必须解决的问题堆积如山，困难重重。

最近，上述问题也得到解决，从 7nm 工艺开始运行，并开始向 5nm 工艺部署。与以往的曝光方法相比，EUV 曝光成像的真实度也有所提高，工序数降低到原有的 1/5～1/3，因此也有利于芯片制造成本的降低。

在未来的微细化发展路线图中，EUV 曝光装置光刻系统的工艺制程（经过改进）是单次曝光 3nm，双重曝光 2nm，并且三重曝光 1nm 的 CMOS 实现也在望（不使用双重曝光的 SADP）。

6-7

什么是三维精细加工的蚀刻？

蚀刻是一个利用化学药液和离子的化学反应（腐蚀作用）对已形成的膜进行预订形状加工的工序。有两种不同的类型，湿式蚀刻和干式蚀刻。湿式蚀刻成本低、生产效率高，干式蚀刻成本稍高，但能实现精细加工。

两种不同类型的蚀刻方法

经历过曝光工序的单晶硅晶圆可以通过图案显影，将晶圆上不需要的抗蚀剂（例如光照射区域）移除。然后，将保留的光致抗蚀剂作为光致抗蚀剂掩模，通过蚀刻工序去除单晶硅晶圆上不需要的氧化膜（例如 SiO_2）。不需要的氧化膜被去除后，再将剩余的光致抗蚀剂去除，以获得期望的氧化膜形状，这个工序就是蚀刻。蚀刻方法有湿式和干式两种不同的类型。

● 湿式蚀刻

湿式蚀刻是一种用化学药液腐蚀氧化膜和硅的方法。所用的化学药液相对便宜，而且该方法具有很高的生产力和成本效益，因为一次可以同时处理[㊀]几十张单晶硅晶圆。

使用的蚀刻药液取决于要蚀刻的膜。例如，对于氧化膜（SiO_2）的蚀刻，需要使用氢氟酸（HF）或氟化铵（NH_4F）。对于硅（Si）的蚀刻，需要使用氢氟酸和硝酸的混合物。而对于膜（Si_3N_4）的蚀刻，则需要使用热的磷酸来进行。

湿式蚀刻由于腐蚀作用是各向同性（腐蚀作用在任何方向上均匀进行）的，因此湿式蚀刻在掩模下的水平方向上也会进行，而蚀刻的垂直方向则从表面开始逐渐变细。因此，湿式蚀刻不适合于精

㊀ 也称为批量处理（批处理）。相反，一次加工一张的逐张处理方法被称为单张式加工。

第6章

细图案的加工。

通过蚀刻进行图案形状的加工

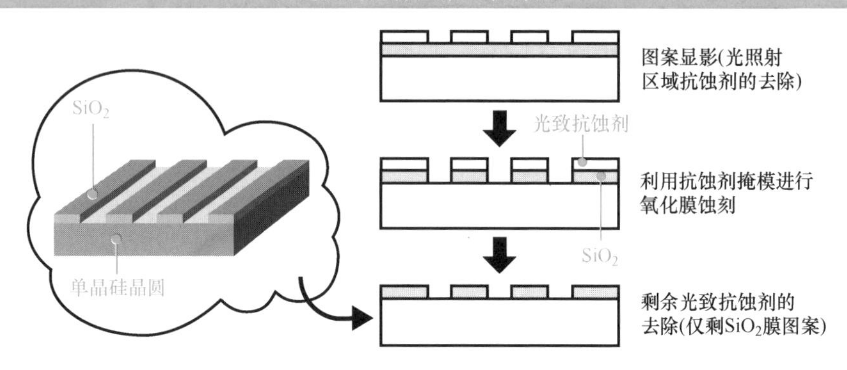

湿式蚀刻的示意图

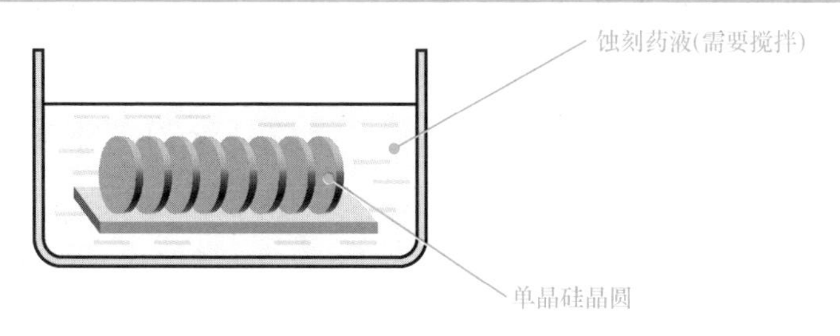

湿式蚀刻不适合精细化图案的加工

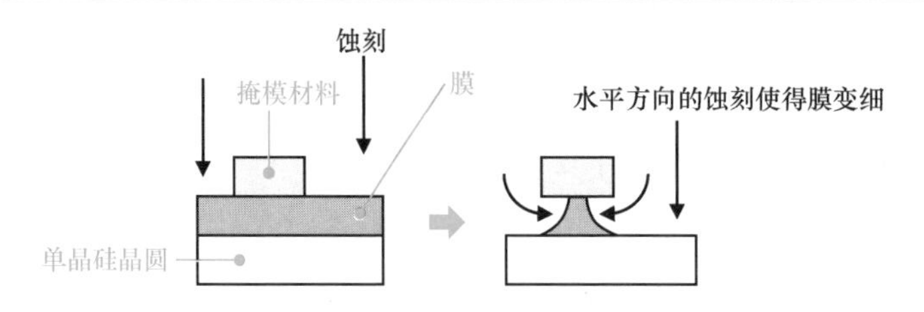

● 干式蚀刻

干式蚀刻不使用液体化学药剂对单晶硅晶圆进行腐蚀。典型例子有反应性离子蚀刻（Reactive Ion Etching，RIE），该反应性离子蚀刻通过离子撞击，以去除未被抗蚀剂遮蔽的膜。在反应性离子蚀刻中，成对设置的电极被紧紧地放置在一个腔室的内部，晶圆被放置在一个电极上，由等离子体产生的离子被吸附在要蚀刻的材料上，引起材料表面的化学反应，要蚀刻的材料最终以化学反应产物的气体排出，被耗尽去除，使蚀刻得以进行。

干式蚀刻可以进行精细图案的加工，加工精度良好，因此目前的LSI制造大部分采用这种干式蚀刻方法。

干式蚀刻（RIE）

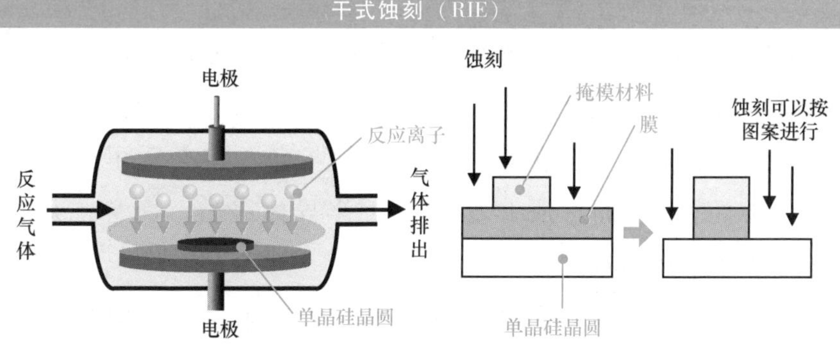

引自:「半導体のできるまで一前工程/後工程」(一般社団法人 日本半導体製造装置協会)

用于微细化加工的最先进新型蚀刻装置

微波ECR等离子体系统利用真空系统中的磁场和微波（2.45GHz）电子回旋共振（Electron Cyclotron Resonance，ECR）现象进行蚀刻。电感耦合等离子体（Inductive Coupled Plasma，ICP）蚀刻系统通过将等离子体与高频线圈进行电感耦合，创造出高密度的等离子体状态。

这些最先进的蚀刻系统与最先进的光刻技术兼容，根据形成的抗蚀剂图案真实地再现精细加工的精确性和均匀性，并满足300mm晶圆和其他应用的量产要求。

6-8

什么是杂质扩散工序？

向半导体介质硅片中添加杂质的工序和使添加的杂质在半导体中广泛分布的扩散工序，统称为杂质扩散工序。杂质扩散工序将硼、磷和其他杂质添加到整个晶圆表面或表面部分区域以形成 P 型或 N 型半导体区域。

在硅中创建 P 型和 N 型半导体区域

杂质添加工序是指在半导体硅片的整个表面或通过抗蚀剂掩模或 SiO_2 掩模在表面的某些区域进行杂质（如硼和磷等）的添加。杂质扩散工序是在杂质添加（沉积等）后通过热扩散，将杂质再分布到所希望的深度的工序，从而形成 P 型或 N 型半导体区域。通常，杂质添加和扩散工序可能会同时进行。

杂质扩散可以通过热扩散法或离子注入法来进行，但随着工艺的微细化和单晶硅晶圆直径的增大，离子注入法越来越多地用于杂质添加工序，而热扩散法则越来越局限于热处理（退火）工序，通过热处理退火工序来实现所需要的杂质添加深度。

● 热扩散法

热扩散法是在扩散炉内高温加热的环境下，通过气相沉积将气体杂质沉积到单晶硅晶圆上，同时使杂质扩散到硅片中以广泛分布的方式。在热扩散工序中，单晶硅晶圆被放置在石英制船形晶圆架上，缓慢放入加热器高温加热的扩散炉（石英炉）内。扩散炉炉芯内的温度均匀地保持在 800~1000℃ 的范围内。杂质扩散浓度和扩散深度的控制取决于杂质的种类、气体流量和扩散时间等。

进行热扩散的具体方法又可分为封管扩散法和开管扩散法。

封管扩散法是将单晶硅晶圆和杂质源密封在扩散炉内，并对其进行加热，使杂质源（固体）气化并沉积在硅晶圆表面。这种方法适合于获得深的扩散层。

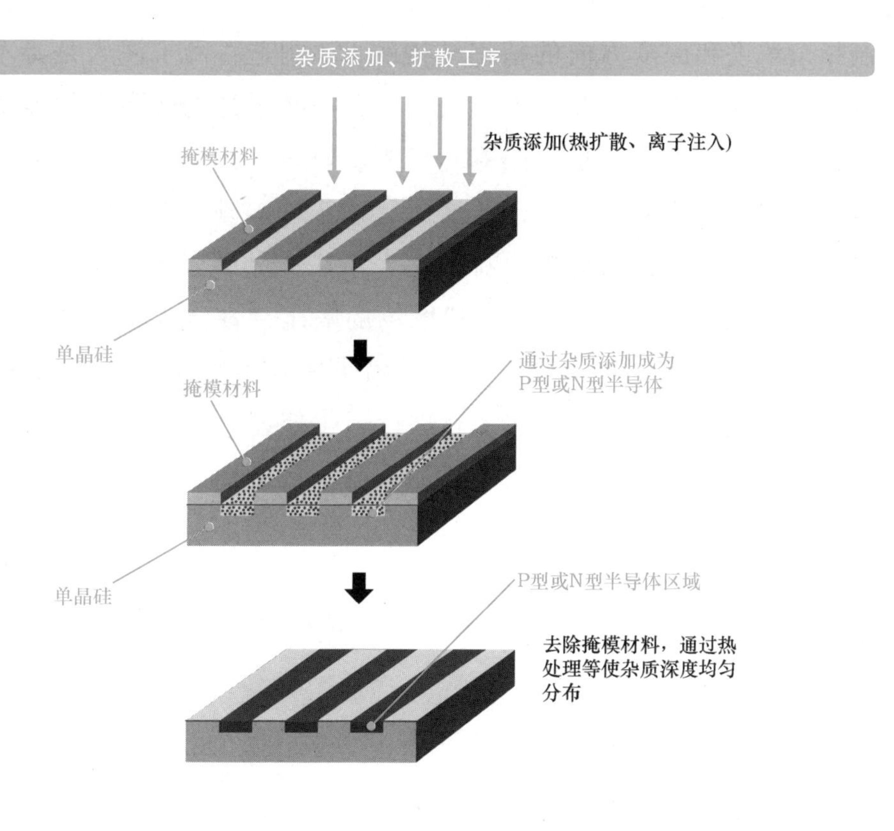

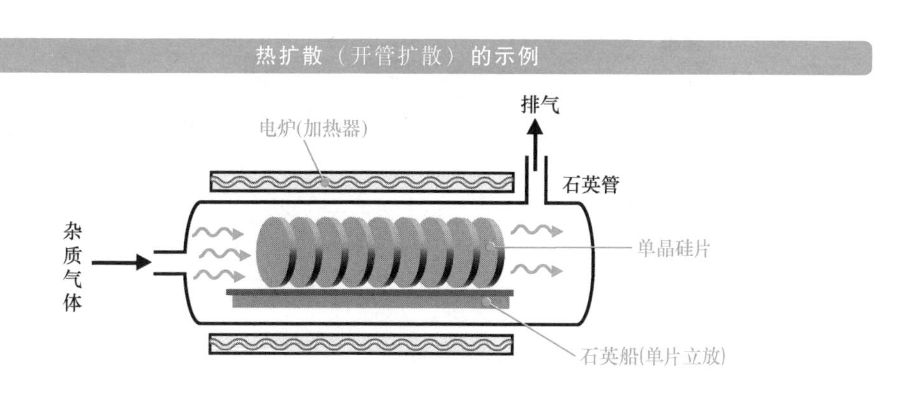

在开管扩散法中，晶圆被放置在扩散炉中，杂质气体与氮气一起流过，使杂质沉积在晶圆表面。

离子注入法

离子注入法是目前使用最广泛的杂质扩散方法。对于需要精确控制掺杂浓度和深度方向的精细结构的 LSI 制造，离子注入是必不可少的装置。除此之外，离子注入法还具有一些附加的优点，如能够将光致抗蚀剂用作掩模（抗蚀剂掩模）等。

离子注入法使用离子注入装置将磷、砷、硼等杂质气体在真空中离子化，并以高压电场加速将其注入单晶硅晶圆表面，实现杂质离子的注入。注入杂质的深度由加速电场的电压（注入能量）决定，掺杂浓度由离子束注入电流决定。由于离子注入不能注入到很深的地方，所以要获得深度，还需要注入后进行固化处理（退火）工序，以达到需要的注入深度。另外，在离子注入后不久的半导体中，晶体结构会受到干扰，接合物结构紊乱，从这个意义上说，还需要进行一些热处理。

离子注入装置的示意图

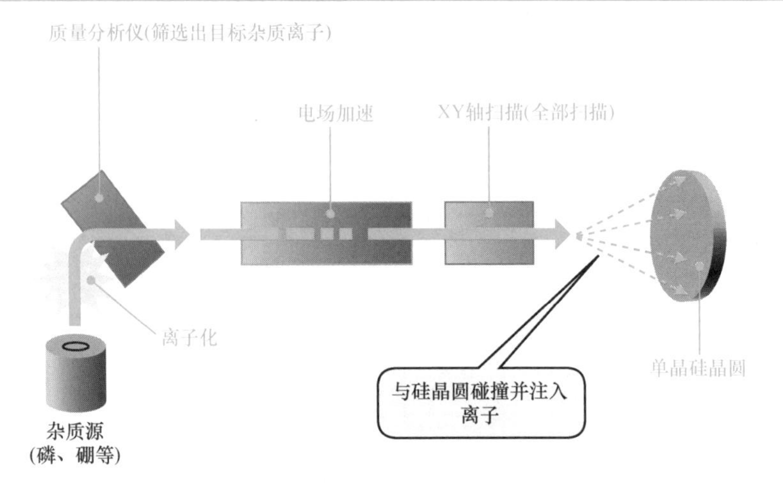

6-9

连接半导体元件的金属布线

半导体工艺中的金属布线工序是在晶圆上的半导体元件制造完成后，用金属材料进行半导体元件之间的连接，以创建所需的互连布线图案。微细化结构的布线延迟已成为布线工序中的一个主要问题。

最先进的 LSI 金属多层布线高达 12~13 层

通用 LSI 中的布线层（金属、多晶硅）为 3~5 层是常见的。最先进的 LSI 需要尽可能缩短元件/电路连接的金属布线长度，以适应电子设备的高速处理。因此，采用多层布线结构，并将多层金属布线增加至 12~ 13 层，以缩短布线的总长度，最小化布线延迟。

将布线材料从铝换成铜，减少布线延迟

布线的理想状态是，元件之间、功能块之间的电信号传输不会产生延迟。这是因为，如果金属布线引起电信号传输延迟，即使元件（晶体管）的性能因微细化而得到改善，但作为 LSI 的全局处理速度仍会受到布线延迟的不良影响。实际上，在微细化早期的 0.2μm 工艺制程附近，布线延迟就开始高于元件延迟了。

因此，在最尖端的 LSI 多层布线中，铝配线已被电阻较低的铜配线所取代。由于在铜布线形成中不能使用一般的成膜技术，因此，通过电镀等工艺将金属嵌入到绝缘膜表面的凹槽中，并通过 CMP（化学机械抛光）将凹槽外的金属去除，只在凹槽中形成过孔，并在其上形成新的平面布线层。这就是所称的镶嵌布线技术。此外，作为进一步实现金属布线微细化的布线材料，钴（Co）也被用于部分布线层。

使用低介电常数材料减少布线间电容

产生布线延迟的原因除布线电阻之外，还有布线之间的电容。这是因为金属布线与布线层间的层间绝缘膜构成了布线电容（电容器），从而在布线之间产生相互干扰，产生信号传输延迟。因此，为了减少这种相互干扰，作为布线层间绝缘膜，需要采用低介电常数的材料。

在多层布线结构中，平坦化 CMP 技术是必不可少的

多层布线的层数越多，布线金属工序中的凹凸不均匀性就越大。这种凹凸台阶会提高连接布线的电阻值，也可能导致布线的断线或短路。此外，为了防止光刻曝光条件下的焦点模糊，单晶硅晶圆表面必须具有良好的平坦化。

多层金属布线的平坦化采用了 CMP 技术。CMP 是使用含有研磨剂（浆料）的化学品和砂轮等研磨垫对硅晶圆表面进行研磨（抛光），使硅晶圆表面平坦化的技术。这种 CMP 表面平坦化技术对最先进的 LSI 制造有着重要意义，因为该 CMP 技术在多层铜布线工艺中已成为主导工艺。

6-10

通过 CMOS 反相器了解制造工序

在本节中，为了使介绍尽可能简单和容易理解，以一个 CMOS 反相器为例，通过一个设想的工艺过程，按照 CMOS 反相器的制造工序，通过结构和图案布局，了解其（N 衬底、P 阱、多晶硅层、金属层）制造过程。

设想的 CMOS 反相器的平面布局、剖面图

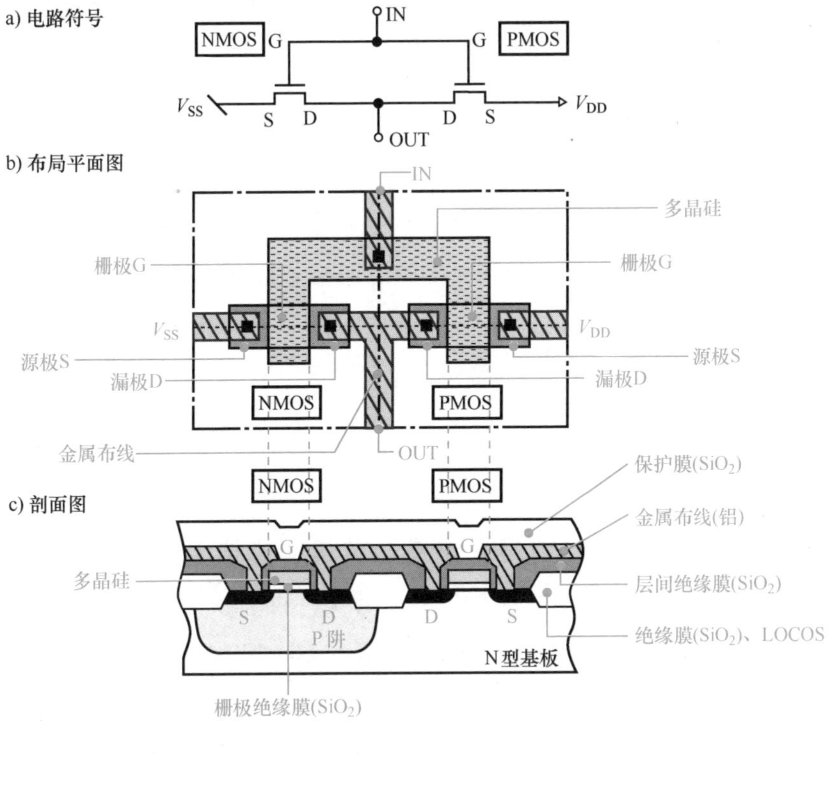

a) 电路符号

b) 布局平面图

c) 剖面图

一个简单的 CMOS 光掩模示例

在目前 0.1μm 制程的 CMOS 结构中，包括 DRAM 的集成，所使用的光掩模数量多达 20~30 个，但在此只使用 8 个光掩模，简要介绍掩

模的名称及其功能。

简称	名称	功能
PW	（P-type Well） P 阱	CMOS 结构基本上需要两种类型的半导体衬底，即 P 型和 N 型。因此，通常在硅衬底的特定区域中创建不同类型的半导体区域（阱）。在此，在 N 型衬底上创建 P 阱，并使该 P 阱发挥 P 型衬底的作用
AR	有源区域	作为 MOS 晶体管动作的区域，即有源区域。对 NMOS 的 ND 掩模区域和 PMOS 的 PD 掩模区域进行 OR 运算。除 AR 外，形成厚的过滤氧化膜（LOCOS）
POLY	多晶硅膜	多晶状态的硅，通过离子注入降低其电阻，以作为布线材料，同时用于 MOS 晶体管的栅极电极。另外，POLY 本身也作为掩模，在 POLY 的正下方，杂质不能进入，成为 MOS 晶体管的沟道区域
PD	P 型扩散	用于 PMOS 晶体管的扩散区域
ND	N 型扩散	用于 NMOS 晶体管的扩散区域
CH	接触孔	在绝缘膜（氧化膜）中开孔，以允许金属布线和扩散区域（P 型、N 型漏极、源极、金属布线和多晶硅布线等）实现电气连接
METAL	金属	用于半导体元件间的连接及电源连接的金属布线
PV	钝化	形成保护半导体元件免受污染和潮湿的模。钝化掩模，除了连接点、焊盘外，其他都是需要进行钝化的区域

实际使用光掩模的数量和价格

半导体制造，通常需要使用 20~30 张的光掩模（最先进的 LSI 为 30~50 张）。2003 年时的光掩模价格为，0.25μm 每张 60~120 万日元，0.18μm 每张 90~260 万日元，0.13μm 每张约 800 万日元，0.09μm 制程每张约 1200 万日元。现在，最先进的 LSI（7~10nm 制程）制程下，1 组光掩模（Mask）的片数为 50~100 张，价格为数亿至 10 亿日元。另外，EUV 曝光中使用的 EUV 掩模价格也因制程而异，但预计为 3000 万日元/张。

CMOS 工艺流程

以下让我们按照 CMOS 反相器的生产工艺流程，使用上述 8 个光掩模，依次介绍 CMOS 反相器的制造过程。

1 通过 PW 光掩模向 P 阱区域进行离子注入

❶ 氧化膜（SiO_2）的生成。

❷ 抗蚀剂的涂布（光照射区域抗蚀剂不溶性的负性类型）。

❸ 用 PW 光掩模进行曝光、显影、蚀刻。

❹ 以氧化膜、抗蚀剂所构成的双层掩模为 Mask，进行离子注入（在构建 P 型区域时，注入的离子为硼离子）。

❺ 抗蚀剂的剥离。

[1]

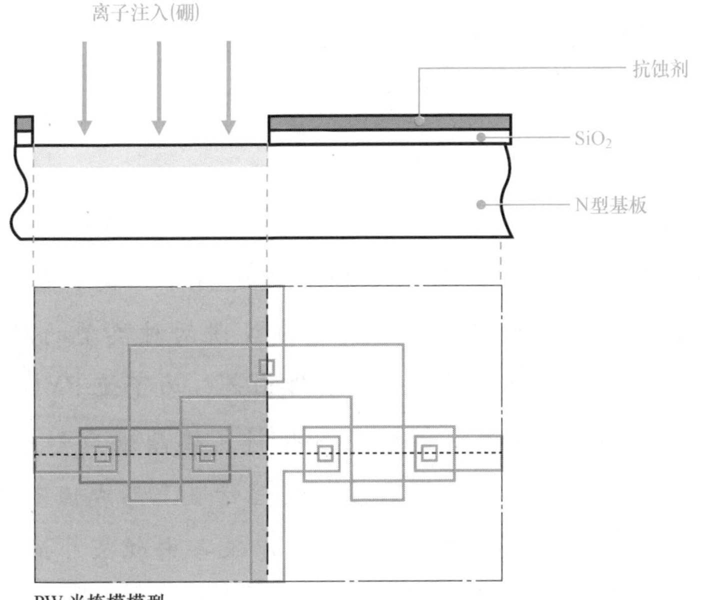

PW 光掩模模型

● 关于光掩模图案的说明。在光掩模图案的插图中，阴影区域是遮蔽光线的实际光掩模图案部分，在此区域的铬（Cr）膜被保留。灰色线条表示完成后 CMOS 布局的图像，在实际光掩模中并不存在。

2 进行热处理，向深度方向扩大 P 阱区域

通过热处理，将离子注入的硼扩散到一定的深度，以形成 P 阱。这一工序也被称为扩散推进（drive-in）工序。在热处理过程中，保留的氧化膜也一同被热处理，氧化膜在扩散推进工序中略有增长。

[2]

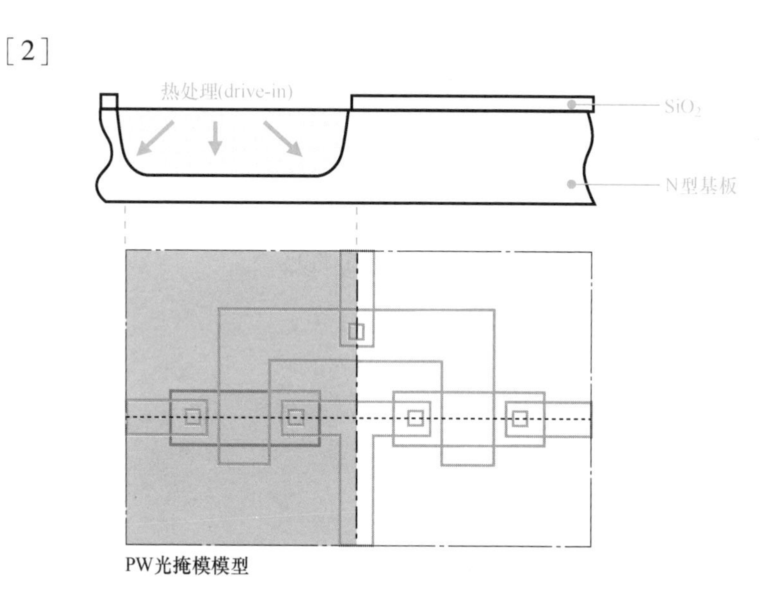

PW光掩模模型

Memo

在此进行的介绍中，是以 P 阱为例进行介绍的。但目前使用 NMOS 区域用的 P 阱和 PMOS 区域用的 N 阱两种类型的双阱方式，并且双阱方式已成为了主流方式。其理由是，为了使 PMOS、NMOS 晶体管阈值电压[㊀]恒定化（阈值电压受衬底掺杂浓度影响），通过离子注入等杂质扩散，在掺杂浓度薄的硅衬底上形成恒定且稳定的掺杂浓度区域（阱）。通过该方法，可以改善由硅芯片掺杂浓度偏差引起的阈值保持电压的偏差。

㊀ 阈值电压详见本书“3-4 LSI 的基本元件 MOS 晶体管（PMOS、NMOS）”。

3 有源区域 AR（Active Region）的创建

AR 光掩模被用来为不作为 MOS 晶体管 PMOST 和 NMOST 操作的场区域制作遮蔽光掩模（遮蔽用膜）。

❶ 扩散推进（drive-in）后的氧化膜蚀刻。

❷ 薄氧化膜 SiO_2的形成。

❸ 氮化物窒化膜 Si_3N_4的形成。

❹ 抗蚀剂的应用（光照区的抗蚀剂是可溶性的正性类型）。

❺ 用 AR 光掩模进行曝光、显影、蚀刻。

[3]

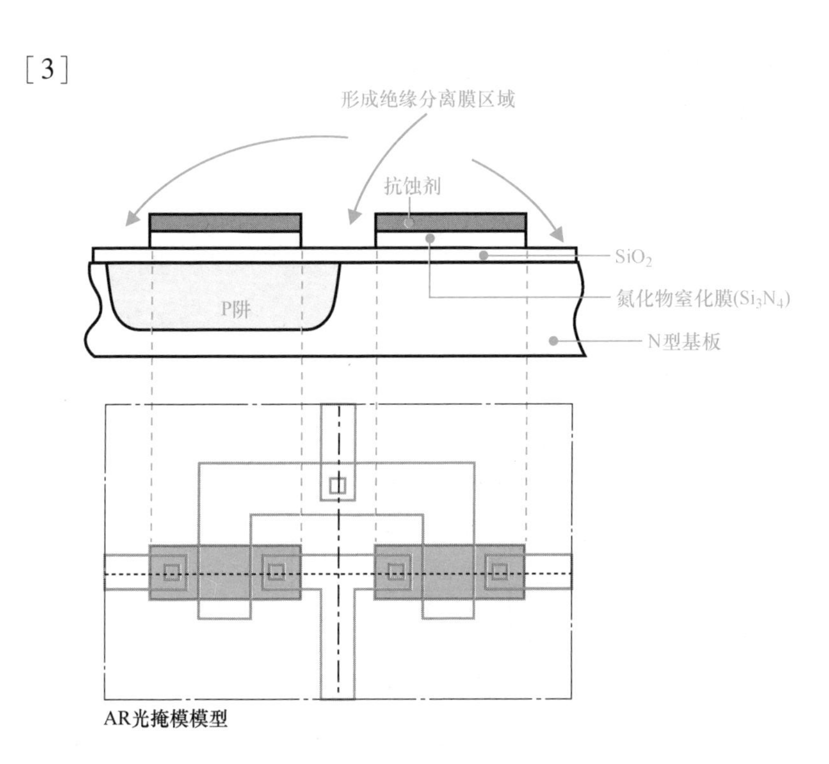

AR光掩模模型

4 绝缘分离膜的成膜（LOCOS 结构的 SiO_2）

在 PMOST（P 沟道晶体管）与 NMOST（N 沟道晶体管）的分离处以及与相邻 MOST 的边界处，使用了厚的氧化模（SiO_2）进行元件分离。在此，SiO_2 膜用于元件的分离，氮化物室化膜 Si_3N_4 被用作掩模，以渗透到硅片中，这种被称为 LOCOS（Local Oxidation of Silicon）的选择氧化膜，具有选择性的氧化结构，对没有氮化物室化膜的区域进行选择性氧化。这些用于元件分离的氧化膜被称为场氧化膜，与 MOS 晶体管结构中的栅极氧化膜不同。

❶ 移除抗蚀剂剥离。

❷ SiO_2 在场氧化膜 LOCOS 结构中，以氮化物室化膜作为掩模。

❸ 氮化物室化膜的去除。

［4］

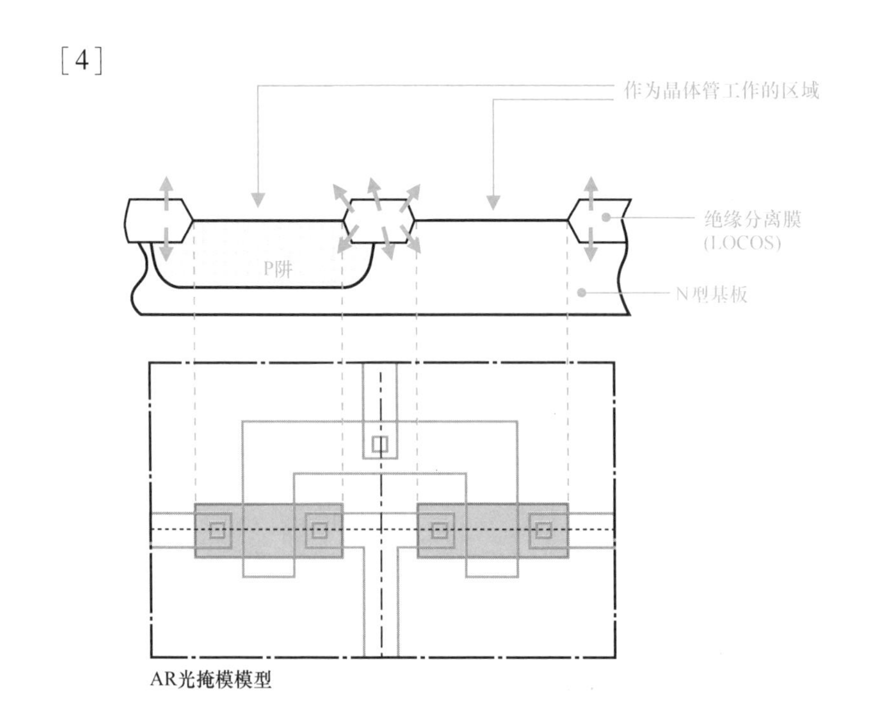

5 生成多晶硅，并使用 POLY 掩模创建 MOS 晶体管栅极和多晶硅布线

❶ MOS 晶体管栅极氧化膜（SiO_2）的生成。

❷ 多晶硅膜的生成。

❸ 抗蚀剂的涂布（光照区域的抗蚀剂是可溶性的正性类型）。

❹ 用 POLY 光掩模进行曝光、显影、蚀刻。

[5]

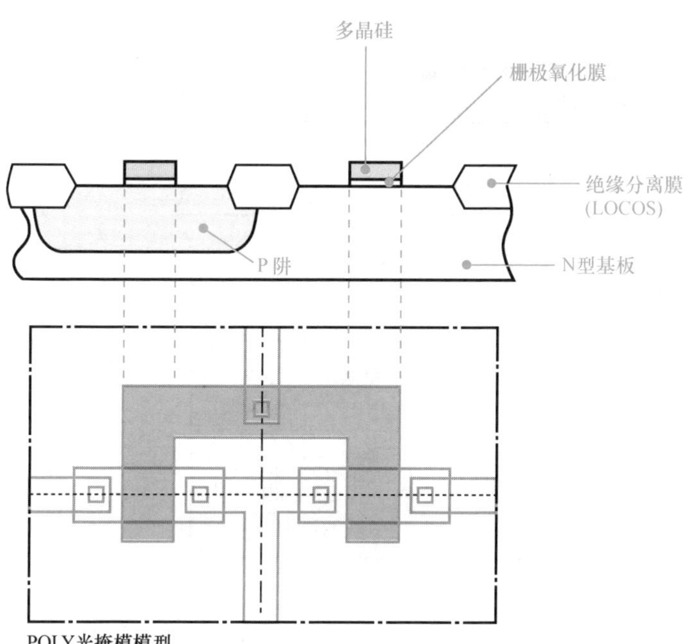

Memo

在本介绍中，为了介绍的简化，采用了 LOCOS 结构进行说明。但目前，浅沟道隔离（STI）已为主流。STI 以氮化物室化膜等为掩蔽，通过蚀刻在硅衬底上形成浅填充物。然后，在蚀刻的部分形成氧化膜（称为嵌入氧化膜），并将其用作绝缘分离膜。STI 与 LOCOS 相比，可实现无横向扩展等精细化加工。

6 使用 PD 光掩模遮蔽 PMOS 以外的区域

在 PMOS 区域进行杂质扩散（硼）的准备阶段。

❶ 遮蔽型氧化膜（硼杂质扩散用）的生成。

❷ 抗蚀剂的涂布（光照区域的抗蚀物不溶性的负性类型）。

❸ 用 PD 光掩模进行曝光、显影、蚀刻。

［6］

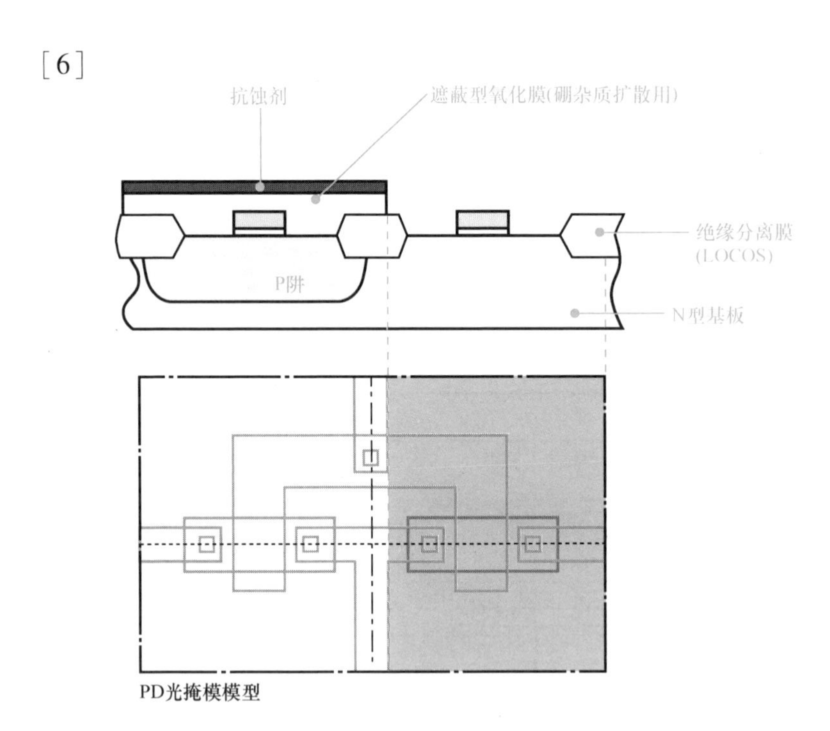

7 P 型杂质（硼）的扩散

通过 P 型杂质（硼）的扩散，可形成 PMOS 晶体管的漏极、源极和栅极（多晶硅）。同时，通过杂质扩散，还可降低 PMOS 聚硅氧烷多晶硅布线（包括栅极区域）的电阻。在此，在 AR 的多晶硅正下方，由于硼不能进入此区域，因此可以自动形成沟道，从而形成晶体管的结构。以此方法形成的晶体管栅极被称为自对准栅极。

❶ 通过**6**生成的遮蔽型氧化膜掩模，进行 P 型杂质（硼）的扩散。

❷ 去除氧化膜（硼扩散用）SiO_2。

[7]

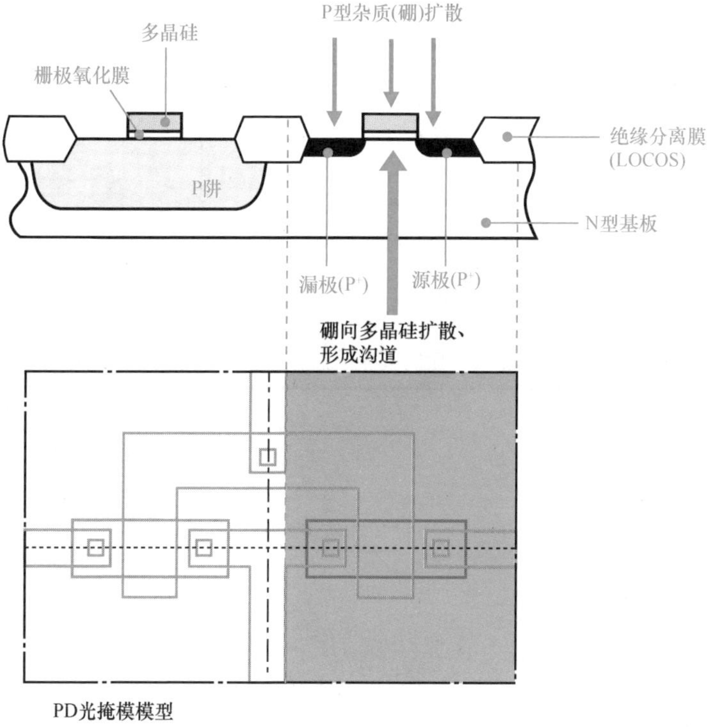

PD光掩模模型

8 使用 ND 光掩模遮蔽 NMOS 以外的区域

这是对 NMOS 区域进行杂质扩散（磷化）的准备。

❶ 氧化膜（磷扩散用）SiO_2 的生成。

❷ 抗蚀剂的涂布（光照区域的抗蚀物不溶性的负性类型）。

❸ 用 ND 光掩模进行曝光、显影、蚀刻。

[8]

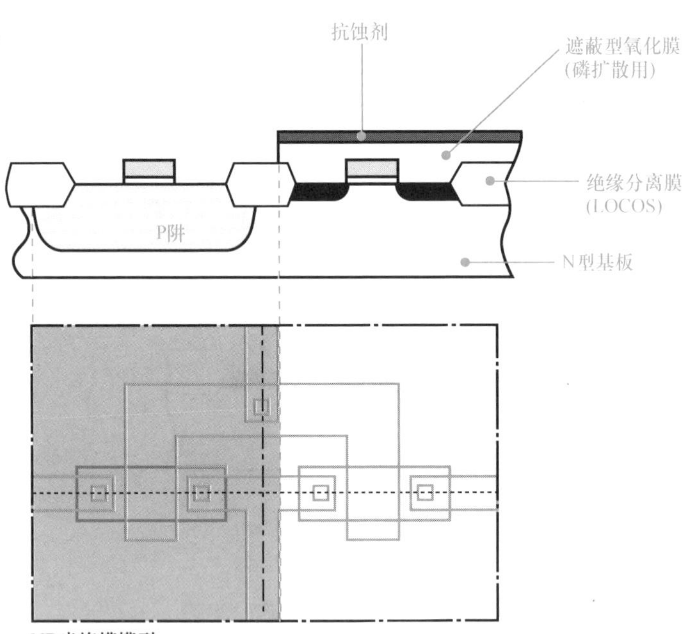

ND光掩模模型

9 N 型杂质（磷）的扩散

通过 N 型杂质（磷）的扩散，制作出 NMOS 晶体管的漏极、源极、栅极。同时，通过向 NMOS 区域多晶硅布线的杂质扩散，实现多晶硅布线的低电阻化。同样，在 AR 的多晶硅正下方，磷不能进入，自动形成沟道，形成晶体管的结构。

❶ 采用上述工序**8**生成的遮蔽型氧化膜掩模进行 N 型杂质（磷）的扩散。

❷ 去除氧化膜掩模（磷扩散用）SiO_2。

[9]

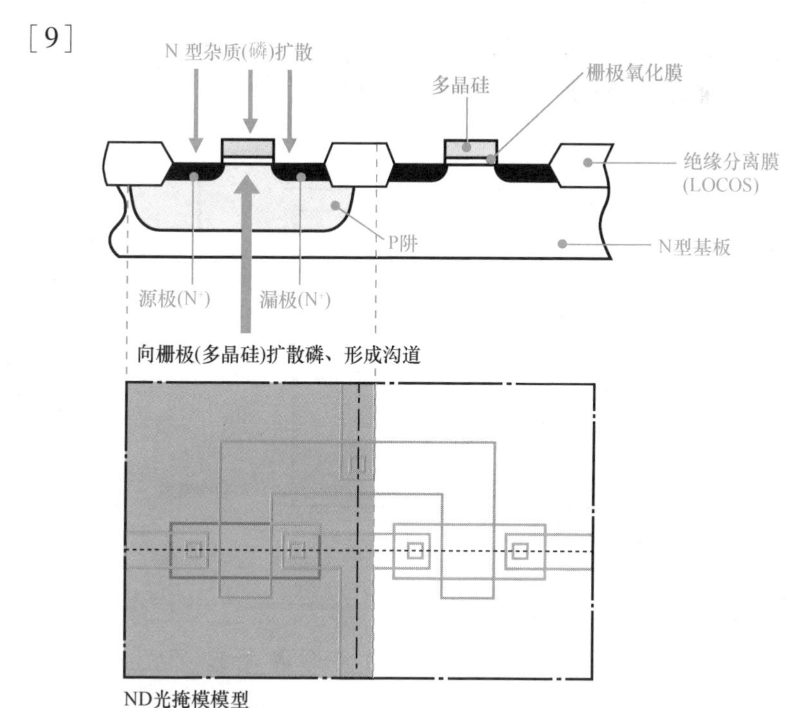

ND光掩模模型

Memo

在本介绍中，NMOS、PMPS 漏极、源极的创建通过一次杂质扩散进行介绍，但目前主流的 LDD（Lightly Doped Drain，轻掺杂漏极）结构是在漏极、源极附近重叠较薄的杂质进行扩散（双重扩散）。

第6章

10 层间绝缘膜、过孔的生成

生成层间绝缘膜，并用 CH 光掩模为 MOS 晶体管的漏极、源极、栅极预留出接触过孔。

❶ 层间绝缘氧化膜（SiO_2）的生成。

❷ 抗蚀剂的涂布（光照区域的抗蚀物不溶性的负性类型）。

❸ 采用 CH 光掩模进行曝光、显影、蚀刻。

[10]

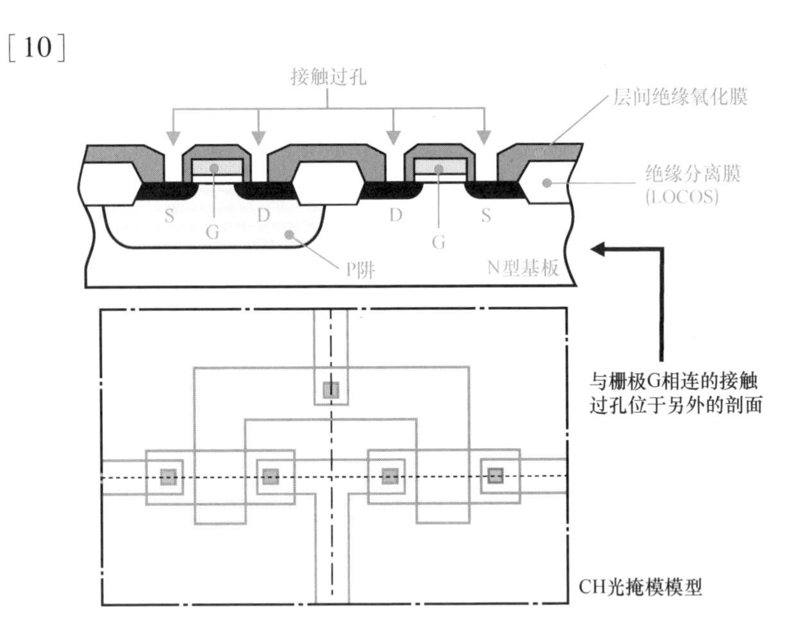

Memo

层间绝缘膜在金属布线和基板之间会形成电容，从而导致电子电路的布线延迟。因此，为了减少层间绝缘膜形成的电容，目前已经开发出介电常数比现有的氧化膜（SiO_2）更小的绝缘膜。另外，在金属布线由多层构成的情况下，为了结构的精细化，绝缘膜的平坦化是必要的，其采用的平坦化技术是 CMP（化学机械抛光）。

11 METAL 光掩模的金属布线

生成布线金属膜（例如铝膜），并使用 METAL（金属）布线光掩模进行金属布线。

❶ 布线金属膜的形成（溅射等）。

❷ 抗蚀剂的涂布（光照区域的抗蚀物是可溶性的正性类型）。

❸ 通过 METAL 光掩模进行曝光、显影、蚀刻。

[11]

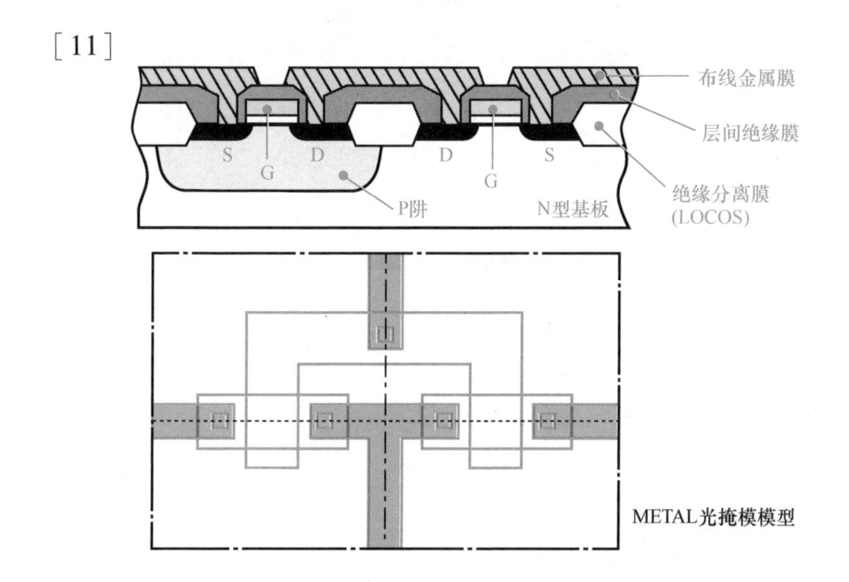

Memo

在本介绍中，布线层为多晶硅层和金属层，加起来一共为 2 层。但目前的实际工艺中，布线层已达到 5 层以上。因此，为了将众多的布线层彼此进行连接，需要在绝缘膜层上开凿连通孔，并通过电镀等工艺将金属嵌入到连通孔中，连通孔以外的金属通过 CMP 去除后，仅在开孔处形成布线的连接（通孔），并在其上形成新的平坦布线层。这种镶嵌布线的布线形成方式是目前正在采用的主流方式，与此相适应的，电阻较低的铜布线也正在取代铝金属布线。

12 保护膜的生成

保护膜是一种保护半导体元件免受污染和潮湿的膜。除了焊盘（用于向外部提供电极连接的焊盘）以外的所有部分，均将被保护膜覆盖。

❶ 保护膜（氧化膜和氮化物窒化膜）的生成。

❷ 抗蚀剂的涂布（光照区域的抗蚀物是可溶性的正性类型）。

❸ 通过 PV 光掩模进行曝光、显影、蚀刻。

[12]

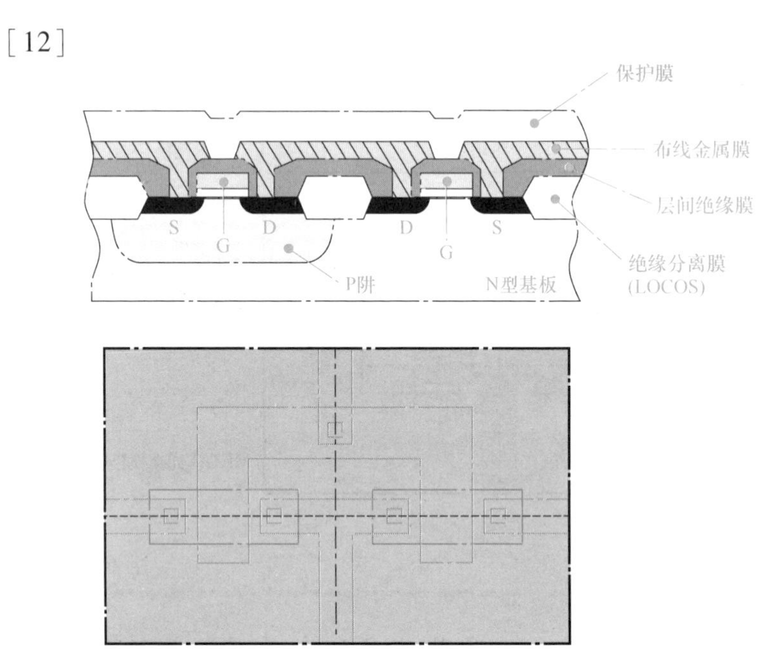

PV光掩模模型
(除了焊盘以外的所有部分均被保护膜覆盖)

第 7 章

LSI 制造的后端工程和封装技术

从封装到测试和发货

我们经常看到的黑色、蜈蚣状的 LSI 是作为测试良好的硅芯片从单晶硅晶圆上切割下来，封装在芯片封装中，然后再次检查测试后发往市场，被安装于各种电子设备中。

本章介绍芯片的封装方法、封装种类，以及最近对超微细化加工做出重大贡献的最新封装技术的动向。

7-1

从硅芯片的封装到测试和发货

LSI 后端工程是指在前端工程的晶圆测试㊀后，对测试合格的芯片进行封装（包装）和发货的工序。具体来说，后端工程包括晶圆切割、封装、焊接、模压成型和封装完成后的检查和测试。

1. 封装（包装）

❶ 切割

在晶圆经过检查和完成晶圆测试后，按照单个 LSI 芯片尺寸的大小，对晶圆分别进行纵向、横向的切割，切成一个一个的芯片（模块）。切割工序使用一个高速旋转的 50~200μm 厚的圆盘状金刚石刀片，将晶圆精确切割成颗粒状。

❷ 安装（粘贴）

晶圆切割完成后，需要进行合格品的筛选，并用导电性黏结剂（电阻小的黏结剂）将筛选出的合格品芯片逐个粘贴到引脚架等电路基板上。由于进行的是从芯片连接到芯片封装，或者将芯片与引脚架进行粘贴结合，因此有时也将此工序称为粘贴。

❸ 焊接

为了实现 LSI（芯片）与外部电路的电信号交换，需要通过金或铝细线㊁等将配置在 IC 芯片表面外周的焊盘（为外部连接而在芯片上制作的铝电极）与引脚框侧的引脚电极逐一进行连接。这种导线与导线之间的连接也称为焊接。

㊀ 参见本书“5-8 LSI 电气特性的缺陷分析与评价—如何进行出厂测试?”。

㊁ 由金或铝制成的细线，由于电阻非常小，易于加工，并且与焊盘具有良好的可焊性，因此被广泛使用。

④ 模压（密封）

焊接完成后，LSI 芯片再用模压材料（密封材料）对 LSI 芯片进行密封，以获得机械和化学的保护。

⑤ 完成（标记）

在引脚框切割完成后，芯片与引脚框断开，再进行引脚加工、引脚电镀，至此封装工作完成。最后，根据需要进行芯片的标记。

2. 检验（测试）

封装完成后，还需要对所有的 LSI 进行测试，经测试合格的产品可以进行发货。

封装工序（包装）的流程

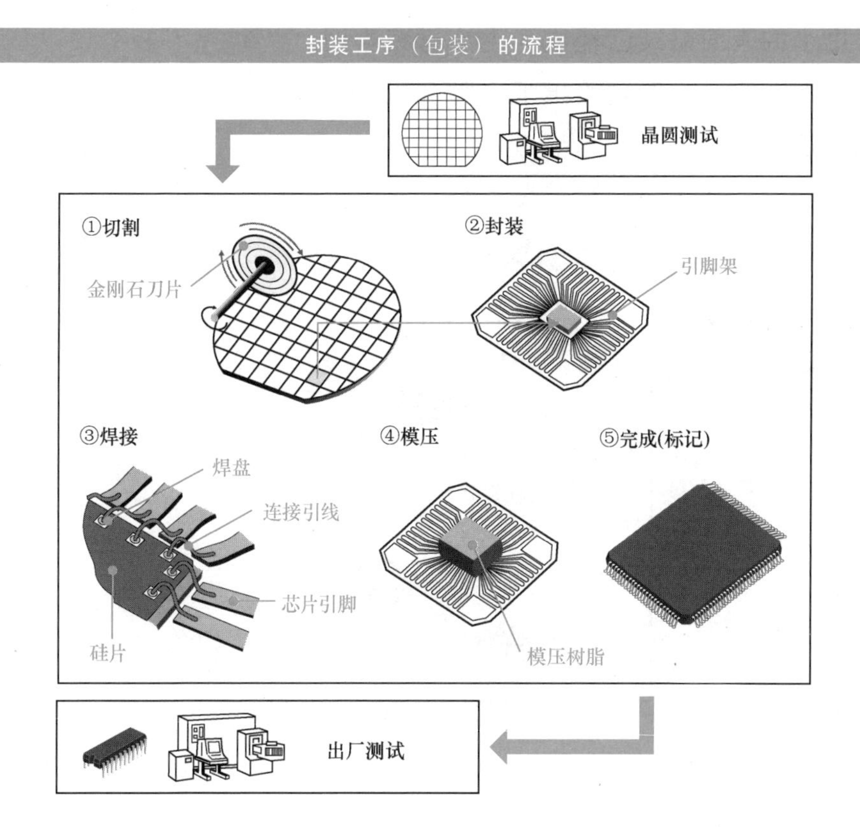

7-2

封装的种类和外形

LSI 封装[⊖]的最初目的是为了保护半导体芯片免受外部环境的影响。然而，最近的封装，除了保护之外，已经开发出多种多样的种类，以满足先进电子设备的轻、薄、小的要求。

两种主要的封装类型

用于通常印制电路板的 LSI，主要有引脚插入型和表面贴装型两个主要的封装类型。最近，为了满足更轻、更薄、更小电子设备的需求，尺寸更小的表面贴装已经成为主流封装类型。

如下图所示，分别给出了引脚插入型和表面贴装型封装的典型类型和封装形式。

封装外形和引脚数量

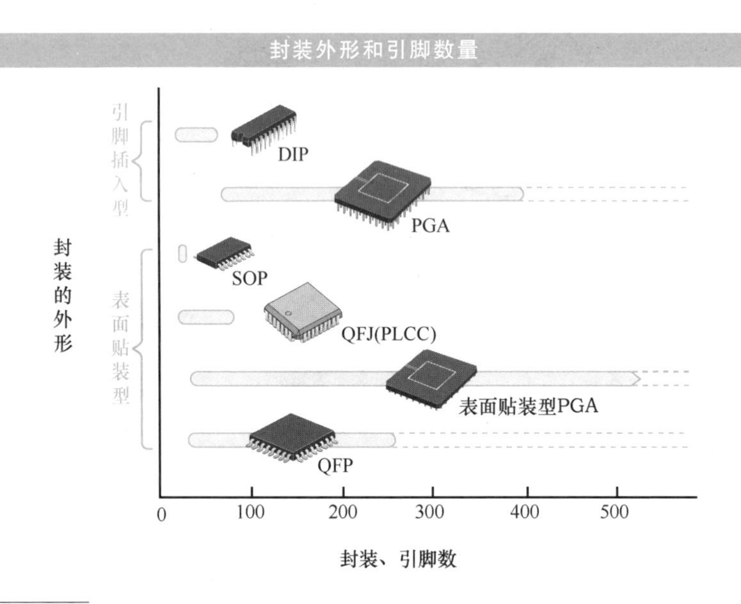

⊖ LSI 封装技术中，重要的是引脚架的微细化、电镀技术的开发、设计的 CAD 化以及高性能黏合剂的开发等。

● 引脚插入型

引脚插入型是自 IC 开发初期就使用的封装类型。在一个典型的 DIP 封装中可以看到，从封装（树脂或陶瓷）的侧面引出了一些蜈蚣状的引脚。这些引脚（蜈蚣脚）被插入印制电路板上的通孔[㊀]，用于 IC 的安装和焊接。

● DIP
Dual Inline Package，双列直插封装

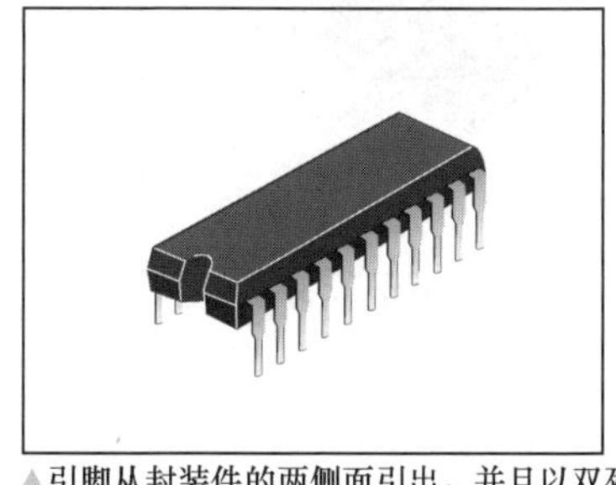

▲引脚从封装件的两侧面引出，并且以双列的形式排列

● SIP
Single Inline Package，单列直插封装

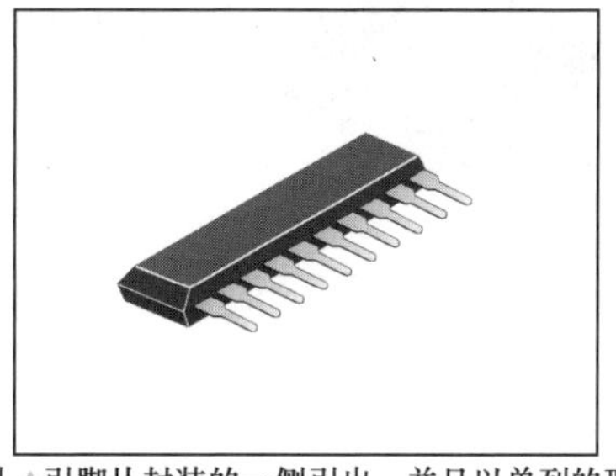

▲引脚从封装的一侧引出，并且以单列的形式排列

● ZIP
Zigzag Inline Package，之字形直插封装

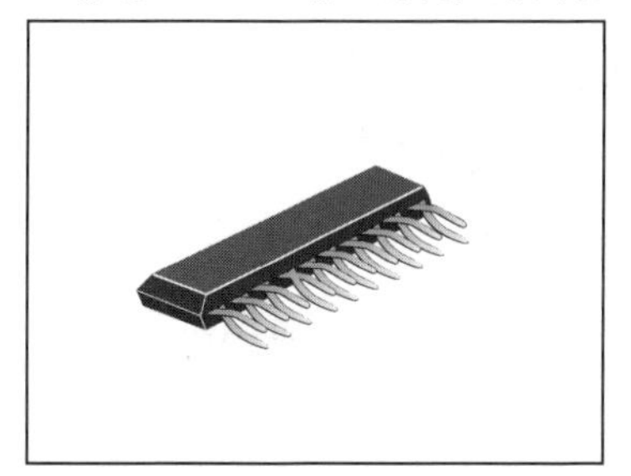

▲引脚从封装的一侧引出，并且在单侧以交替弯折的形式排列

● PGA (Pin Grid Array，插针阵列封装)
(PPGA:Plastic Pin Grid Array，塑针插针阵列封装)

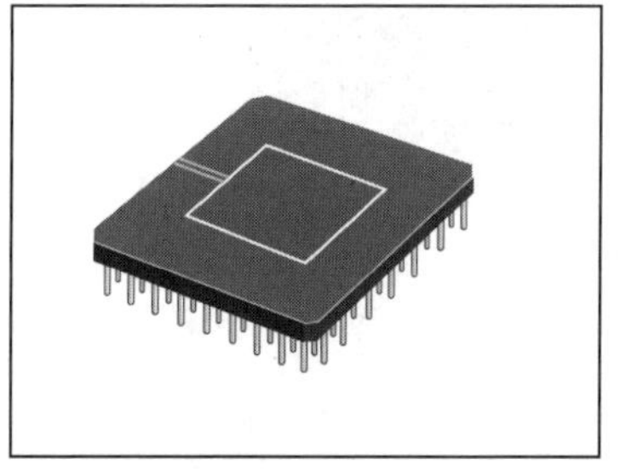

▲引脚从封装的上表面或下表面引出，且排列成矩阵的形式

● 表面贴装型

这种类型的封装是为了满足对更小、更薄和更复杂的电子设备的需求而开发的封装类型。该封装类型 IC 的引脚与芯片表面平行，位于

㊀ 印制电路板上用于通过焊接固定 IC 并将 IC 与电路布线进行电气连接的镀锡孔。

芯片封装的表面或侧面。芯片引脚直接焊接在印制电路板上的镀锡焊盘图案上。印制电路板上不需要通孔，因此减少了布线间距，而且芯片封装本身的高度较低，因此可以实现更高密度的安装。

● BGA
Ball Grid Array，球阵列封装

▲由焊锡等代替引脚，引脚以球状凸起的形式排列成阵列

● SOP
Small Outline Package，小引出线封装

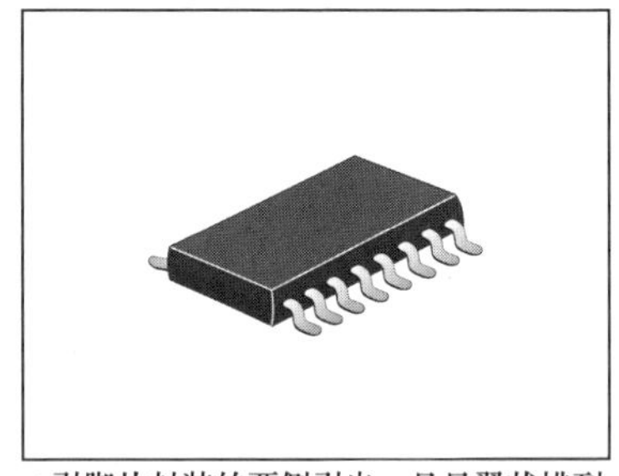

▲引脚从封装的两侧引出，且呈翼状排列

● QFP
Quad Flat Package，四面扁平封装

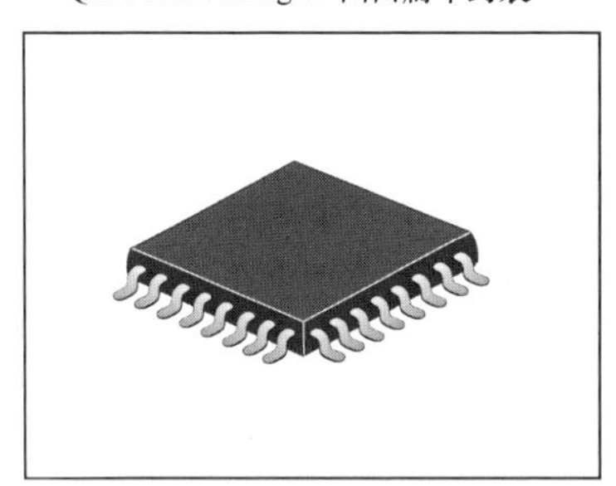

▲引脚从封装的四个侧面引出，且呈翼状排列

● TSOP
Thin Small Outline Package，薄型小引出线封装

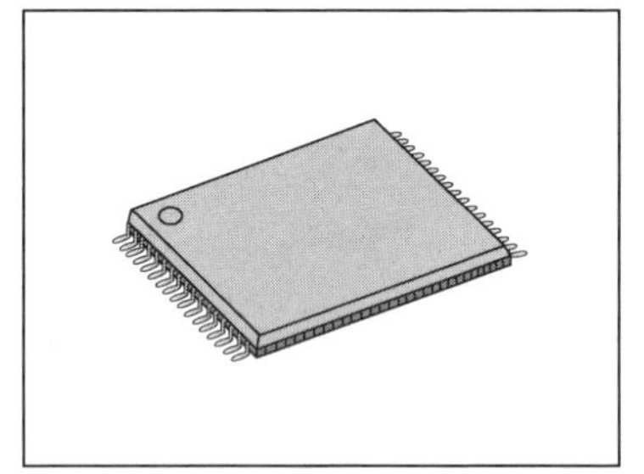

▲引脚从封装的两侧引出，且呈翼状排列，芯片封装的总厚度在1.27mm以下

LSI 封装所需的技术

封装的最初目的有两个：实现与外部电路的电气连接和保护芯片不受外部环境的影响。但随着 LSI 集成度和性能的不断提高，最近的封装还受到安装环境技术要求的制约，除了保护功能之外还要促进电路高性能的实现。

● 对封装几何形状的要求

① 适用于移动电话或移动（便携）设备电路板的小型、轻量化。

② 通过超小型、超紧凑和超轻薄，实现高密度（大容量）化。

③ 针对计算机和网络设备的高引脚数（高密度）要求，引脚数可多达 1000 个或以上。

● 对封装电气特性的要求

① 高速化支持

移动电话需要 1.5GHz 的频段，而网络设备则需要超过 1000 帧的 500MHz 的速度。因此，有必要选择一种不会造成电路延迟且与高速电气操作相兼容的基底材料，并生成电路的焊接图案。

② 电气噪声抑制

由于 LSI 工作频率的不断提高和晶体管数量的不断增长，使得 LSI 的功耗不断增大。为了解决 LSI 的功耗问题而广泛采用了降低电路工作电压的低工作电压策略。加上由于 LSI 工作频率的不断提高和日益提高的集成度造成了 LSI 布线之间的电噪声干扰，导致电子电路误动作的出现。因此，还需要从封装方面采取电气噪声抑制措施，如将电源端子配置在整个表面上，尽量减少芯片和引脚架之间的布线距离，通过电容与引脚间最短距离的布线配置来谋求电源电压的稳定等。

● 对封装散热特性的要求

当电路电流流经半导体芯片时，产生的热量与导通电流和导通电阻成正比。所产生的热量不仅会导致半导体本身发生误动作，而且还会通过封装降低安装 LSI 的电子设备的性能，对电子设备的安全性和可靠性产生决定性的影响。因此，有必要采取散热应对措施，如在封装和引脚架结构中使用具有优良散热性能的树脂材料等。

7-3

BGA 和 CSP 是什么样的封装？

尽管 LSI 的集成密度和工作速度都在不断提高（高散热和电气特性要求），而且引脚数量也在增加[1]，但封装已经缩小到了芯片尺寸的大小。CSP（Chip Size Package，芯片尺寸封装）是由表面贴装的 BGA 演变而来，与芯片尺寸相同。

封装尺寸与芯片尺寸的关系

为了满足电子设备更轻、更薄、更小的需求，封装方法已从引脚插入式转向表面贴装。移动电话、数码相机等的超轻/小尺寸之所以能够实现，是由于系统 LSI 的发展以及封装技术的重大飞跃。

在表面贴装的封装类型中，与芯片引脚从封装的四个侧面连接的类型相比，可实现芯片主体全面连接的 BGA 类型具有绝对优势。

近年来，BGA 类型进一步发展，已经进一步缩小到芯片尺寸，形成了芯片尺寸封装（CSP）。

● BGA

在芯片封装模块基板的背面，用焊锡等焊料凸点来代替封装引脚/引线的封装方式被称为 BGA。该封装用于电气连接的焊锡等凸起（芯片与电路基板连接的凸起状球状电极）排列成阵列状，适合于芯片的表面贴装。

按照用于配置球状焊锡凸起的基础材料进行分类，可将 BGA 芯片封装类型细分为使用树脂基板的 PBGA（Plastic BGA）和使用聚酰亚胺基带的 TBGA（Tape BGA）。

---

[1] 随着集成电路性能的不断提高，芯片内部电信号与外界的输入/输出关系也越来越复杂，因此用于接口的引脚数量也不可避免地增加。此外，为了消除电子电路中的电压降，以及由于细的键合线和芯片金属布线中的电阻增加而对处理速度产生的不利影响，用于供电的引脚数量也有所增加。

最后，我们将传统上最流行的四面扁平封装（QFP）和 BGA 进行一下对比。QFP 的 4 个侧面都有引脚架的连接端子，而 BGA 可实现小型化、轻量化和多引脚化，进而有利于对组装成品率提高有很大影响的端子间距的扩展。

BGA 的结构示例

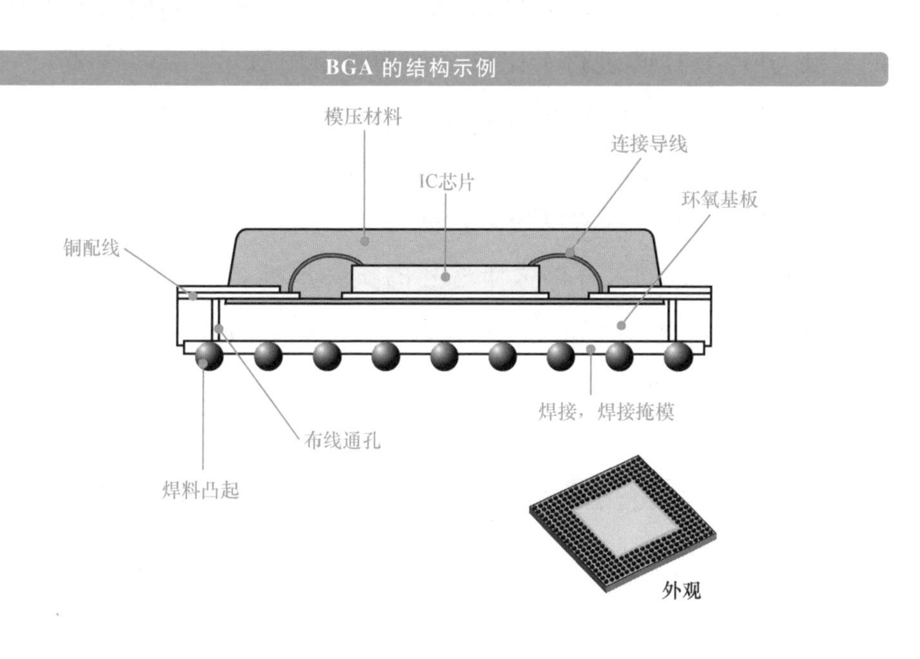

QFP 与 BGA、CSP 的比较

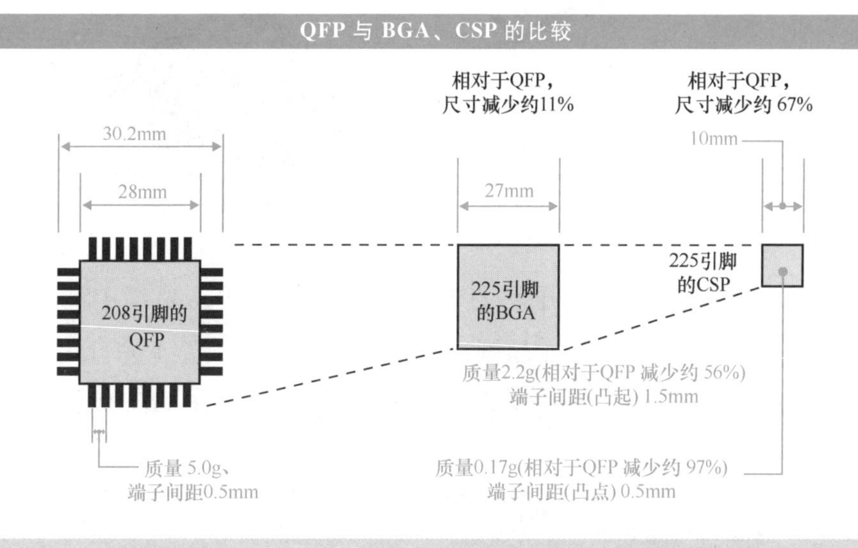

第7章

● CSP

外部封装的尺寸大约相当于芯片尺寸的封装被统称为 CSP。在 BGA 中，焊接的凸起点是通过印制电路板来创建的。而在 CSP 中，通过树脂基板或柔性薄膜载带等直接实现凸起点（焊料珠）和芯片上焊盘的连接。在这里，我们再将传统上最流行的 4 个侧面带有引脚端子的封装 QFP 与 CSP 进行了比较（如前页下图所示）。

与 QFP 相比，CSP 的质量减少了 97%，尺寸减少了 67%，在满足电子设备小型化的需求方面取得了显著进步。

● 晶圆级 CSP（WLCSP[㊀]）

传统的 CSP 的尺寸略大于芯片的实际尺寸，而晶圆级 CSP 是真正的芯片大小的 CSP，以芯片本身的尺寸实现。因此，晶圆级 CSP 的尺寸是裸芯片的尺寸。

CSP 的结构示例

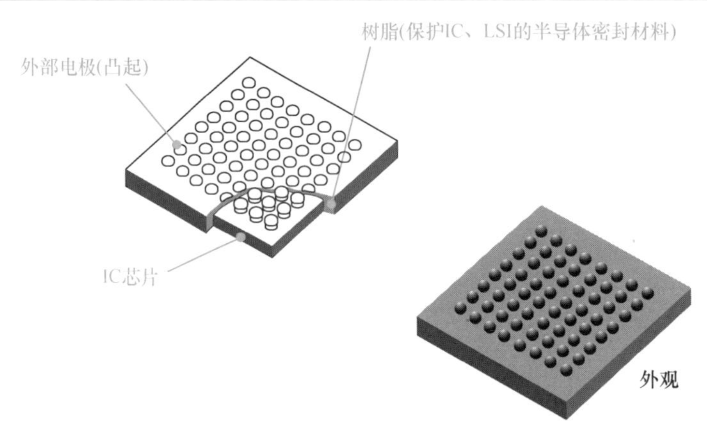

例如，在富士通公司开发的 SCSP（Super CSP，超级 CSP）的制造中，在正常的前端工程（晶圆工艺）完成之后，继续进行用于封装布线的金属成膜沉积，形成封装布线或金属柱（用于与焊锡珠连接的

㊀ Wafer Level Chip Size Package，晶圆级芯片尺寸封装。

凸起电极）。此后，对晶圆上的各个芯片进行树脂密封，然后再进行焊锡珠的安装。最后，像过去一样通过切割将晶圆切成颗粒状的芯片。这意味着晶圆工艺即为完整的芯片制造工艺，所有前端工程和后端工程都合并在一起了。

晶圆级 CSP 的制造工艺及结构示例

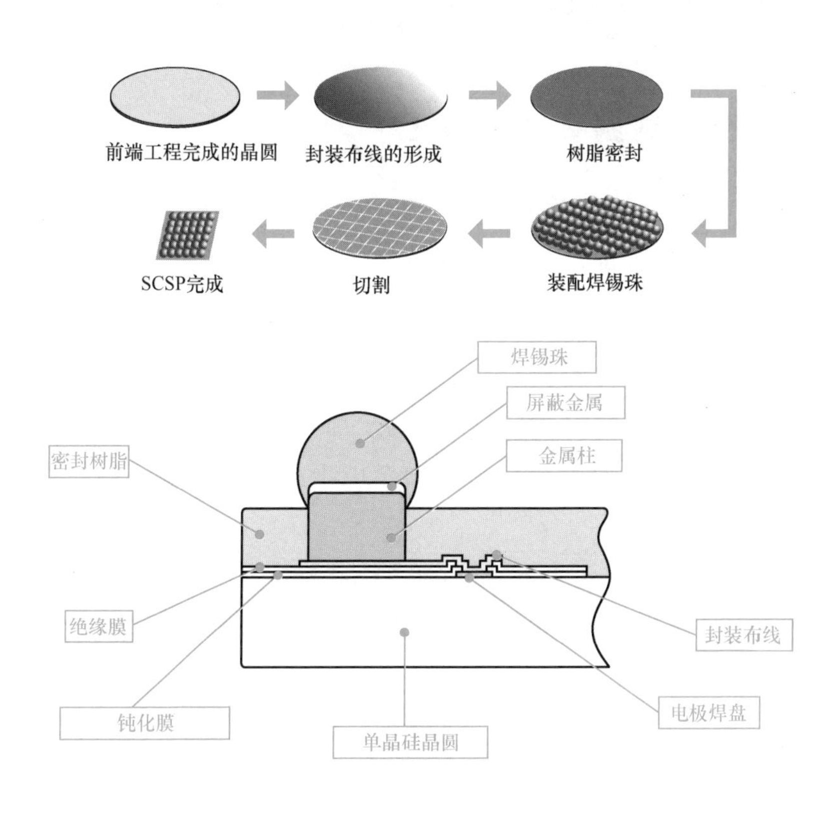

第7章

7-4

将多个芯片封装在同一个封装中的 SIP

传统上，人们认为 CSP 将是封装的极限，但现在采用 MCM（Multi Chip Module，多芯片模块）的思想，已经开发出一种多芯片叠加的三维封装技术，这些技术被统称为 SIP（System in Package，系统级封装），因为整个电子系统都集成到一个封装内。

封装密度达到 2 个或以上

半导体芯片封装技术的微细化发展已经从引脚插入型发展到表面贴装型。其最终的发展目标应该就是 BGA/CSP，这是因为所谓的封装密度（芯片面积/封装面积）已经达到了 1，亦即封装尺寸与芯片尺寸已经完全相同。

然而，最近，将现有 MCM 发展为三维结构的层叠芯片封装技术已经被开发了出来，实现了封装密度为 2 以上的芯片封装。

封装技术的进步

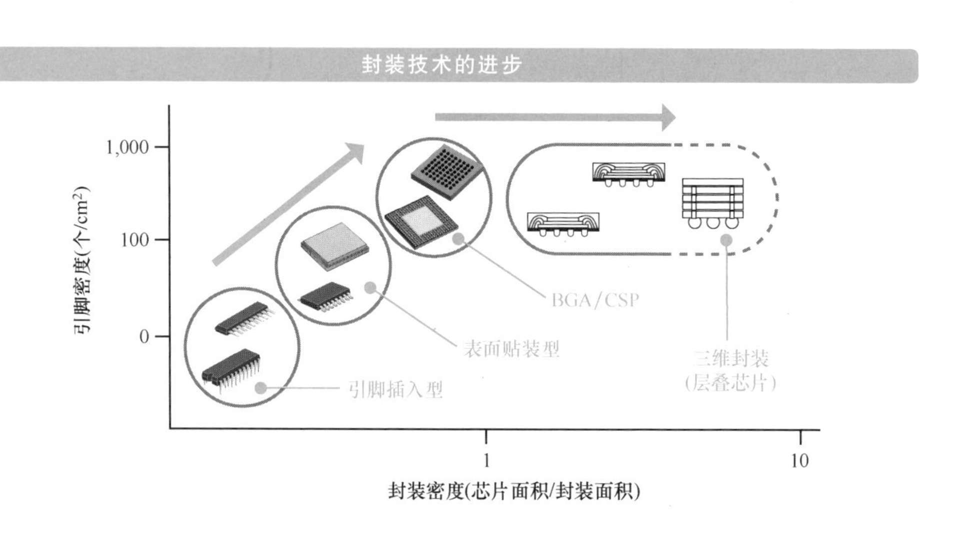

当前，封装密度为 2 或更高的封装被提议和开发。

● MCM

MCM 方法已被用于实现那些在技术上或成本上难以做成单一芯片的 LSI 系统，如 CPU、DSP、DRAM 等不同类型数字电路和模拟电路的混合。通过 MCM（多芯片模块）技术，则可以使用一个模块来实现这种多电路的融合。它们不仅可以做得更小、更轻，而且还可以缩短 LSI 之间的布线长度，减少芯片之间的布线延迟，并减少 CPU 和 DRAM 之间连接的总线瓶颈（由于存储器总线传输时间增加而降低处理速度）等的影响。

● 三维封装技术（堆叠式芯片）

三维封装堆叠式芯片技术是 MCM 技术之一，是在 MCM 技术基础上发展起来的封装技术。在这种技术中，先前以平面排列的多个芯片被堆叠并封装在一个封装中。最近的 SIP 理念是在 CSP 级别进行 MCM 技术的部署。

MCM 的结构示例

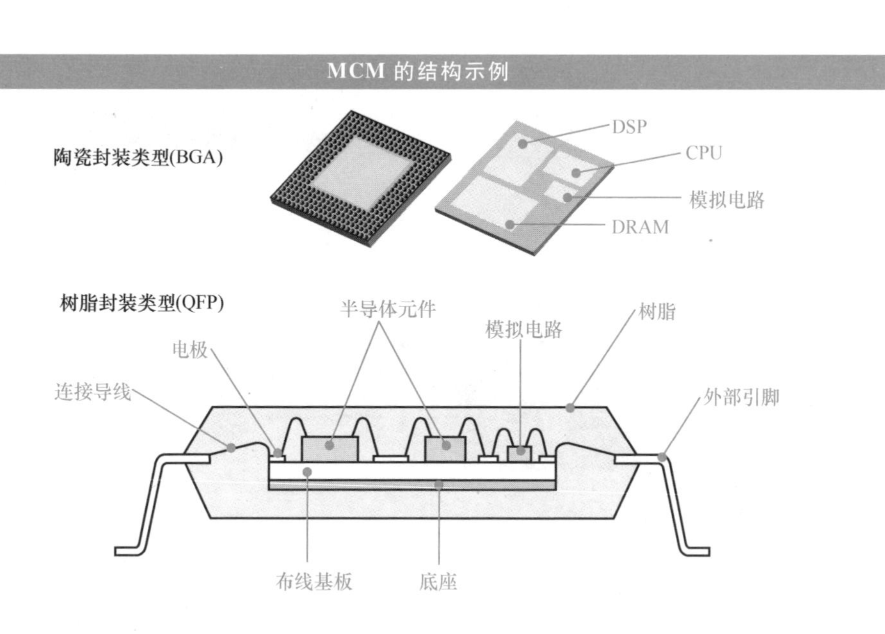

● SIP 系统级封装

随着 LSI 微细化技术的进步和迅猛发展，以系统 LSI 和 SOC（芯片上系统）形式出现的高性能 LSI，为电子设备的小型化、多功能化提供了有力支持。

另一方面，这种 SOC 概念在封装技术的发展中也得到了进一步扩展，即 SIP 技术。该技术将多个芯片进行三维连接，并封装到一个封装之中，其应用也在迅速展开，特别是在如手机和数码相机等移动产品中，产品的超紧凑性是必需且至关重要的。今后，应用将扩大到整个电子设备的领域，同时解决电子设备的成本削减、高速运行和异质芯片混载等问题。

三维封装技术

三维封装技术的进步

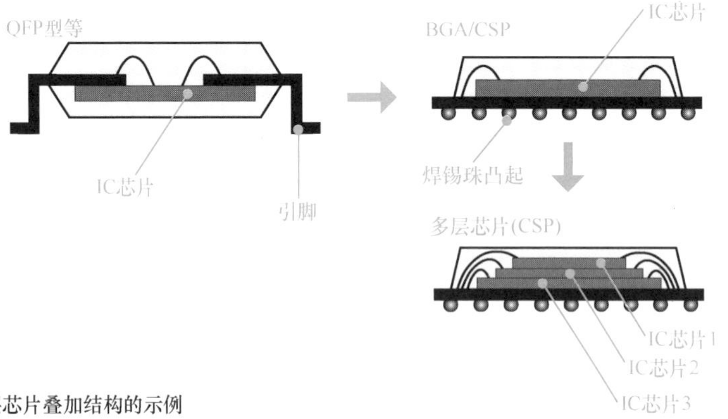

3层芯片叠加结构的示例

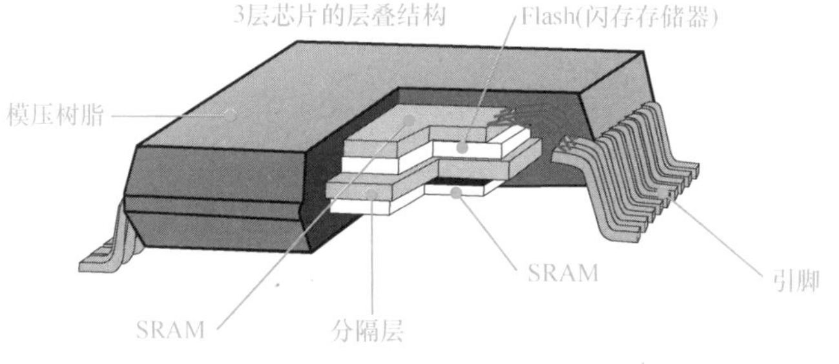

SIP 产品类型

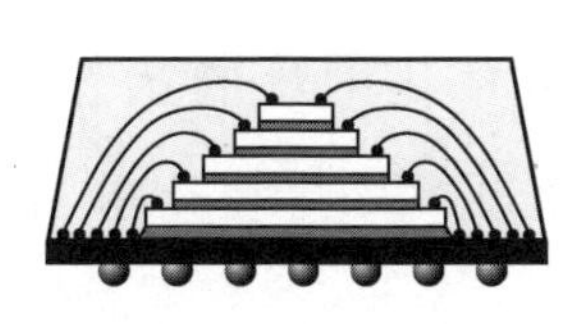
增加层叠芯片的数量

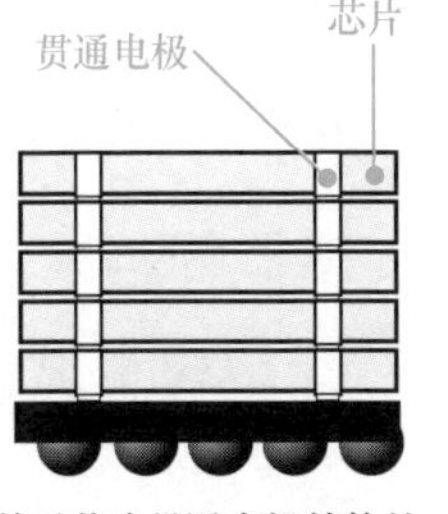

基于芯片贯通电极结构的真正芯片尺寸的CSP

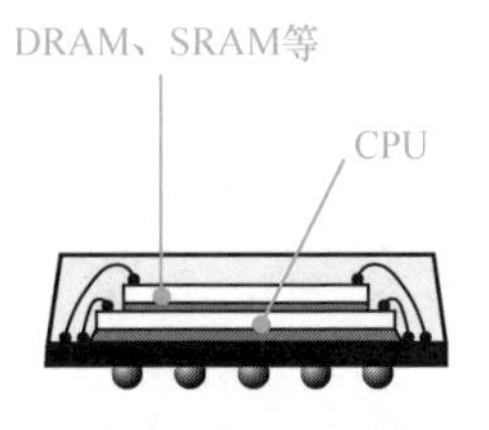

不同类型芯片的层叠(Chip on a Chip)

SIP vs SOC

随着 SIP 变得更加实用，人们开始将 SIP 与 SOC 进行比较。虽然通过 SOC 技术也能够实现模拟、高频元件和存储器的混合集成，但实际的开发周期（包括制造工艺的研究）会拉长，包括掩模成本在内的开发成本也会飙升，所以现在可以认为 SIP 在某些情况下可能更具优势。以下是对 SIP 和 SOC 的优缺点的一般总结。

SIP 与 SOC 现状的比较

	SIP	SOC	注释
开发周期	○	—	可以通过现有的芯片进行组合封装
开发成本	○	—	封装成本+芯片成本
产品成本	—	○	生产个数较多的情况
产品成本	○	—	生产个数较少的情况
小型化	○	—	类型不同的情况
小型化	—	○	类型相同的情况
高速化	—	○	芯片间的互连会导致总线瓶颈
低功耗	—	○	布线的微细化会带来负荷能力的降低
存储器的搭载	○	—	通过堆叠可以实现大容量

通过上表所给出的一些情形，我们可以看到 SIP 的显著优势。

❶ 可以实现不同类型芯片的混载

尽管任何一种类型的芯片都可以通过单晶硅芯片来实现，但实际上电路的高频部分、图像传感器等仍处于 SOC 化困难的状态。目前，大多数系统 SOC 都采用多芯片结构实现，通过 SIP 封装技术实现现有芯片的层叠。

❷ 可以配备大容量的存储器

系统 LSI 的规模越大，芯片对存储空间的需求就越多。

不同类型元件混合的芯片，如 DRAM 与 CPU 的混载，极大地提高了芯片的成本。SIP 可以进行现有 CPU 与大容量 DRAM 的结合，实现不同类型芯片的混载，其产品已经应用于数码相机的图像存储器等。

❸ 可以缩短开发时间，降低成本

将新产品推向市场是当前业务的基石。在实践中，使用 SIP，开发时间可以大大缩短，因为只需要进行现有芯片的组合。使用 SIP 的开发时间可以缩短到 SOC 所需的 6 个月到 1 年的 1/5~1/10。另外，使用 SIP 开发所需要的成本基本上是对现有组件进行封装的成本，所以可以降低到 SOC 的 1/4~ 1/3。

从单一的 SIP 到 SIP×SOC 的解决方案

设计方面的考虑，如 SIP 的配置，使封装的芯片以最有效的方式堆叠，用最短距离的接线最大限度地减少信号的延迟，以及优化焊盘的配置以减少测试时间等，都是非常重要的。

考虑到上述技术因素，最近的 SIP 思想是，期望通过 SIP 技术混合搭载多个大规模、高性能的 SOC，或非硅的高频 IC、存储器等，不仅仅是单一系统的封装解决方案。换句话说，未来的高性能 SIP 将不是简单的具有多个 SOC 的 SIP，而是具有基于 SIP 和 SOC 性能相乘（SIP×SOC）概念的设计方法，以实现（SIP×SOC）的性能要求。因此，在选择 SIP 或 SOC 时，充分考虑所开发产品的战略定位和生产批量是很重要的。

7-5

采用贯通电极 TSV 的三维封装技术

使用硅通孔（TSV）的三维封装技术在层叠的 LSI 芯片之间实现电气信号的连接，布线比引线焊接的线路短。与传统的二维封装相比，可以大大减少封装的面积，同时能够实现更高性能的 LSI。

什么是贯通电极 TSV 技术？

贯通电极 TSV 技术是一种使用 TSV 的三维封装技术。该技术通过蚀刻工艺在芯片上形成封装通孔，通孔穿过堆叠的 LSI 芯片的顶部和底部。在通孔注入铜、聚硅氧烷多晶硅等电极材料，形成纵向布线，实现 LSI 芯片间的电路的相互连接。传统的 SIP 采用 LSI 芯片纵向堆叠或横向堆叠的方式，通过引线接合实现 LSI 芯片间的电气连接。

TSV 的优点包括：①小型化和高密度（没有延伸到 LSI 芯片外的导线连接）。②更快的处理速度（总布线长度的减少）。③更低的功耗（减少布线电阻和杂散电容）。④多引脚化（可达到数千个引脚）。⑤多功能和高性能化（多芯片、不同类型芯片的连接与封装）。

TSV 技术与传统三维封装技术

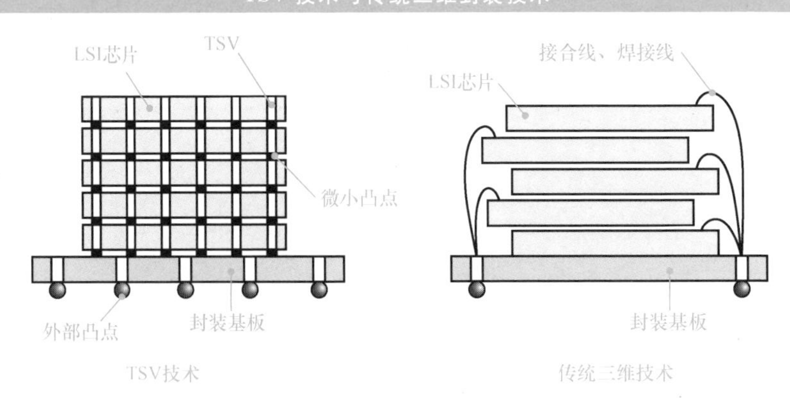

TSV 技术和应用器件

TSV 技术的典型加工制造工艺包括：①在硅片上进行 TSV 的制造工艺；②在硅片上进行绝缘膜的形成，用于 TSV 封装的芯片隔离；③对TSV 进行电极材料填充；④对完成前述 TSV 工艺的硅晶圆进行蚀刻加工和 CMP，以去除不必要的残留部分，将 TSV 柱暴露在硅片上；⑤进行硅片（或分离芯片）的黏合和焊接工艺，最终完成多个硅晶圆（芯片）之间的布线连接，实现多个硅晶圆的 TSV 封装。

在 TSV 技术应用方面，通过芯片堆叠取代传统的导线连接，已经实现了高速、高密度的 NAND 闪存模块（SD 卡、USB）。然而，随着三维 NAND 闪存技术的出现，TSV 封装技术可能不再有必要。在 DRAM 方面，三星电子宣布了一款 24GB 的超高速宽带 DRAM 产品，该产品采用 TSV 技术进行封装，实现了 12 层芯片的堆叠（单个芯片的厚度加工到小于 50μm，封装好的总体厚度为 720μm）。

此外，消费电子领域的另一个例子是 SONY 的 CMOS 图像传感器，它可以作为一个芯片大小的相机模块使用。

TSV 技术的制作工序示例

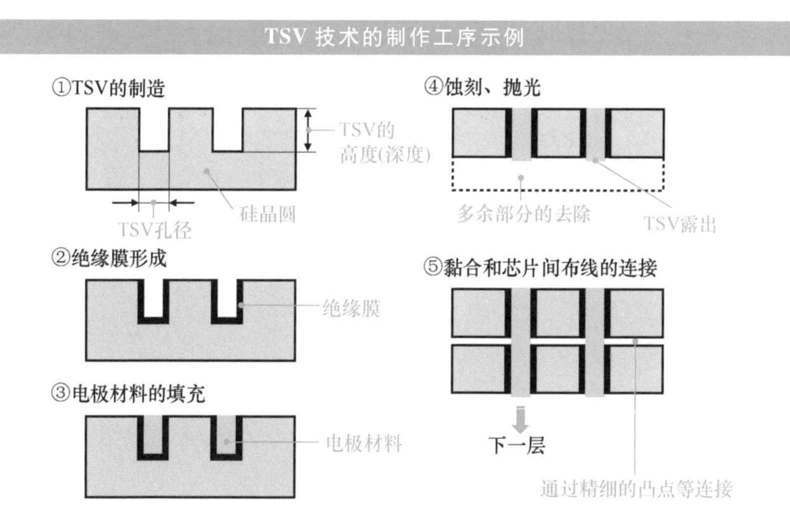

第7章

7-6

高密度封装技术的进一步发展

WLCSP（晶圆级芯片尺寸封装）技术存在的问题包括：①由于硅片与密封树脂的热应变而使芯片翘曲；②WLCSP的引脚间距很小，因此不利于印制电路板的焊接安装；③随着芯片微细化、高集成化和高性能化，单位面积输入/输出引脚的数量不断增加，不能容纳所有的引脚。有一些问题，例如。

从 WLCSP 到高密度和可靠的 FOWLP

FOWLP[㊀]在封装与半导体硅片之间制造一个再布线层，通过该再布线（可以实现比印刷布线细几个数量级的微细化布线）层实现硅片与外部焊锡珠之间的连接。FOWLP将输入输出引脚区域扩展到芯片外侧（Fan Out区域），大大增加了引脚数的容量。

WLCSP vs FOWLP

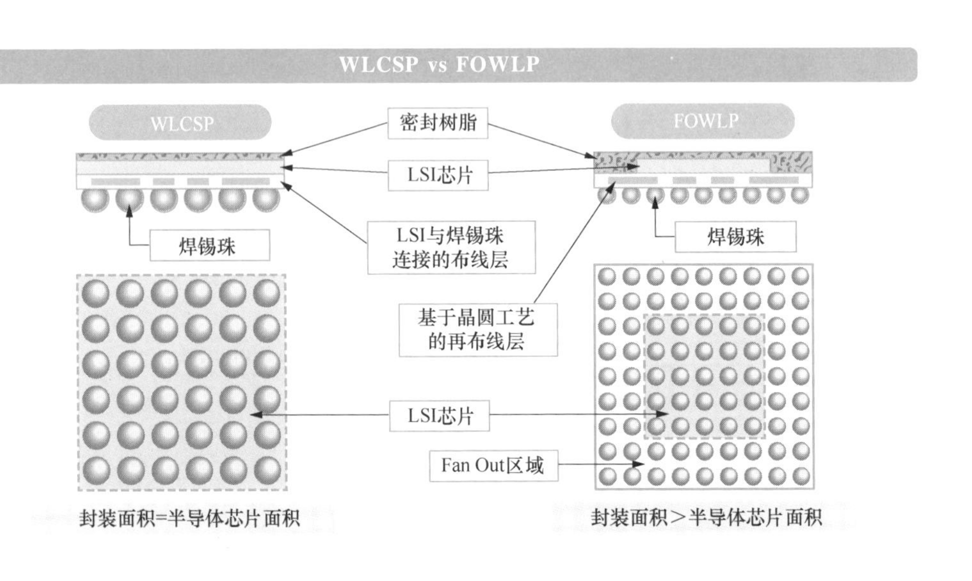

㊀ Fan Out Wafer Level Package，扇出晶圆级封装。

由于能够应对伴随 LSI 高性能化引起的输入输出引脚数增加，以及模块轻薄化、布线长度减少带来的高速处理、高频带中的低传输损耗等问题，所以能够适用于高密度、高可靠性要求的移动设备和智能电话的最先进 LSI 封装技术，并发挥着重要作用。另外，相对于 FOWLP，传统的 WLCSP 有时也被称为 FIWLP㊀。

FOWLP 制造工程

实现 FOWLP 的制造方法有两类。①先创建一个再布线层，再通过再布线层实现待封装芯片的连接。②先进行待封装芯片的连接，再创建一个再布线层，实现芯片的封装。本节通过易于理解的第①类方法进行介绍，介绍其工序流程。

① 在一个支撑基板（如硅片、玻璃）上形成一个再布线层。

② 将待封装的 IC 芯片放置在具有再布线层的支撑基板上，并进行硅片连接。

③ 用树脂材料对 IC 芯片（再布线层）进行模压封装。

④ 剥离原支撑基板（树脂密封的一面成为新的基板）。

⑤ 焊锡珠被封装在再布线层的另一侧。

⑥ 对基板进行切割，实现芯片的分离。

上述所介绍的是单个 IC 芯片的封装，但通过多个 IC 芯片的封装可以制成具有更高性能的多芯片 FOWLP。例如，CPU 和存储器可以用最短的布线方式连接在一起，从而形成具有低布线延迟的高速处理电路模块。请注意，台积电 TSMC 将这种封装方式称为 InFO（Integrated Fan-Out）。

㊀ Fan In Wafer Level Package，扇入晶圆级封装。

FOWLP 制造工程的示意图

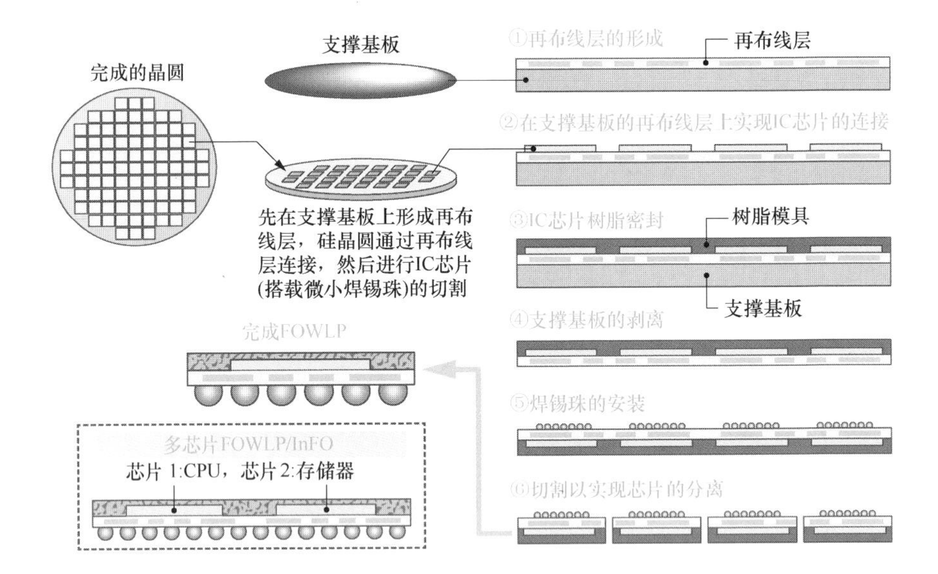

第 8 章

代表性半导体元件

在当今的 IT 时代，半导体技术被广泛应用于高性能电子设备中。在此介绍一下与我们的生活密切相关的半导体元件（发光二极管、半导体激光器、图像传感器、功率半导体等）以及配备这些半导体元件的最新电子设备。

8-1

光电半导体的基本原理（发光二极管和光电二极管）

光电半导体是指将电能转化为光能或利用光能转化为电能的半导体元件，如发光二极管、光电二极管、激光二极管、图像传感器㊀和太阳能电池等。本节介绍发光二极管和光电二极管。

光电半导体是光→电/电→光的能量转换元件

此前介绍的半导体元件主要封装在逻辑 LSI 和存储器等电子器件中，负责运算和存储等工作，相当于人类大脑的作用。另一方面，光电半导体元件在配备逻辑 LSI 和存储器的电子设备中也发挥着重要作用，将我们在现实生活中看到的光（光能）转换为电能，或将电能转换为光能，是一种能够实现光电转换的半导体元件（半导体器件）。

光电半导体元件的类型

● 发光元件

发光二极管（LED）是将电信号（电能）转换成光能的二极管，发射（辐射）红色、蓝色和绿色的可见光，以及不可见的红外线和紫外线。光的颜色由晶体材料（InGaAIP、GaN 等）、晶体材料的混合比例和添加的杂质决定。主要应用包括家用电器、仪器仪表、显示器、远程控制光源和各种传感器的光源等。激光二极管（LD㊁）以一致的波长和相位发射高能量的激光，被用于激光通信设备、CD 和 DVD 的激光器、打印机和仪器仪表等。

㊀ 参见本书“8-3 集成大量光电二极管的图像传感器”。

㊁ LASER Diode，参见本书“8-4 使 IT 社会的高速通信网络成为可能的半导体激光器”。

● 光接收元件

与LED相反，光电二极管（光电晶体管）将光能转化为电信号（InGaAs/InPs等晶体材料）。光电二极管能够按照PN结上的光照量允许相应的电流通过，并对其加以利用。图像传感器将光能提取并转换为相应的图像。光电二极管的主要应用包括光电传感器、远程控制、光遮断检测、光电开关、扫描仪和视频摄像机等。

● 光电复合元件

光电耦合器是一种光电耦合装置，它集成了一个LED（将输入的电信号转换为光信号）和一个光电二极管（将光信号转换为电信号）。光电开关的结构也基本相同，但它是通过光遮断的方式检测发光元件和受光元件之间是否有物体存在的装置。

● 激光通信元件

激光通信元件面向以光纤为中心的高速激光通信，包括激光通信用的激光二极管和激光通信激光接收元件等。

● 图像传感器

图像传感器将数码相机等拍摄的图像（光信号）转换为电信号。

发光元件：发光二极管（LED）亮度高、寿命长

发光二极管（LED）的特点是能够以不发热的方式将电能转化为光能，没有能量的浪费。LED的耗电量约为白炽灯泡的1/8，荧光灯的1/2。LED元件本身的寿命是半永久性的（10年以上），但是作为照明用的LED灯泡，由于LED元件发热导致封装树脂的老化等，其使用寿命有所缩短。目前，LED灯泡的使用寿命可以保证在4万小时以上。

此外，LED不含汞等有害物质，产生的热量也很少，因此它们可以节省整个房间的空调费用，被称为对地球环境有利的绿色元件。特别是在照明领域，从白炽灯泡到LED灯的大幅节电，预计将通过减少二氧化碳的排放，为应对全球变暖做出重大贡献。

作为显示器的应用，1993年和1995年分别开发出了蓝色和纯绿

色的LED，加上已经开发的红色LED，构成了具有高亮度的三原色LED光，能够实现高清晰度的全彩色显示，在城镇的建筑物和足球场的墙壁上出现了由无数LED点阵组成的巨大屏幕。

LED不仅用于照明灯具和显示器，而且与消费电子（数字家电）和信息设备密切相关，已应用到社会的方方面面。红外线LED被用于消费电子产品中的电视和音响设备的遥控器，以及OA设备中的彩色复印机、扫描仪和激光打印机等的曝光光源。蓝光光盘的容量比DVD高，这要归功于基于蓝色LED的蓝色半导体激光器，它的波长比传统的红色LED短。蓝色半导体激光器以蓝色LED为基础，它的波长比传统的红色LED短。

LED与白炽灯的对比

	LED	白炽灯
光的颜色	像红、绿、蓝这样单一的特定颜色	由于不同光线（波长）的混合，接近于白色
发热	少	多（80%以上的能源是热能）
寿命	长（白炽灯的10倍以上）	短
功率消耗	少（约为白炽灯的1/10）	多
响应时间	极小（灯的1/100万以下）	长

发光二极管（LED）的基本原理

在LED中，当正向电压被施加到半导体二极管的PN结时，来自P区的空穴和来自N区的电子向PN结区移动，导致电流流动。这时，在PN结附近，电子和空穴相互附着并被耗散，这种现象被称为重组。这种重组发生后，物态的综合能量小于电子和空穴的能量总和，因此能量的差异即以光的形式发射出来。这就是LED的发光现象。

发光颜色（光的波长）取决于LED半导体材料和添加的杂质，范围从紫外线区域到可见光和红外线区域，LED材料是由镓（Ga）、砷（As）和磷（P）组合而成的半导体化合物[㊀]。

㊀ 详见本书“2-3 LSI有哪些种类？”。

LED 发光的基本原理

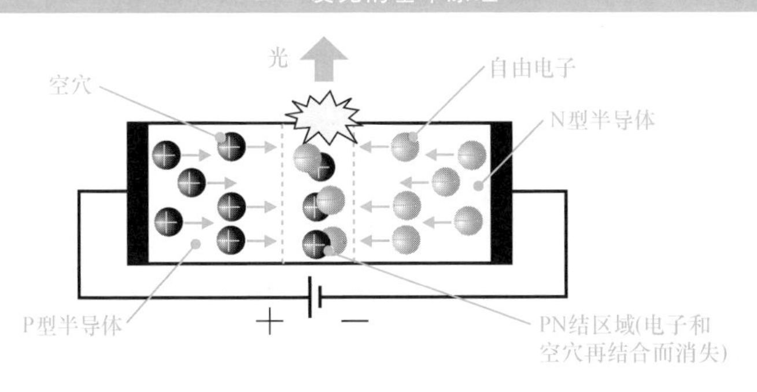

LED 的基本结构

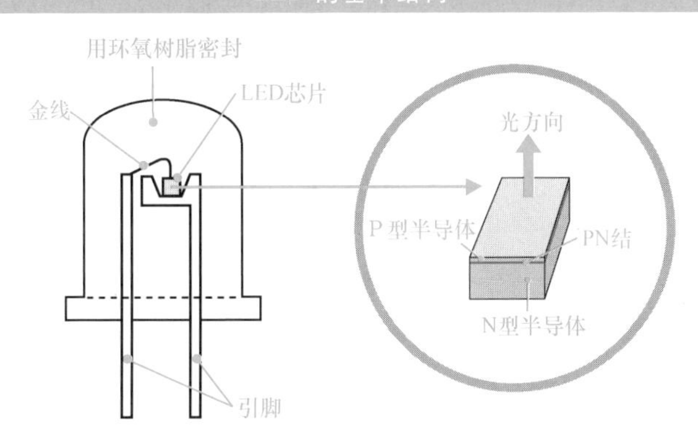

光电传感器（光电二极管）的基本原理

光电二极管是一种典型的光电传感器。光电二极管的基本原理是，当在 PN 结上施加一个反向偏置电压（P 型为负电压，N 型为正电压），并连接一个微小的电阻作为负载时，当光进入 PN 结区时，价带中的电子被激发，成为自由电子。这时，在价带中会产生一个空穴，即一个失去了电子的空壳。成对产生的自由电子和自由空穴被施加在二极管上的电场吸引，导致电子移动到正电极一侧，空穴移动到另一个电极一侧。这将导致从 N 型半导体到 P 型半导体的反向电流，并且该电流与输入的光能量成正比，可以用于光强度的检测。

光电晶体管是一种通过晶体管将光电二极管的输出进行放大的一

体化集成结构。与光电二极管相比，光电晶体管的灵敏度更高，响应速度快，是目前使用最广泛的受光器件。

光电传感器的应用无处不在

● 远程控制

身边的电视遥控器就是一个常见的远程控制的例子。遥控器有一个发射红外线的二极管（红外线 LED），电视机有一个接收红外线的传感器（红外线光电二极管）。在实际的遥控操作中，电视机接收遥控器发出的红外线光指令信号，并控制其频道和音量的改变。

光电二极管的基本原理和结构

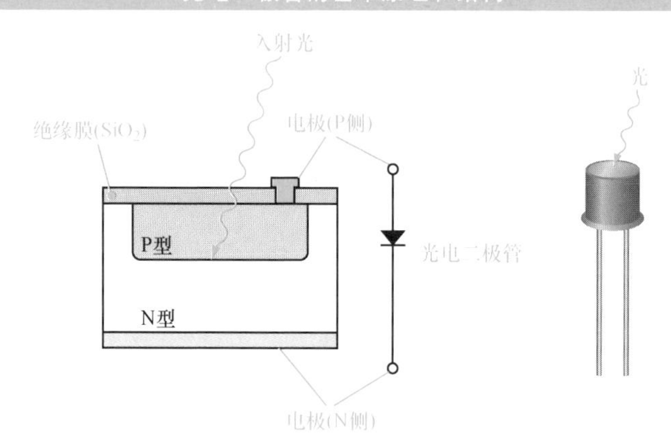

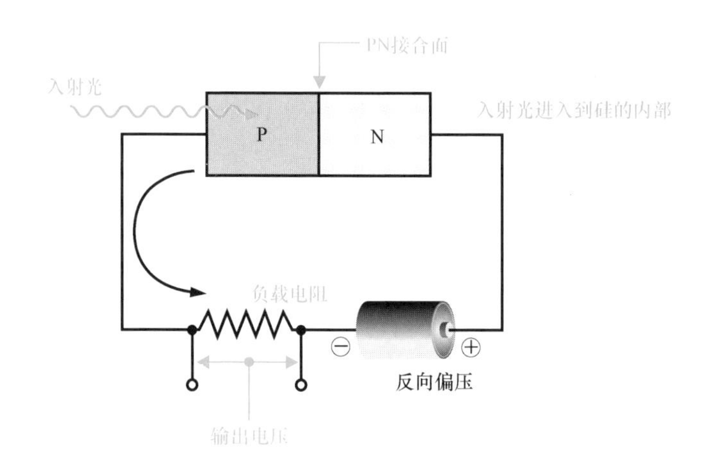

● 光照度检测

光电传感器还可用于环境照度（亮度）和热量（红外辐射）的检测，并被广泛用于各种控制设备。熟悉的例子包括自动门的开、关，以及对来自光照度检测方向的变暗做出反应而开启的路灯等。光照度检测还可以用于移动电话、液晶电视和其他设备的液晶屏亮度控制，根据环境进行亮度优化，以提高可读性，节省电力消耗，延长使用时间等。

● 物体检测，位移检测

组合了光电传感器（光接收元件）和发光二极管（发光元件）的复合装置可以检测物体的存在或不存在，物体的大小和位移量等。广泛应用于自动售货机、ATM（自动取款机）、打印机、FAX 传真机、复印机和许多其他办公设备中。

自动售货机中使用的光电传感器

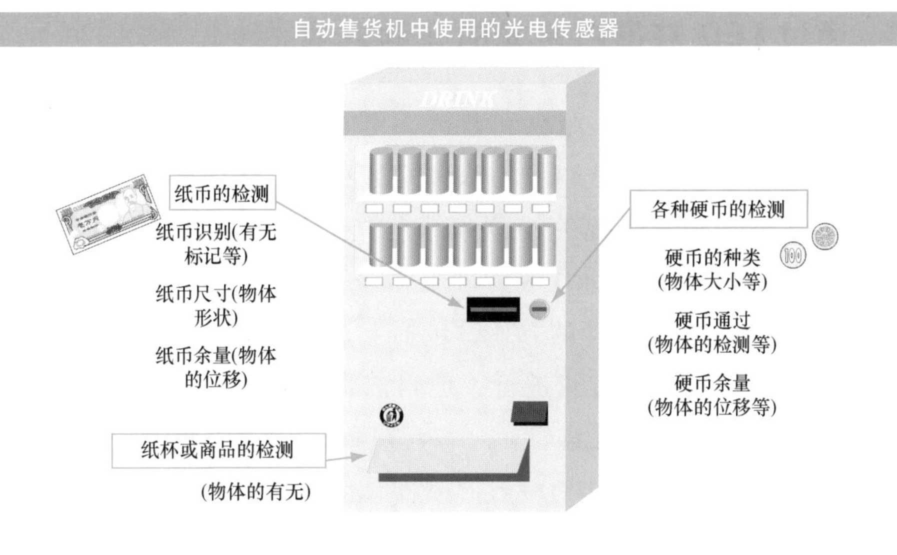

第8章

8-2

作为照明灯具的白色光 LED 的出现

白色光 LED 已经成为照明灯具的节能王牌。通过 LED 获得白色光的方式有 3 种：三色光（红、绿、蓝）LED、蓝色光 LED+荧光体和近紫外 LED+荧光体。

白色光 LED 的出现，已成为照明灯具的节能手段

近年来，照明灯具发生的一个巨大变化是从以白炽灯为主导到荧光灯为主导的转变。随着家庭中节能的进步和深化，采用 LED 照明对节能水平的进一步提高至关重要。一个 60W 亮度的灯泡，白炽灯的耗电量为 54W，荧光灯为 13W，而 LED 为 6W，这意味着 LED 照明可以将耗电量降低到白炽灯的 1/8 左右。

通过 LED 获得白色光的 3 种方式

光的三原色是红色、绿色和蓝色，三原色的光重叠后，即变成白色的光。照明用的白色光 LED 也大多是通过混合这 3 种原色光来获得白色光。因此，除了传统的红色和绿色光 LED 之外，1993 年蓝色光 LED 的开发才使得白色 LED 成为可能。

通过 LED 获得白色光的方式，包括上述的三原色光混合的方式在内，可以通过以下 3 种方式进行，但目前最流行的方式是采用蓝色光 LED 与荧光体组合的方式进行。

此外，为了将 LED 作为一般照明器具使用，除了提高 LED 的输出功率，实现大输出功率的 LED 之外，还需要开发用于具有方向性光扩散的散光板、具有耐热性的密封材料，以及驱动电源小型化技术（电子电路、散热器等）的开发。

❶ 三原色的光（蓝色光 LED+绿色光 LED+红色光 LED）的混合

这是一种将 3 个原色光的 LED 组合成一个 LED 并同时发光，通过

混合 3 种原色的光获得白色光的方式。由于不使用荧光体，光损耗少，显色良好，而且通过三原色可进行全彩色显示，因此，这种也可用于显示器照明和大型显示器等。这种通过混合 3 种原色的光获得白色光的方式也被用于显示器光源和大型显示器等。然而，由于这种方式需要使用 3 个发光元件，而且 3 种颜色发光元件的发射特性由于温度特性和时间的变化而单独变化，容易出现颜色的不均匀性，因此很难保持最初的白色光。此外，这种方式的成本很高，因为需要 3 个独立的驱动电源。

❷ 蓝色光 LED 和荧光体的组合（蓝色光 LED+荧光体）

这种方式采用蓝色光 LED 作为荧光体的励光源，并与荧光体发出的光进行组合，产生白色的光。蓝色光 LED 发出的蓝光照射在黄色荧光体上，利用黄色光是蓝色光的补色，通过黄色光与蓝色光的混合得到白色光。这种方式是目前最流行的白色光获得方式，因为发光明亮（发光效率高），而且是采用单色光 LED 元件的实现类型，容易制造。然而，这种方式仍然存在一些有待改进的问题，例如白色容易变得略带蓝色等。

❸ 近紫外 LED 和荧光体的组合（近紫外 LED+荧光体）

这种方式采用近紫外 LED 作为荧光体的励光源，通过与荧光体发出的光进行组合，产生白色的光。近紫外 LED 发出的紫色光属于蓝色光与绿色光的组合，将其照射到红色、蓝色、绿色 3 种颜色的复合荧光体上，通过荧光体发出的三色光的组合，得到白色的光。由于该方式是通过 RGB 合成，因此得到的白色光接近自然光的白色，颜色偏差少，但提高发光效率也是今后需要解决的问题。

用 LED 获得白色光的三种方式

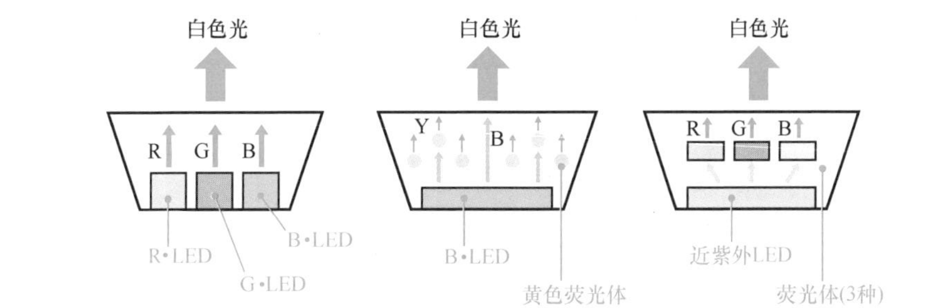

照明用白色光 LED 的结构

用于照明的白色光 LED 需要持续的高光强度（亮度）、高效率（节能）、高显色性（光源对物体的色彩再现）和长寿命（高达 70%的光衰期）。因此，在 LED 封装结构中不仅要考虑发光的 LED 元件，还要考虑封装树脂、荧光体和外壳（包括散热器）。

封装树脂材料对白色光 LED 封装的性能和寿命有很大的影响，因为元件的亮度越来越高（元件产生的热量越来越多），光源的波长越来越短（光能量的增大），因此要求树脂封装材料具有长期的透明度和稳定性（高透光率、耐热性、耐光性）、耐环境性、可靠性（包括 ON/OFF 时的耐热循环性）、焊接（在封装和装配时）时的耐热性等。环氧树脂和硅树脂被用作照明用白色光 LED 的封装材料，以满足这些苛刻的条件要求。

荧光体吸收来自 LED 元件的光，并发出波长长于所吸收光的光。例如，目前使用最广泛的白色光 LED（蓝色光 LED+黄色光荧光体），吸收蓝色光 LED 发出的光，并将其转化为广义的黄色光，并使其散射。

照明灯具的壳体是 LED 封装结构的关键部件，它容纳了 LED 元件、荧光体和密封树脂。壳体不仅连接外部电子电路，而且作为光学部件调节 LED 光强的分布，还具有散发 LED 元件（荧光体）产生热量（散热器）的功能。带散热器的树脂外壳由一个带电极（+电极和-电极）的外壳主体和一个外壳散热器组成，LED 元件被采用在凹陷的中央部位进行焊接的安装结构。

带散热器的白色光 LED 封装

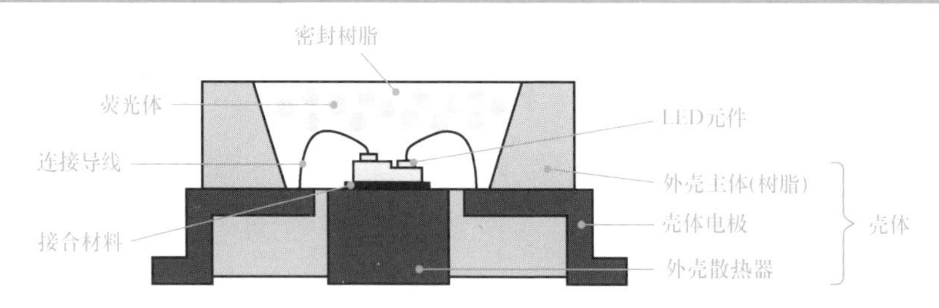

引自：LED照明推進協議会「LED照明ハンドブック」

8-3

集成大量光电二极管的图像传感器

图像传感器的基本原理与人眼视网膜的原理相同。被摄物体首先通过透镜成像，然后通过大量光电二极管将成像的图像转换为与光的明暗相对应的电信号，并将其提取为图像。根据用于将光转换为电信号输出方法的不同，图像传感器可分为 CCD（Charge Coupled Device，电荷耦合器件，MOS 型半导体元件，且具有通过电极扫描将积聚在半导体表面上的电荷通过电极实现逐个电极接续传送的功能。）和 CMOS 等不同的类型。

图像传感器的结构

图像传感器（用于图像采集的半导体元件）是利用光电二极管将光（图像）信号转换成电信号的半导体元件。光电二极管根据输入的光量产生对应大小的电流，并以此读取镜头系统投射到传感器表面的光学图像。根据用于将光转换为电信号输出方法的不同，图像传感器可分为 CCD 和 CMOS 等不同类型。根据像素阵列的不同，可分为光电二极管排列成线的线型传感器[㊀]和光电二极管排列成平面矩阵状的区域传感器[㊁]。

线型传感器被用于复印机、扫描仪之类的图像扫描（图像读取装置）。在操作过程中，光源照亮要采集的文稿原件，反射（透射）的光通过光学系统后被线型图像传感器（CCD）以细线的形式读取，再配合文稿输送系统读取传感器的位置信息，形成扫描文稿的图像，实现图像信息的捕获。

与线型传感器相对应的，是在便携式数码相机中使用的图像传感器（区域传感器）。这种图像传感器的结构包括，用于聚光的微透镜、用于彩色化的光三原色（红 R、绿 G、蓝 B）滤色器、受光元件的光电二极管，以及将接收到的图像（光量）转换为相应电信号值（电压

㊀ 以扫描线方式进行图像读取的传感器，用于扫描仪等。

㊁ 以区域方式进行图像读取的传感器，是用于相机等的二维图像传感器。

或电流）并输出的电路等。

在图像传感器芯片的表面，一台紧凑型相机有几十万到一千多万个小型感光元件，被称之为像素，每个像素的尺寸为 1.5～3μm 见方。相机性能中提到的 800 万像素就是指这个像素数量。像素数量越高，图像的分辨率就越好，但从图像质量来看，考虑到色彩再现和其他因素，也不能一概而论。

图像传感器的基本结构和工作原理

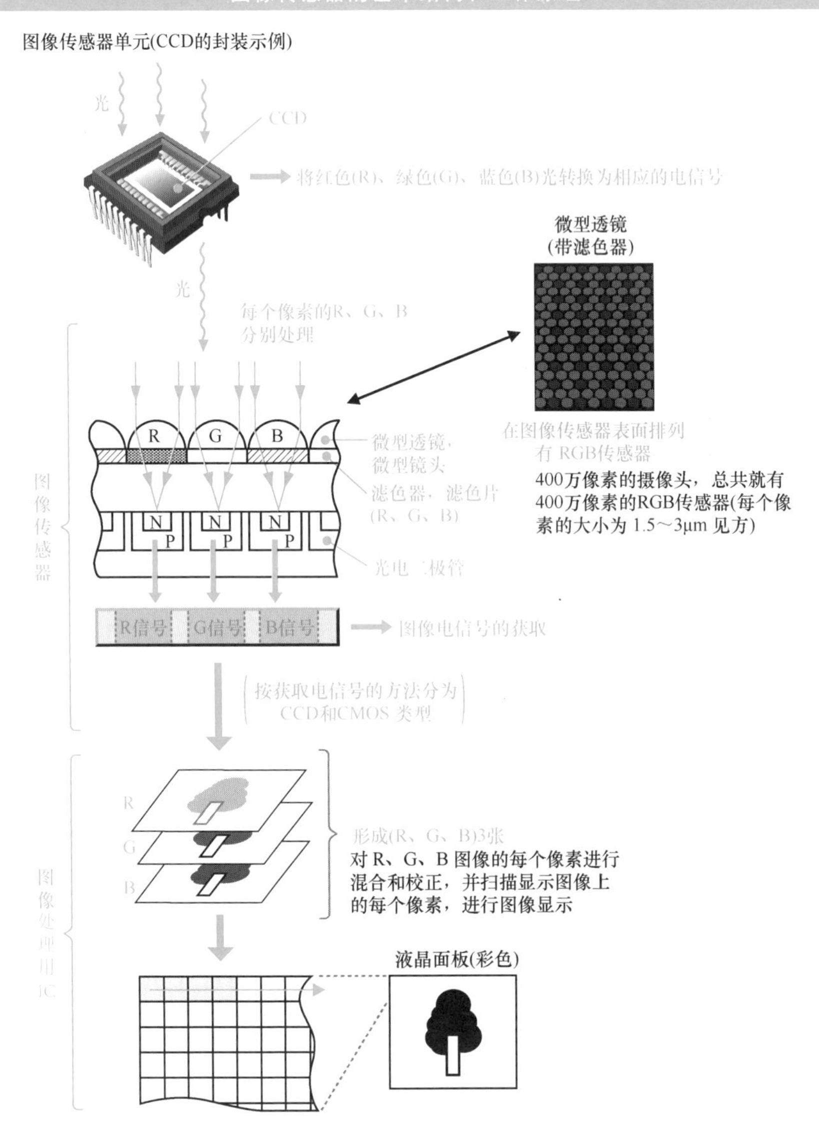

CCD 图像传感器

CCD 最初是 MOS 结构的电荷耦合器件的缩写，由半导体衬底表面上的电荷传输电极阵列（电荷电极）组成。然而，随着 CCD 作为固态成像设备的使用以及将光电二极管的电荷作为信号输出的转移方法变得普遍，CCD 开始指代该类型的图像传感器。

单个 CCD（图像传感器）由一个光电二极管和一个 CCD 电极组成，前者将光转换为对应的电荷量，后者实现电荷的转移，共同构成图像传感器的一个单一像素。构成图像的所有光电二极管的电荷量通过对该 CCD 像素的依次扫描，通过电荷电极将各个像素的电荷量进行转移，实现代表图像数据的所有电荷量向外部的输出。在示例图中，像素电荷的扫描顺序是首先沿着垂直方向由上往下进行，然后在水平方向由右往左进行，分别将各个像素的电荷量传输至放大器（放大电路），通过放大电路实现电信号的提取。

CCD 的特点之一是，即使图像传感器的像素超过数百万个，也只需要一个放大器就可以实现所有像素电荷量的提取。因此，可以避免由于半导体工艺引起的元件偏差对放大器放大特性的影响，可以得到低噪声、高均匀度的图像质量。另外，由于光电二极管的漏电流偏差较小，所以画面较暗时的电压噪声较低。由于每个像素仅由光电二极管和 CCD 构成，所以可以增大光接收区域（光电二极管）的面积，具有能够确保图像的亮度等优点。

另一方面，CCD 转移电路需要高驱动电压电路以及多个不同的电源（例如+15V、-7.5V、+5V 等），制造工艺复杂，会导致制造成本的增加。除此之外，因为 CCD 制造工艺的特殊性，所以还具有不能实现在与 CMOS 逻辑电路相同类型的芯片上等缺点。

CMOS 图像传感器

一个 CMOS 图像传感器像素由一个光电二极管和一个放大电路

(通常是 3~5 个放大器)组成,用于光电二极管感应的微弱信号(光输出)的放大。

CCD 图像传感器通过接收到的光电荷的转移,并最终使用单个放大器将其转换为电信号。而 CMOS 图像传感器则按像素进行每个像素的电信号转换。这意味着图像质量受制于每个放大器的特性(数以百万计的放大器,与像素的数量相同),很容易发生变化。

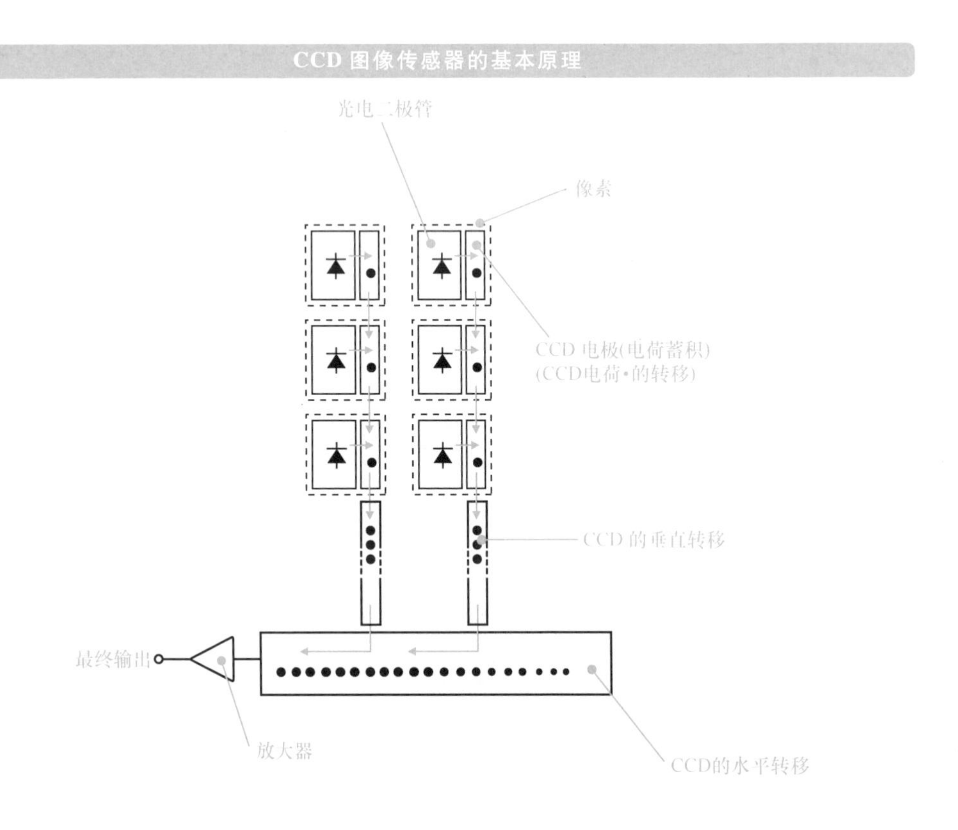

另外,在本就较小的像素面积中,放大器部分占有较大的面积,导致受光元件所占面积更小,以此与 CCD 相比,CMOS 图像传感器无法确保充分的受光量,会导致图像变暗。除此之外还具有光电二极管的漏电流偏差大,会导致光线较暗时电压噪声变高等缺点。

但是,CMOS 图像传感器也有许多优点:在 CCD 图像传感器中,有一种被称为曝闪的现象，当拍摄到极亮的物体时，会出现比周围环境更亮的现象，而这种现象在 CMOS 图像传感器中不会出现。此外，与 CCD 相比，传感器上附带的电子电路可以由单一电源和低电压驱动，导致电流消耗较少，而且 CMOS 扫描电路可以实现高速图像读出。此外，图像传感器可以在与 CMOS 电子电路相同的制造工序中制造，有可能降低制造的总体成本。

最近，开发出了背照式 CMOS 图像传感器，与传统的 CMOS 图像传感器像素结构（表面照射）相比，光从硅基底的背面照射过来。在表面照射方式中，光电二极管上的入射光线被布线层衰减，而在背面照射式中，入射光线被直接照射，没有衰减，从而提高了光照的强度，实现了高像素灵敏度和低噪声，并大大改善了成像特性。

CMOS 图像传感器的基本原理

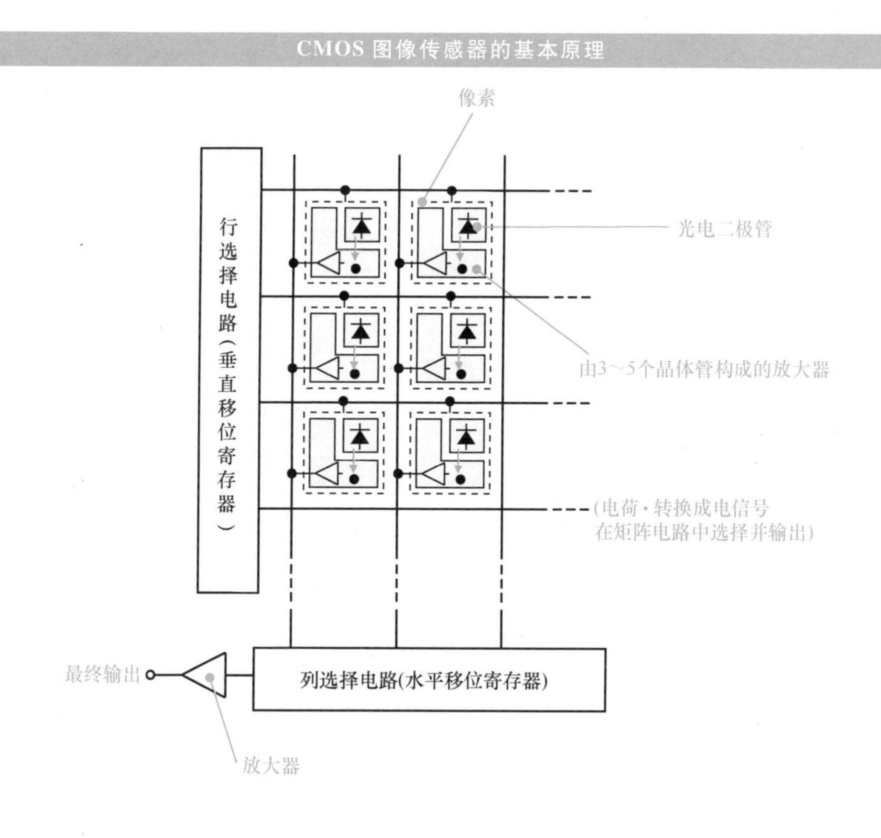

CMOS图像传感器的截面结构（表面照射式/背面照射式）

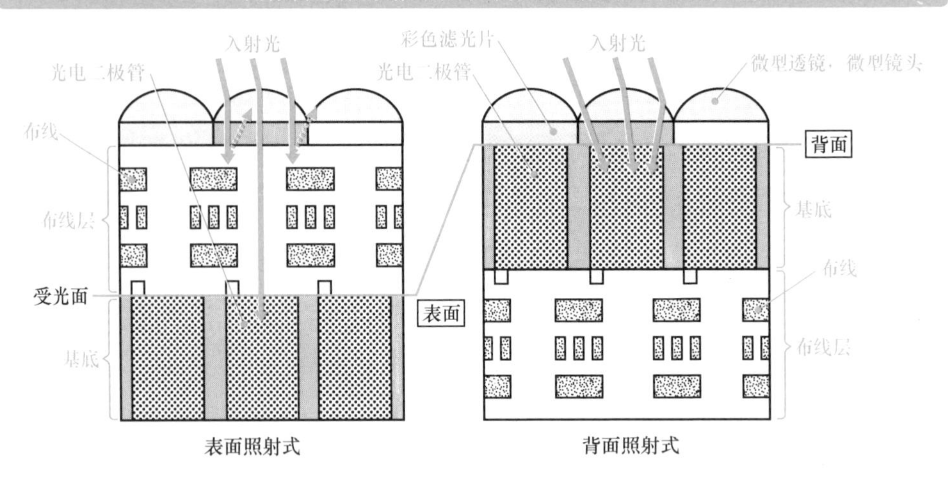

资料引自:ソニー株式会社

8-4

使 IT 社会的高速通信网络成为可能的半导体激光器

在当前的 IT（先进的信息技术支撑的信息化和泛在通信）社会，光纤和激光通信半导体的发展带来的宽带（高速、大容量通信）技术实现了移动电话和互联网。在用于激光通信的半导体中，半导体激光器是将电信号转换成激光并将其送入光纤的关键器件。

激光通信系统

激光通信系统的基本结构由一个激光发射器（由半导体激光器发射）、一条激光传输路径（光纤）和一个激光接收器（光电二极管）3个主要部分组成。其中，激光二极管（半导体激光器）是一种将电信号转换为激光的激光通信器件。

激光（LASER[㊀]）与太阳光等自然光不同，不仅具有频谱可以保持恒定、可以很容易地聚焦为光束（平行移动的光流）、单位横截面积的能量密度很高等特点，而且具有出色的方向性和直线传播性等优良特性。因此，激光被用于实现长距离通信的激光通信系统中。

激光通信系统的基本结构

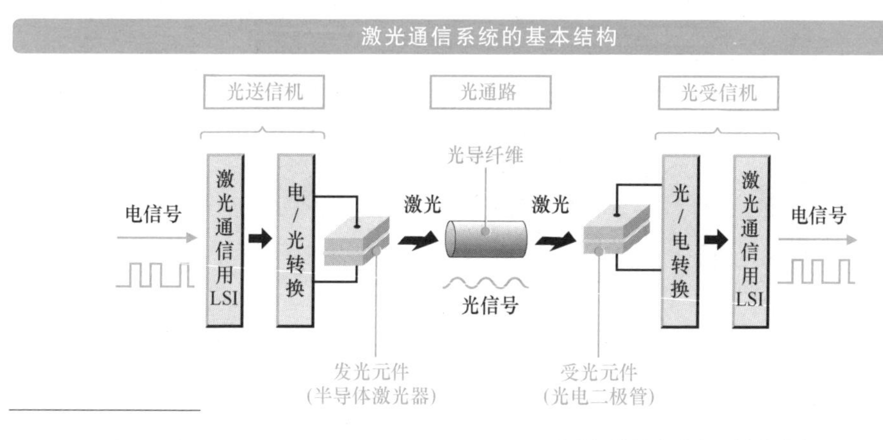

㊀ Light Amplification by Stimulated Emission Radiation，受激辐射的光放大，简称激光。

半导体激光器

激光通信系统中的一个关键设备是半导体激光器[㊀]，它将电信号转换为光信号。半导体激光器使用砷化镓（GaAs）作为其主要材料，这是一种化合物半导体，而普通的LSI是由硅制成的。

在半导体激光器的结构中，其PN结之间夹有被称为活性层的区域。当向PN结施加正向电压（P型半导体接电源正极，N型半导体接电源负极）时，空穴从P型半导体向N型半导体移动，电子从N型半导体向P型半导体移动。但是，在半导体激光器的这种结构中，P型半导体和N型半导体之间具有一个活性层。活性层是指PN结区域中的一个薄层，具有容易堆积电子和空穴的结构。由于在这个活性层中积累了一些电子和空穴，这样一来，电子和空穴在活性层中相互吸引就会发生再结合，并在此复合过程中释放出光能。但是，由于活性层P型、N型区域的折射率的不同，光被封闭在活性层内，并在加工成镜面形态的活性层两端反复反射而成为振荡状态。该振荡状态在镜面间（活性层两端）被放大，达到一定程度后，开始形成激光的连续振荡。然后，一部分从该界面向外部发射的光成为激光。

半导体激光器原理

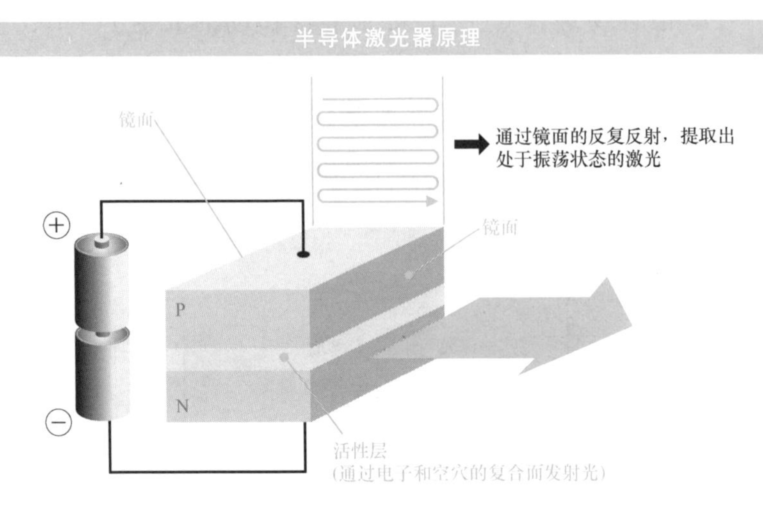

㊀ 也称为半导体激光二极管。

8-5

蓝光激光器实现了高图像质量和长时间的记录存储

与现有的CD和DVD相比，蓝光光盘（BD）使用波长更短的蓝色激光（波长405nm），在相同面积的光盘上以更高的密度创造出更小的信息坑[⊖]，实现了高图像质量的长时间记录存储。

光电记录介质的原理

CD和DVD等光电存储介质（一种由透明塑料树脂制成，直径120mm、厚1.2mm的透明基板）上有一些被称为信息坑的微小突起，这些突起上覆盖着一层铝膜。当半导体激光器发射的激光照射到该光电介质上时，如果激光束照射到的地方是没有信息坑的平面，则激光束会被铝膜完全反射并原路返回。但如果激光束照射到的地方是有信息坑的地方，则会有一些光因散射而不能反射返回，所以反射光会减少。

光电存储介质的结构

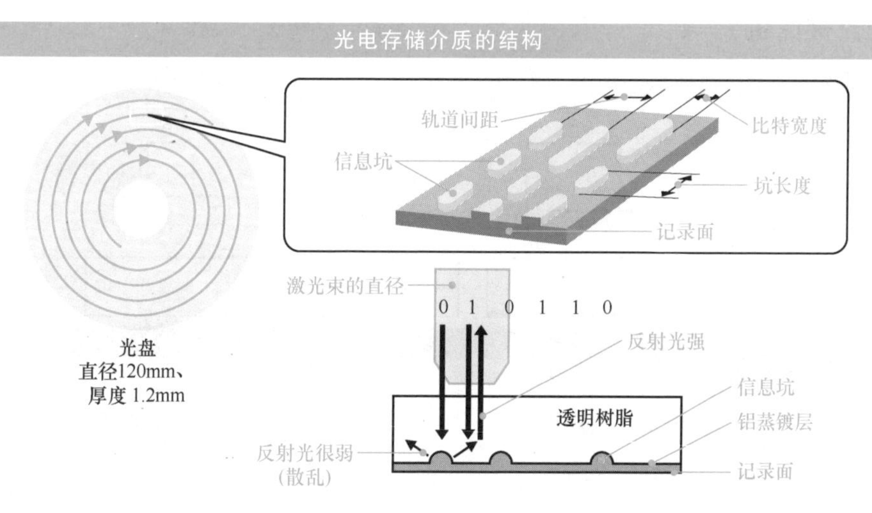

⊖ 光存储介质（CD、DVD、BD）上的细微突起。但坑的本意是指孔洞、凹坑。

这种光强度的变化由光电探测器[㊀]接收，并由相应的电路（系统 LSI）进行处理，最终读取为数字数据。

决定光电存储介质性能的是照射激光的波长

蓝光光盘（BD）使用波长较短的蓝色激光（405nm），而不是紧凑型光盘（CD）中使用的红外激光（780nm）和 DVD 中使用的红色激光（650nm），拾取光学镜头的数值口径 NA（数值越大，分辨率越高）也得到了提高。这使得减少信息坑之间的距离和轨道（光盘表面为一系列写入存储单元的同心圆，每一个同心圆为一个轨道，轨道之间具有一定的间隔）之间的距离成为可能，并提高了存储区域的信息密度，使记录容量（单面 25GB，双面 50GB）比 DVD 的容量大 5 倍以上。当然，除了激光器的改进，光盘精细加工技术的进步也为更高的存储密度做出了重大贡献。

BD 最初是为高分辨率视频图像的存储和播放而开发的移动存储介质，但随着存储介质容量的增加带来了广泛的应用，包括个人计算机的 BD 驱动器、游戏设备的 BD 驱动、配备 BD 存储器的摄像机、高分辨率和高图像质量的广播设备以及长时间记录存储的安全监控设备（监控摄像机）等。

激光存储介质的比较（CD、DVD 与 BD）

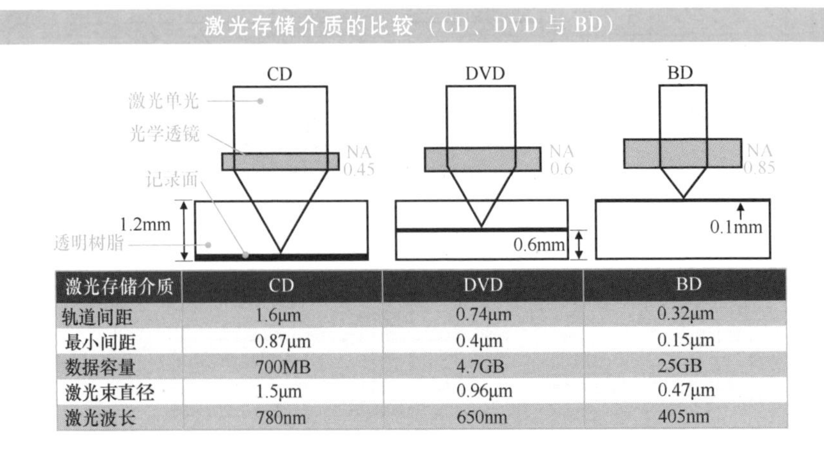

激光存储介质	CD	DVD	BD
轨道间距	1.6μm	0.74μm	0.32μm
最小间距	0.87μm	0.4μm	0.15μm
数据容量	700MB	4.7GB	25GB
激光束直径	1.5μm	0.96μm	0.47μm
激光波长	780nm	650nm	405nm

㊀ 受光部由光电二极管构成。

8-6

有助于节约电能的功率半导体

空调和冰箱等家用电器配备了变频器，有助于电能的节约。由硅材料制成的功率 MOSFET 和 IGBT 被用作变频器逆变器的功率半导体元件，但未来使用碳化硅（SiC）和 GaN 功率半导体元件的逆变器有望变得更加高效。

场效应功率晶体管

场效应功率晶体管（功率 MOSFET）要求低损耗（低导通电阻）、高速度（更高的频率对变频器[一]等的功率转换效率更好）和高击穿电压（高驱动电压和驱动电流）。

针对这些要求，功率 MOSFET 采用的结构是，电流在晶体管内以立体的方式（三维结构的垂直方向）流动，而用于小信号处理的场效应晶体管的电流则是在二维平面上以直线方式（水平方向）流动，相当于并联了许多场效应晶体管来降低导通电阻，增加驱动电流。

功率 MOSFET 有两种类型，一种为栅极形成于芯片表面的平面栅极 MOSFET，另一种为在垂直方向上挖槽并将栅极埋入其中的沟槽栅 MOSFET。沟槽栅极 MOSFET 通过 U 形沟槽栅结构在纵向形成沟道，实现了更高的集成化、低损耗，同时也获得了大驱动电流。

IGBT

IGBT[二]的结构是在集电极侧附加一个 PN 结，并通过该 PN 结的空穴注入，以增加电流密度，降低导通电阻。这种结构解决了场效应功率晶体管 MOSFET 击穿电压增加时导通电阻迅速增加的问题。

如果功率 MOSFET 主要用于照明设备等低电压电器控制，那么绝

[一] 一种电机控制设备，通过逆变器的电子控制，为电机驱动提供预定的电压、电流和频率。

[二] Insulated Gate Bipolar Transistor，绝缘栅双极型晶体管。

第8章

缘栅双极型晶体管（IGBT）则主要用于电机控制领域的高压、大电流应用（空调、电磁炉、机床、动力设备、汽车、电力机车等）。

功率 MOSFET 结构

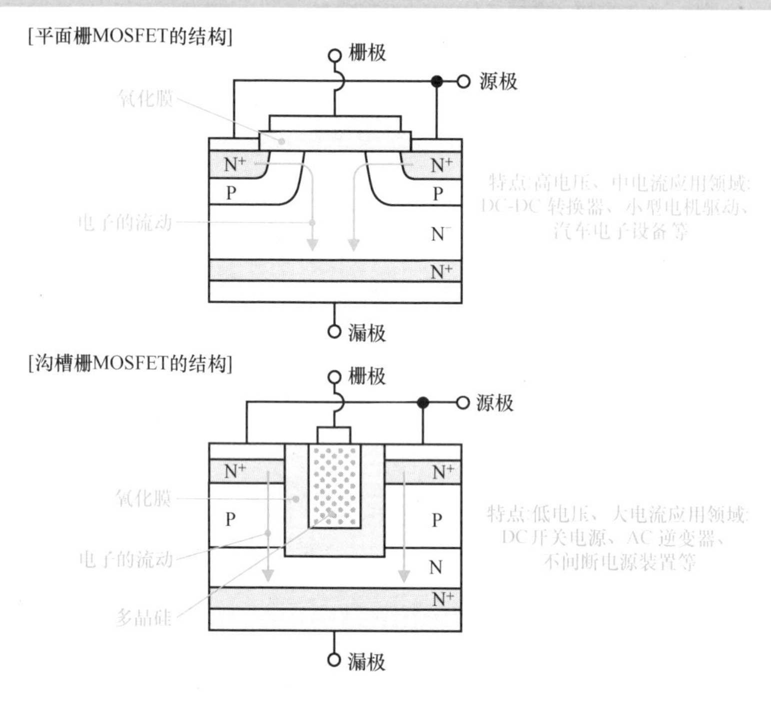

IGBT 的结构

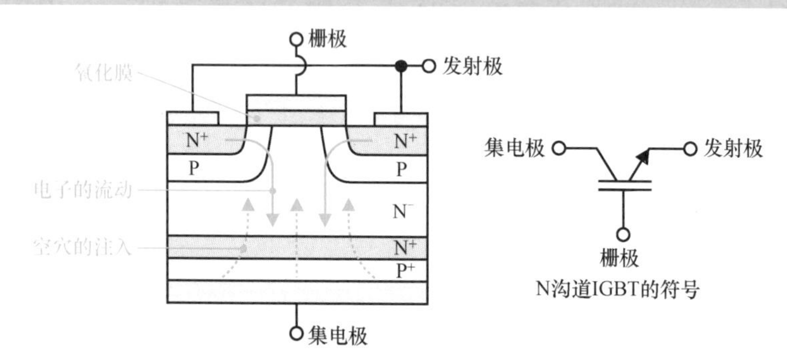

功率半导体的现状

如功率晶体管等，进行电能的控制、供给和能量有效利用的半导体称为功率半导体，并根据输出电容量（高电压、大电流）的大小和工作频率等用途开发出了各种功率半导体器件。对功率半导体器件质量性能的要求是进一步超低损耗化、小型化、轻量化。但使用硅芯片的 MOSFET、IGBT 等功率半导体器件的性能正在接近最小化能量损失的极限值，因此对下一代基于碳化硅（SiC）和氮化钾（GaN）功率半导体的期望越来越高。

碳化硅半导体超越了硅基半导体的极限

与硅基半导体相比，碳化硅（SiC）半导体的能量带隙㊀为前者的 3 倍（泄漏更少，可以进行高温操作，并且由于减少了导通电阻而降低了损耗，漏极和源极之间的电流路径可以做得更细），击穿电压为前者的 10 倍（工作的高电压化），并且能够进行高频操作（变频器等的转换效率更高），热导率更高，是前者的 3 倍（更小的散热器）。因此，碳化硅（SiC）半导体作为功率半导体具有诸多的优异特性。

由 SiC 半导体构成的 MOSFET 结构与以往硅基半导体的明显不同之处在于，在击穿电压相同的前提下，SiC 半导体芯片厚度可以减小到硅基半导体的 1/10 左右，从而使得其导通电阻得到降低，能够实现低损耗的 SiC 半导体功率器件。

氮化镓（GaN）半导体的功率比碳化硅（SiC）半导体小，但与砷化镓（GaAs）和其他半导体相比，有望成为高功率、高频的功率器件。

碳化硅功率半导体已经开始实际应用

碳化硅（SiC）功率半导体已经开始在空调、太阳能电池、汽车和铁路等领域进行实际应用。然而，仍有以下问题还没有完全解决。

- 很难获得高质量的大直径硅片用于碳化硅晶圆的生产（目前约为 6in）。
- 碳化硅具有很强的化学键，杂质的热扩散是不可能的，需要高

㊀ 参见本书“1-1 什么是半导体?”。

温离子注入（>500℃）和超高温退火（>1700℃）来进行杂质的掺杂。

● 难以降低碳化硅（SiC）功率半导体 MOSFET 的栅极沟道电阻（提高载流子的迁移率）。

● 难以获得能够承受实用氧化膜。

功率半导体的性能和用途

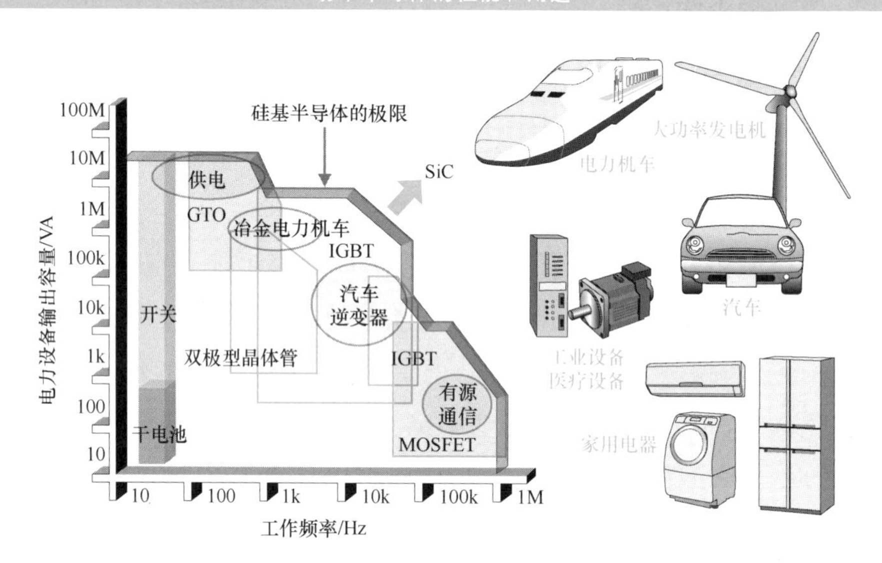

硅基 MOSFET 与碳化硅 MOSFET 断面比较

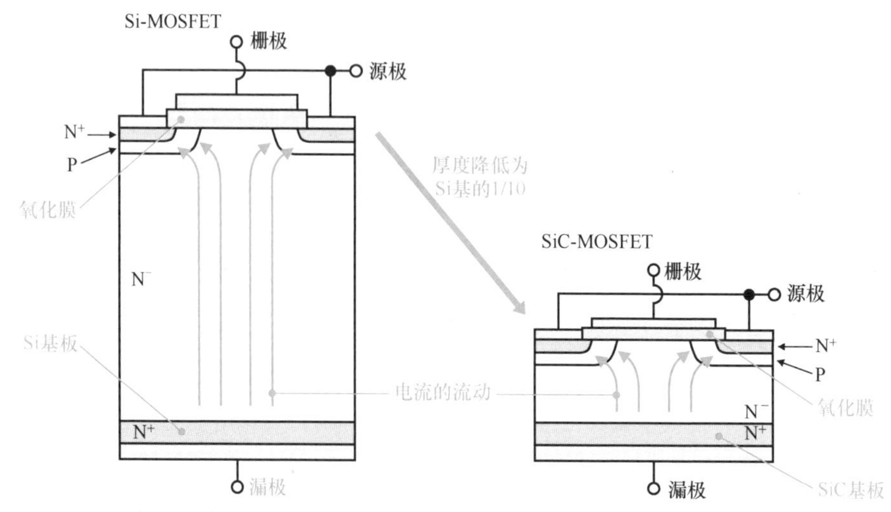

通过将从漏极到源极的电流通路降低为 1/10，可大幅减少导通电阻

终极的功率半导体是金刚石

在功率半导体方面，人们对碳化硅（SiC）和氮化镓（GaN）取代硅的期望越来越高。然而，一种有希望的终极功率半导体，其性能远远超过这些半导体，那就是金刚石半导体。虽然金刚石被认为是一种绝缘体，但存在作为受体或供体的杂质，理论上可以形成 P 型和 N 型半导体。理想的金刚石作为半导体材料的潜力比硅和其他材料高得不可估量，在高工作温度方面的性能比硅高 5 倍，在高电压方面的性能比硅高 30 倍，在高速度方面的性能比硅高 3 倍。

近年来，金刚石半导体作为大功率、高频率的功率半导体一直备受关注，日本公司和研究机构已经成功地制造出大型单晶硅片和高质量的合成金刚石膜。如果使用金刚石半导体，则设备可以在自发热温度（200~250℃）下运行，即可以彻底改变电力电子设备和散热设备的效率。例如，不再需要电动和混合动力汽车电机驱动的功率模块冷却设备，并实现空气冷却等。这有可能为电力电子设备和散热装置带来革命性的变革。

金刚石和硅的物理性能比较

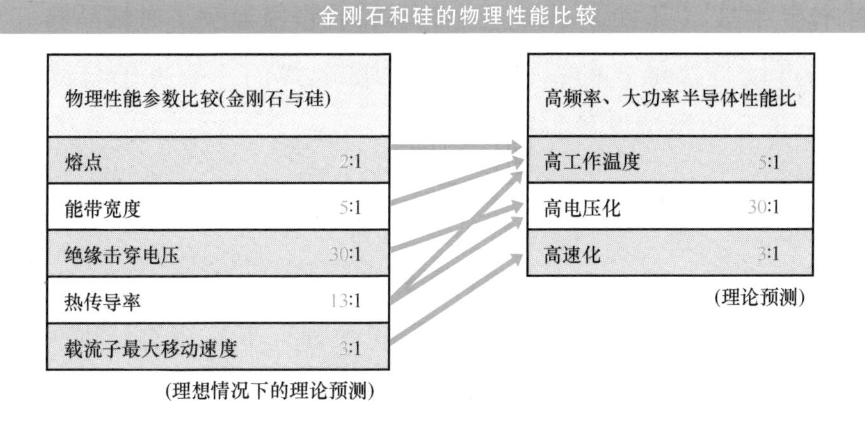

引自：NTT物性科学基礎研究所

8-7

IC 卡微处理器

IC 卡的信息是写在 IC 芯片上的，其特点是信息存储量大，安全性高，其配置就是一台微型的计算机。除此之外，IC 卡还具有高度的便利性和耐用性，而且作为铁路系统通行证和电子货币使用的市场正在扩大。

IC 卡微处理器的组成

IC 卡具有与构成计算机的基本要素相同的 CPU、存储器（存储装置）和输入/输出设备，并且还配备了用于特定用途的应用程序，从这些方面来看，IC 卡是一个真正的微处理器。

与传统的磁性卡相比，IC 卡具有更大的存储容量。但 IC 卡的最大特点不仅是存储容量，而是通过内置的 CPU 增强了个人身份验证的可信性，从而极大地提高了应用的安全性（可信度）。

IC 卡的种类

IC 卡可以是接触式的，也可以是非接触式的，取决于与读写器（读写数据卡片的终端设备）的通信方式。

接触式 IC 卡

接触式 IC 卡与磁卡的大小相同（54mm×86mm×0.76mm），并且具有 8 个电极端子，在外观上与传统磁卡（如现金卡）没有区别。传统磁卡的信息读写方法是通过将磁卡上的磁条在信息读写终端磁头上的滑动进行的。而 IC 卡则不同，它是通过 IC 卡插入读写器中进行的。读写器直接给 IC 卡供电，并通过 IC 卡上裸露的金属端子进行数据通信。直接的电气连接确保了 IC 卡通信的可靠性和安全性，因此经常被用于银行卡结算和身份认证等，及需要大量信息交换和高安全性和可靠性的应用场景。

接触式 IC 卡的结构

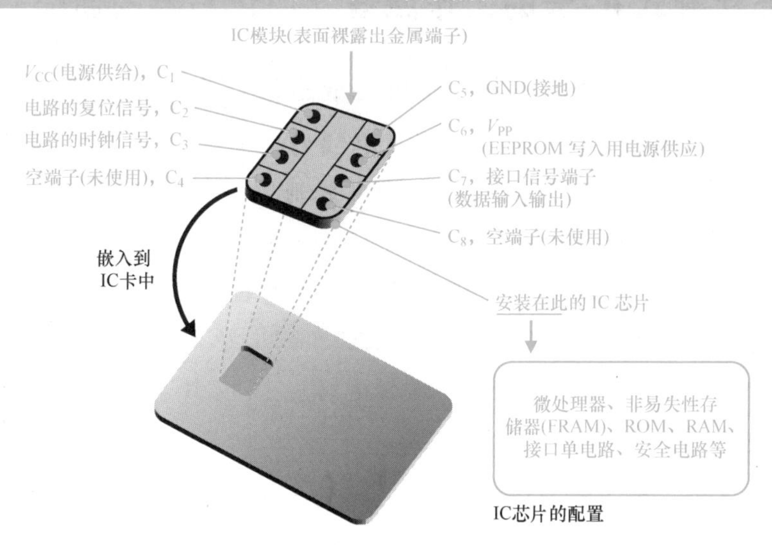

非接触式 IC 卡

非接触式 IC 卡不需要与读写终端（读写器）直接接触即可进行数据通信，通过 IC 卡的内置天线产生的无线电波进行非接触数据通信。这意味着因金属磨损或卡片表面因接触而产生的污垢造成的接触不良等缺陷不太可能发生，使得卡片更加耐用，而且只需将卡片放置在 IC 卡读写器产生的磁场范围内就可以进行数据交换。

但是，IC 卡基本上不配置内置电池，因此需要通过外部电源为 IC 卡提供工作电源。因此，在 IC 卡内配置了内置的线圈状天线，通过天线接收读写器发送的电磁波，并将其转换为 IC 卡的工作电源。

非接触式 IC 卡首先被用于公共交通领域的 IC 卡，充分利用了其优越的耐用性。目前非接触式 IC 卡的应用市场正在大幅扩大，广泛应用于要求更加便捷的应用场景，例如，①用于电子支付的预付费电子货币[⊖]结算系统，②学生/教师/职员的工作证，③与个人认证服务兼容的公共认证

⊖ 将货币价值等数据信息记录在非接触式 IC 卡上，与商店支付或银行账户提取等操作进行联动，实现货币的充值和支付，进行现金货币的替代。

系统的个体号码卡等。

非接触式 IC 卡的工作原理（与读写器的通信）

非接触式 IC 卡和读写器（电磁感应系统）之间的信息交换是通过以下程序进行的。

❶ IC 卡读写器产生的电磁波被非接触式 IC 卡的天线接收并转换为 IC 卡的工作电源。

❷ 工作电源的电流流向 IC 芯片，LSI（电子电路）被激活。

❸ IC 卡将 IC 芯片存储器中预先写入的信息发送到 IC 卡读写器。

❹ IC 卡读写器的天线接收无线电波，接收 IC 卡发送的信息，并由控制电路进行分析。

使用非接触式 IC 卡的自动检票机的例子

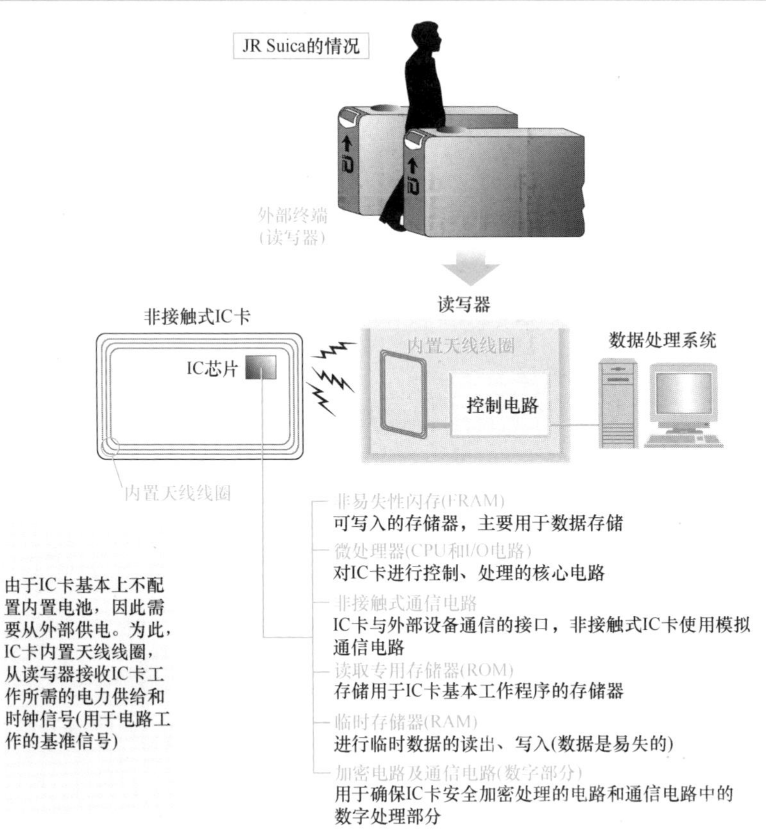

8-8

改变销售管理机制的无线通信 IC 电子标签

IC 电子标签[1]或 RFID[2]，基本上与嵌入 IC 芯片的非接触式 IC 卡的功能类似。然而，它们与 IC 卡的不同之处在于，IC 电子标签基本上没有 CPU，而是使用非接触式通信进行固有编号的数字识别技术。

IC 电子标签的特点和商业应用

带有嵌入式微芯片（尺寸小于 1mm）和小型天线的电子标签有多种形式，包括贴纸标签、吊牌、硬币、钥匙和胶囊等。它们的基本结构与非接触式 IC 卡的结构相同，但大多数产品没有加入 CPU，而是将其作为一种独特的固有编号的数字识别技术。IC 电子标签具有各种不同的名称，如电子标签、无线标签、电子行李标签、电子价格标签、

基于 IC 电子标签的商业应用示例

服装行业

- 生产管理
- 流通管理
- 库存管理
- 畅销商品管理

运输业

- 物流管理
- 配送管理
- 空运货物管理

商品统计

- 商品合并读取
- 商品管理
- 库存管理
- 损耗管理

图书馆、出版业

- 管理编号
- 书名、作者
- 位置检索
- 货款管理

[1] IC 电子标签也被称为 RFID。从应用方面来看，可以认为是一种 IC 电子标签，从技术方面来看，RFID 是一种称谓。

[2] Radio Frequency Identification，射频无线电波的身份识别，原指利用无线电进行非接触自动识别技术的总称。

RFID 等。由于电子标签是无线和非接触式的，固有编号的识别并不需要相关人员的观察，所以它们可以被放在封闭的盒子里或缝在衣服上。这些特点使得 IC 电子标签适合于各种商业应用，例如在零售领域。

IC 电子标签的工作原理

IC 电子标签与非接触式 IC 卡相同，由一个 IC 芯片和一个天线组成。天线用于接收来自 IC 电子标签读写器的无线电波，并为 IC 电子标签提供工作电源。电子标签芯片上记录的数据主要是识别数字，所以信息量很小，而且由于它经常用于只读目的，所以需要的芯片面积比非接触式 IC 卡小。

IC 电子标签（RFID）的现状

在商店等应用场所里，IC 电子标签并不像预期的那样受欢迎和普及。原因在于，IC 电子标签的价格仍然很高，很难在所有产品上进行部署和应用，因为对于单价低的廉价产品来说，它们并不划算，而且购买读写器的成本也很高，无法实现成本效益。下图是日立公司和瑞萨科技开发的 IC 电子标签（0.4mm 见方的芯片）的例子（2005 年世博会的入场券）。

IC 电子标签示例（双芯片结构）

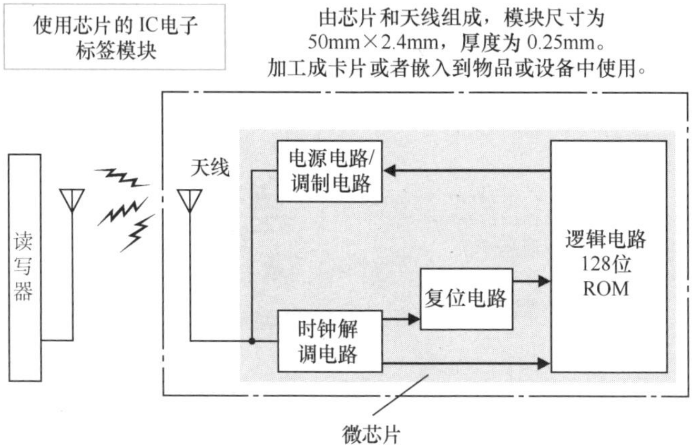

使用芯片的 IC电子标签模块

由芯片和天线组成，模块尺寸为 50mm×2.4mm，厚度为 0.25mm。加工成卡片或者嵌入到物品或设备中使用。

读写器

天线

电源电路/调制电路

逻辑电路 128位 ROM

复位电路

时钟解调电路

微芯片

第9章

半导体的工艺制程将被微细化到什么程度？

1971年，美国英特尔公司推出了世界上第一个微处理器，当时的工艺制程为10μm。而现在，半导体的工艺制程已经发展到了10nm以下，并且半导体的微细化进程仍在继续。半导体的工艺制程将被微细化到什么程度？本章将对未来的发展动向和未来的可能性进行介绍。

9-1

晶体管微细化结构的极限

半导体的高性能化取决于CMOS尺寸的微细化。曾经有一段时间，半导体的微细化发展受到挫折，但目前它仍在不停地发展，部分原因是超分辨率技术的出现。

决定MOS微细化的比例缩放规则

以往采用的以一定系数、按比例放大或按比例缩小MOS晶体管主要参数[⊖]的比例缩放规则，满足了CMOS元件的微细化要求。然而，从现在开始，由于仅仅遵循比例缩放规则无法实现未来的半导体元件微细化预测，因此也提出了解决各种阻碍半导体元件进一步微细化的办法。

MOSFET的比例缩放规则（电场强度恒定时）

▼MOSFET的比例缩放规则(电场强度恒定时)

	参数	缩放比例
器件(独立)	沟道长度	$1/K$
	沟道宽度	$1/K$
	栅极氧化膜厚度	$1/K$
	掺杂浓度	K
	接合深度	$1/K$
	耗尽层厚度	$1/K$
	电压	$1/K$
电路(从属)	电流	$1/K$
	容量	$1/K$
	功耗/回路	$1/K^2$
	延迟时间/回路	$1/K$
	器件面积	$1/K^2$

（引自）R.H.Dennard，F.H.Gaennsslen，H.N.Yu，V.L.Rideout，E.B.Bassous and A.R.LeBlanc：Design of implanted MOSFET's with very small physical dimensions，IEEEJ of Solid State Circuits,SC-9，p.256（1974）

⊖ 主要参数包括沟道长度、沟道宽度、栅极绝缘膜厚度、电压、掺杂浓度等。

阻碍实现进一步微细化结构阻碍问题的解决方案

● 用于栅极绝缘膜的高介电常数材料

栅极漏电流是通过超薄的栅极电介质膜产生的。通过氧化膜换算，使用高介电常数的材料，可使栅极绝缘氧化膜的厚度得以提高。

● 晶体管 LDD 结构（栅极侧壁，简称为侧壁）

漏极和源极附近的电场强度被降低，以防止电源击穿电压下降。

● 用于晶体管结构的 SOI[⊖]衬底

使用 SOI 结构可以最大限度地减少沟道部分的寄生电容，防止工作期间无功功率的增加，也提高了操作处理速度。

● 晶体管结构中的应变硅

在硅基板中使用应变硅。硅基板中应变硅的应用可提高载流子的迁移率，进而直接提高了晶体管性能（工作速度）。

● 多层金属布线中的铜布线以及层间绝缘膜中低介电常数材料

CMOS 微细化结构的解决方案

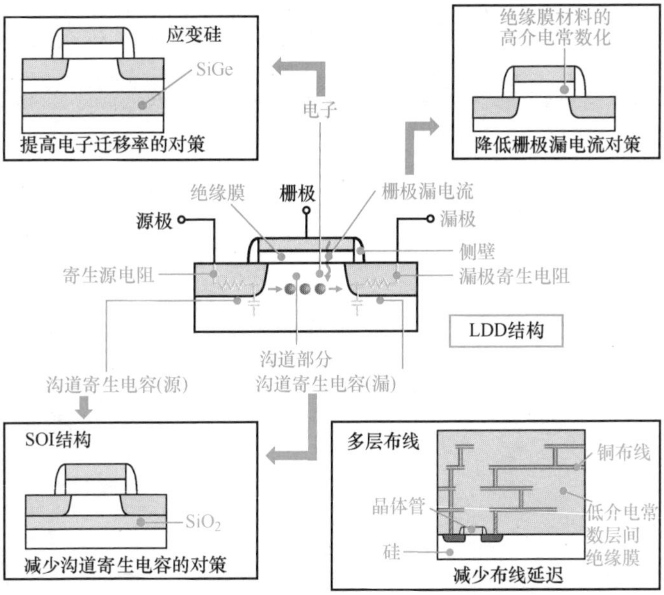

⊖ Silicon On Insulator，绝缘体上硅，指将一薄层硅置于一绝缘衬底上，形成的 SOI。

多层金属布线从铝布线到铜布线，层间绝缘膜采用介电常数材料，以减少信号的布线延迟。

晶体管微细化结构的极限

如下图所示，给出了 SEMI（国际半导体产业协会）所预测的半导体元件微细化发展趋势。在本章中，技术节点与工艺制程（定义半导体制造工艺中最小加工尺寸的参数）的意义相同。

自从开始制造半导体以来，半导体制造微细化技术（高集成度所必需的）已经按照摩尔定律（英特尔公司的戈登·摩尔博士在 1965 年提出的经验法则，即半导体集成度在 18~24 个月内翻一番）取得了进展。

然而，在工艺制程发展到 32nm 之后，半导体制造的微细化发展速度变慢。其主要原因在于曝光技术（图案分辨率）的性能限制，即使使用 ArF 浸液湿式曝光装置和双图案化（双重曝光）技术，曝光分辨率极限仍为 38nm。但自从 32nm 工艺制程开始，尽管发展速度有所降低，半导体制造微细化技术仍然一直在进步。这是因为采用了不依赖于曝光的成膜技术以及仅通过蚀刻技术进行的自对准双重图案曝光

半导体工艺制程微细化趋势

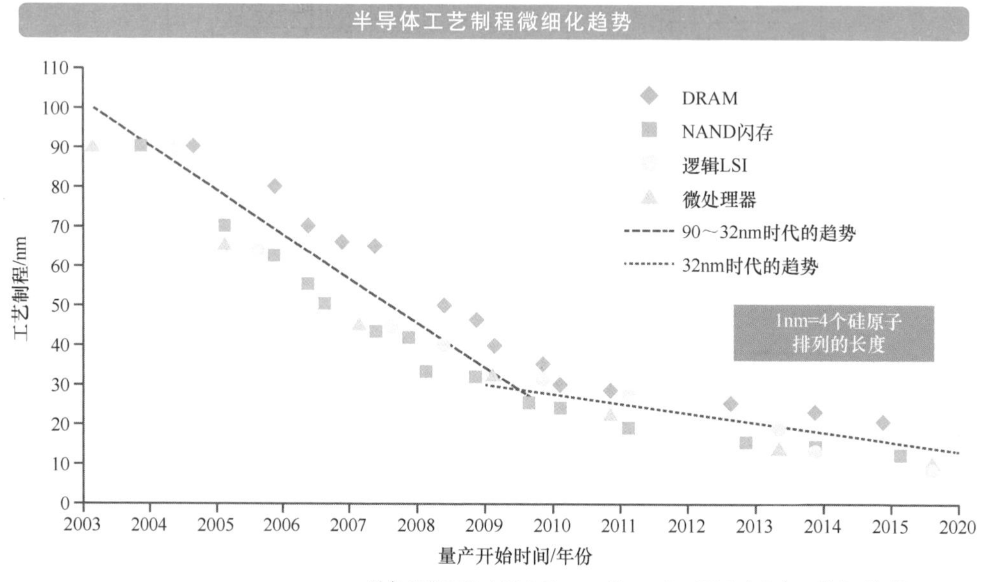

引自:SEMI World Fab Forecast(September 2017)をもとに筆者が加筆

(SADP)技术，使得半导体制造的微细化取得了进展。

此外，当今随着 EUV 曝光技术正式投入使用，半导体的微细化制造甚至可以达到 1nm。

MOS 晶体管结构的微细化进程

本章介绍了 MOS 晶体管（MOSFET）结构的微细化发展进程，这一进程也代表着决定电子设备性能的 MOSFET 高速动作化的发展进程。

粗略地说，沟道长度越短，MOSFET 的工作速度就越快。

如果将 MOSFET 视为一个开关（数字电路），那么自然希望该开关 OFF/ON（或 ON/OFF）的切换时间越短越好，这取决于从源极发出的电子到达漏极的速度。因此，减少源极和漏极之间的距离（沟道长度）是 MOSFET 工作高速化的关键。

然而，随着沟道长度的减少，MOSFET 的漏电流就会增大（准确地说，还有其他因素），导致开关功能无法区分 ON 和 OFF 的状态，进而引起错误的操作。因此，在 MOSFET 微细化过程中的结构变化成为一个问题，即如何在缩短沟道长度的同时防止 MOSFET 漏电流的增加。

MOS 晶体管结构的微细化趋势

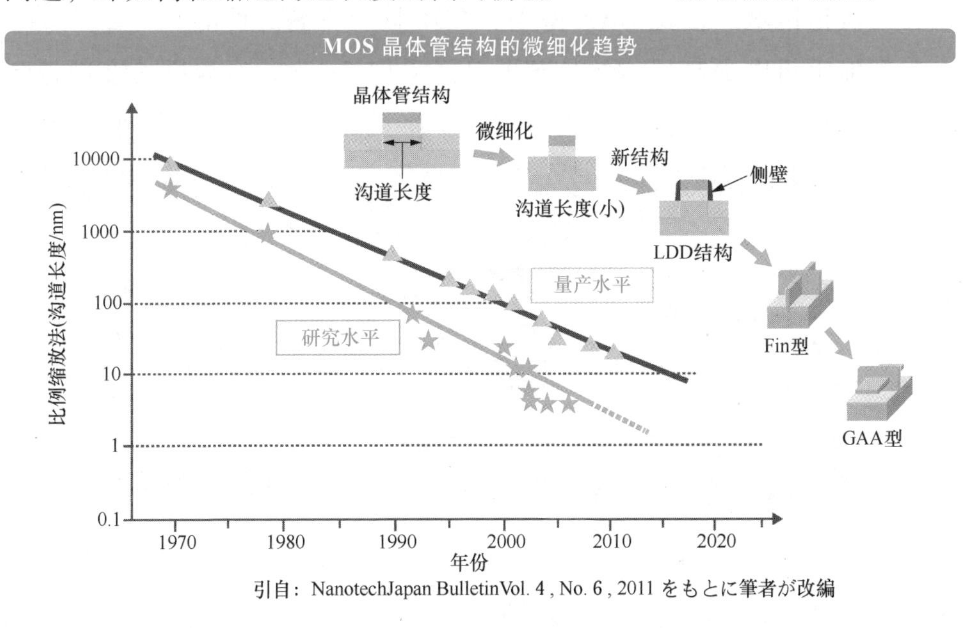

引自：NanotechJapan BulletinVol. 4 , No. 6 , 2011 をもとに筆者が改编

第9章

最初的结构是在晶圆平面上的平面 MOSFET，沟道长度的转变从 10μm 开始，并遵循一个比例的减少，直到约 1.3μm。然而，从 1.0μm 左右开始，采用了 LDD 结构以防止性能的下降。随后，该结构进一步演化为三维的 Fin 型和 GAA（Gate All Around，全环绕栅极）型。

MOSFET 结构的立体化

最终，LDD 结构（经过不断的持续改进）也达到了其性能的极限。从 20nm 左右的沟道长度开始，MOSFET 将从平面 MOSFET（平面型 MOSFET）转向为三维的 Fin 型 MOSFET。以往的 MOSFET，栅极正下方的沟道部分为平面型（二维）的，与此相对，将沟道部分的栅极立体化并从 3 个方向覆盖的 Fin 结构（如鱼的尾鳍）。Fin 型不仅可以减少漏电流，还可以提高 MOSFET 的性能，从而实现进一步的低电压化和高速化。

随着通过超分辨率技术实现的半导体微细化的进展，以及有可能制造出长度为 10nm 或更小的沟道，Fin 型（鳍型）MOSFET 将进一步发展为 GAA 型 MOSFET，其性能甚至更高。GAA 型 MOSFET 具有从所有方向覆盖栅极的结构，而 Fin 型（鳍型）MOSFET 的栅极从 3 个方向覆盖沟道区域，因此 GAA 型 MOSFET 具有更高的性能。

智能手机中最高性能的处理器已经采用 5~7nm 的沟道长度进行制造，但晶体管尺寸的微细化仍在继续，将挑战 1nm 的沟道长度极限。

MOSFET 结构的三维化

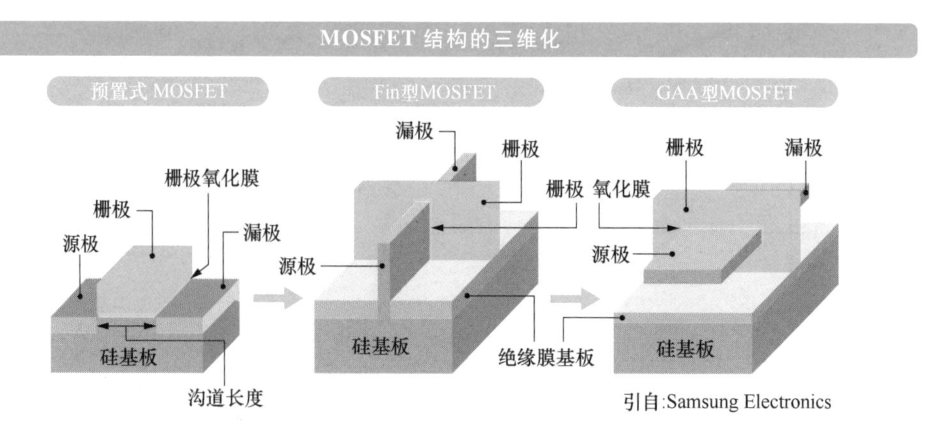

终极纳米技术的单电子晶体管

除了当前的 MOSFET 的微细化之外，人们正在考虑利用纳米技术实现最终的微小晶体管，即单电子晶体管。目前的 MOSFET 是通过在源极和漏极之间转移超过 1 万个电子来开启和关闭（ON/OFF）的，而单电子晶体管是一种试图通过只转移一个电子来实现开启和关闭（ON、OFF）的晶体管装置。单电子晶体管的一般结构类似于 MOSFET，其栅极下方的沟道被一个硅岛（电荷岛）取代，电荷岛与源极和漏极之间有一个隧道屏障（隧道势垒），电子越过这个隧道屏障从源极到达漏极。

对单电子晶体管的设想之一是对超低功耗的期望。例如，如果当前的存储器使用大约 10 万个电子对电容器进行充电和放电，实现一个比特的存储，则在单电子存储器中，可以只使用一个到几个电子来存储一个比特。因此功耗可能大约降低到原来的 10 万分之一。此外，单电子晶体管必然是一种微细化结构，成为最终的超高集成结构。

单电子晶体管

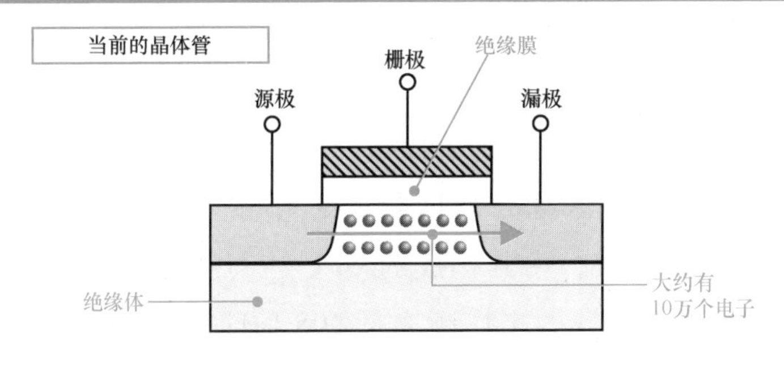

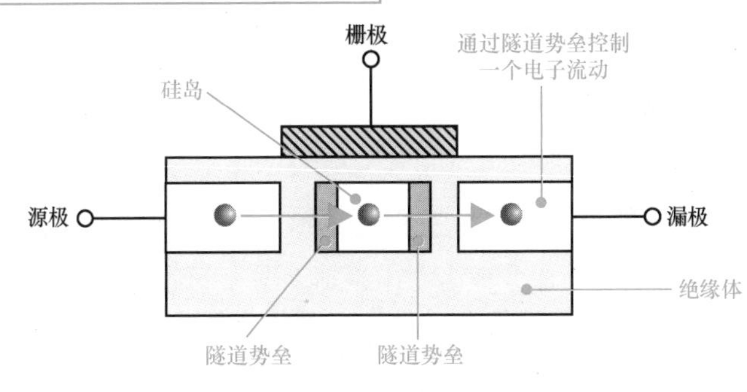

9-2

微细化加速了电子设备的高性能化

晶体管微细化加工具有提高晶体管的集成度、降低功耗、提高处理速度等效果，加速了电子设备的高性能化。然而，在 CPU 的高性能化发展方面，仅处理速度的提高会导致芯片功耗的增加，进而引起系统的崩溃，因此，目前 CPU 正在转向多核系统发展。

晶体管的微细化对电子设备性能的影响

● 集成度（单个芯片上的晶体管数量）的提高

系统 LSI 通过集成超过一百万到几亿个以上的晶体管实现了高性能的电子系统。决定个人计算机性能的 CPU 也大大增加了其晶体管的数量。例如，1971 年的英特尔 4004 微处理器有 2300 个晶体管，而 2019 年的 Core i9 处理器有 20 亿个晶体管，在 2019 年的 iPhone11 中，其 A13Bionic 处理器具有 85 亿个晶体管。

● 更高的工作频率（更快的 CPU 处理速度）

沟道长度越短，则晶体管的工作频率就越高。个人计算机的高性能化也依赖于 CPU 中搭载的晶体管的工作频率，所以晶体管越微细化，其工作速度就越快，由其构成的 CPU 执行指令（任务）的时间就越短。英特尔 4004 CPU 的工作频率是 108 kHz，而 Core i9 处理器的工作频率为 5000 MHz。通过工作频率的单纯比较就可以看出，Core i9 处理器的速度大约是英特尔 4004 CPU 的 50000 倍（但处理器的实际工作速度并不能仅由工作频率决定）。

● 功耗的降低

LSI 芯片中搭载的 CMOS 逻辑电路，运行过程中的功耗 P 大致可以通过如下的表示。

$$P \fallingdotseq CNV^2 f + NVI_L$$

式中，C 为负载电容；N 为晶体管数量；V 为电源电压；f 为工作频率；I_L 为漏电流（不参与电路工作的 MOSFET 结构上产生的漏电流）。

在上述四元的乘积项中，具有降低功耗效果的因素是负载电容 C 和电源电压 V。由于负载电容 C 与晶体管的面积成正比，因此，由于晶体管的微细化而减少的面积可以起到按比例降低 LSI 功耗的效果。此外，由于电源电压 V 项以平方的形式起作用，因此降低工作电源电压将导致功耗的大幅降低。例如，如果电源电压降低为原来的 1/2，则 LSI 的功耗就会减少到原来的 $(1/2)^2 = 1/4$。

英特尔处理器的工作频率、晶体管数量、工艺制程的演变

名称	发布年份	工作频率/MHz	晶体管数量/个	工艺制程
4004	1971	0.108	2300	10μm
8080	1974	2	6000	6μm
8086	1978	5～10	2.9万	3μm
Pentium 4	2000	1400～3800	4200万	0.18μm
Pentium M	2002	1100～2260	5500万	90nm
Corei7	2008	3200～3330	7亿3100万	45nm
Corei7	2012	3900	9亿9500万	32nm
Corei7	2017	4500	4CPU 10亿	14nm
Corei9	2019	5000	8CPU 20亿	10～14nm

引自：インテル株式会社

即使降低了工作电压，CPU 的功耗也降低到了极限

除了微细化之外，CMOS LSI 中使用的 MOSFET 的工作电压也被降低，以降低功耗。然而，另一方面，由于工作频率已经提高到高频，甚至达到 GHz，以实现电子设备的高速处理。如上所述，工作频率 f 直接导致了功耗的增加，在 GHz 以上的高频率下，功耗急剧增加，造成电池寿命缩短和发热等重大问题（在高温下，MOSFET 的漏电流增大，导致无法运行，因此需要有散热机制）。另一方面，由于晶体管的数量 N 可以达到几十亿个，漏电流 I_L 的增加对整体功耗也有不可忽视的影响。

为解决这一问题，提出的解决方案是多核（多处理器）技术，这是一种在不提高工作频率的情况下，通过并列配置 2 个或多个具有出

色功耗性能比的 CPU，以期在不增加整体功耗的前提下，实现 CPU 处理性能的大幅提高。

多核（多处理器）技术

在多核技术中，如果要将当前的计算性能提高一倍，可以通过使用双核技术，即在相同的工作频率下使用两个 CPU，而不是采用单核的方式将工作频率提高一倍，从而以更低的功耗实现这一目标。如果采用单核方式实现相同的计算性能，则必须提高 CPU 的工作频率（功耗与工作频率成正比），同时也必须提高电源电压（功耗与电源电压的平方成正比），这将导致单核方式 CPU 的功耗要远高于双核（两个 CPU）方式的功耗。

然而，处理器的性能并不能仅仅因为使用了两个 CPU 而导致两倍运行速度的提升，综合性能的提升并没有这么简单。为了让多核处理器的性能达到理想的期望值，通过多个 CPU 的运行进行有效的程序并行处理是至关重要的。这需要适当的操作系统（OS）[㊀]和多线程[㊁]应用程序的支持。

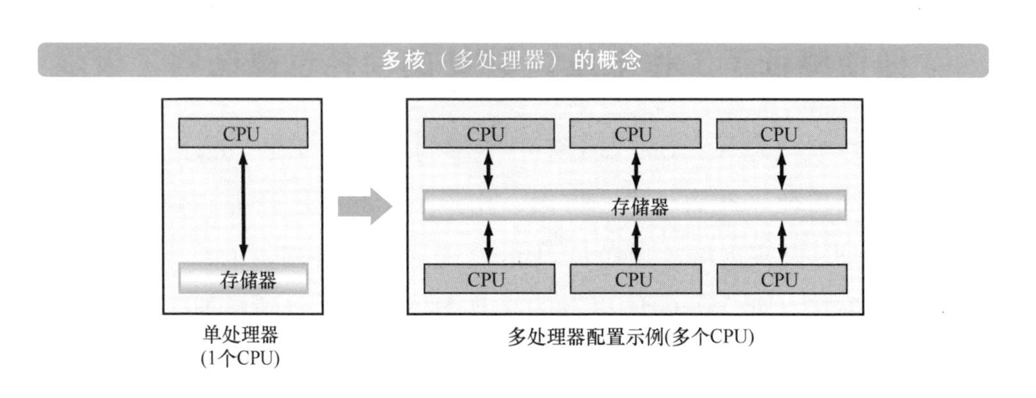

㊀ Operating System，操作系统是用于计算机执行程序时进行控制、管理及输入输出控制等的基础软件。

㊁ 将一个执行程序分割成多个处理单位，并将其通过多个执行线程同时并行处理。

参 考 文 献

・『超LSI総合事典』
（サイエンスフォーラム、1988年）
・『図解ディジタル回路入門』
中村次男 著（日本理工出版会、1999年）
・『システムLSIソリューション』
沖テクニカルレビュー（沖電気、2003年10月）
・『90nmCMOS Cu配線技術』
FUJITSU（富士通、2004年5月）
・『入門DSPのすべて』
日本テキサス・インスツルメンツ（技術評論社、1998年）
・『ナノメートル時代の半導体デバイスと製造技術の展望』
日立評論（日立、2006年3月）
・『先端デバイス設計とリソグラフィー技術』
日立評論（日立、2008年4月）
・『LED照明ハンドブック』
（LED照明推進協議会、2006年7月）
・『3次元LSI実装のためのTSV技術の研究開発動向』
科学技術動向（科学技術動向研究センター、2010年4月）
・『基本システムLSI用語辞典』
西久保靖彦 著（CQ出版、2000年）
・『図解雑学　半導体のしくみ』
西久保靖彦 著（ナツメ社、2010年）
・『超大容量不揮発性ストレージを実現する3次元構造BiCSフラッシュメモリ』
東芝レビューVol.66 N0.9（2011）
・『福田昭のセミコン業界最前線』
PC Watch , Impress Corporation
・『湯之上隆のナノフォーカス』
EE Times Japan , ITmedia Inc. 湯之上隆（微細加工研究所）

图书在版编目（CIP）数据

极简图解半导体技术基本原理：原书第3版/（日）西久保靖彦著；王卫兵等译. —北京：机械工业出版社，2024. 5
（易学易懂的理工科普丛书）
ISBN 978-7-111-75222-6

Ⅰ. ①极… Ⅱ. ①西… ②王… Ⅲ. ①半导体技术-图解 Ⅳ. ①TN3-64

中国国家版本馆 CIP 数据核字（2024）第 046989 号

机械工业出版社（北京市百万庄大街22号 邮政编码100037）
策划编辑：任 鑫　　责任编辑：任 鑫 朱 林
责任校对：甘慧彤 张 薇　　封面设计：马精明
责任印制：张 博
天津市光明印务有限公司印刷
2024年7月第1版第1次印刷
170mm×230mm · 17. 5印张 · 230千字
标准书号：ISBN 978-7-111-75222-6
定价：79.00 元

电话服务
客服电话：010-88361066
010-88379833
010-68326294

网络服务
机 工 官 网：www.cmpbook.com
机 工 官 博：weibo.com/cmp1952
金 书 网：www.golden-book.com
机工教育服务网：www.cmpedu.com